U0800665

"十四五"职业教育国家规划教材

"十三五"职业教育国家规划教材

钢筋翻样与下料

（第三版）

陈怀亮　曹留峰　主编

新形态教材

中国铁道出版社有限公司
CHINA RAILWAY PUBLISHING HOUSE CO., LTD.

内 容 简 介

本书根据高等职业院校土建类专业的教学要求，依据 22G101、18G901 系列图集和现行国家标准及行业技术标准，详细介绍了钢筋翻样的方法与技巧，并列举了相关实例，全书内容包括：钢筋翻样基础知识，梁钢筋翻样与下料，柱钢筋翻样与下料，板钢筋翻样与下料，剪力墙钢筋翻样与下料，独立基础、条形基础、桩承台、筏形基础的钢筋翻样与下料。

本书适合作为高等职业院校建筑工程技术、工程造价、工程管理等专业的教学用书，也可作为岗位培训教材或土建工程技术人员的学习参考书。

图书在版编目(CIP)数据

钢筋翻样与下料／陈怀亮，曹留峰主编．—3 版．—北京：中国铁道出版社有限公司，2022. 2(2023. 7 重印)

"十三五"职业教育国家规划教材　高等职业教育土建类专业"十三五"规划教材

ISBN 978-7-113-28588-3

Ⅰ．①钢…　Ⅱ．①陈…　②曹…　Ⅲ．①建筑工程-钢筋-工程施工-高等职业教育-教材　②钢筋混凝土结构-结构计算-高等职业教育-教材　Ⅳ．①TU755. 3②TU375. 01

中国版本图书馆 CIP 数据核字(2021)第 242500 号

书　　名：钢筋翻样与下料
作　　者：陈怀亮　曹留峰

责任编辑：何红艳　　　编辑部电话：(010)63560043
封面设计：付　巍
封面制作：刘　颖
责任校对：孙　玫
责任印制：樊启鹏

出版发行：中国铁道出版社有限公司(北京市西城区右安门西街 8 号，邮政编码 100054)
网　　址：http://www. tdpress. com/51eds/
印　　刷：国铁印务有限公司
版　　次：2016 年 8 月第 1 版　2022 年 2 月第 3 版　2023 年 7 月第 2 次印刷
开　　本：787 mm × 1 092 mm 1/16　印张：14. 75　字数：374 千
书　　号：ISBN 978-7-113-28588-3
定　　价：42. 00 元

第三版前言

党的二十大报告指出,“教育、科技、人才是全面建设社会主义现代化国家的基础性、战略性支撑。必须坚持科技是第一生产力、人才是第一资源、创新是第一动力,深入实施科教兴国战略、人才强国战略、创新驱动发展战略,开辟发展新领域新赛道,不断塑造发展新动能新优势。”教材关系到“培养什么人,怎样培养人,为谁培养人”的重要载体,是进行教学的基本工具。它对提高教学质量、稳定教学秩序、实现高等学校人才培养目标起着重要的作用。教材的内容应与时俱进,融入教学改革的最新成果,及时回应读者的建议。

结合使用过本书的教师和学生的反馈意见,以及“钢筋翻样”课程的教学改革成果,编者对第二版进行了修订。新增的内容如下:(1)第2章2.2节新增了抗震框架梁的纵筋、箍筋三维示意图,并为楼层框架架、屋面框架梁、非框架梁、地圈梁案例新增了三维配筋示意图;(2)第3章3.2节新增了边、角、中柱三维示意图,3.3节新增了底层框架柱配筋三维示意图;(3)第4章4.2.1节新增了楼面板配筋三维示意图,4.2.2节新增了屋面板配筋三维示意图、支座负筋配筋示意图;(4)第5章5.2.1节新增了剪力墙首层配筋三维示意图;(5)第6章6.2.1节新增了独立基础配筋三维示意图,6.2.2节新增了四柱独基的配筋三维示意图,6.2.3节新增了联合基础配筋三维示意图;(6)第7章7.2节新增了条形基础配筋三维示意图。本书中案例选自于两套已经实施的工程图纸,便于让读者掌握能够满足实际工作岗位需求的知识和技能。全书内容包括钢筋翻样基础知识,梁、柱、板、剪力墙、独立基础、条形基础、桩承台和筏形基础的钢筋翻样与下料。

本书语言简洁、通俗易懂、重点突出、案例讲解透彻,让读者能够从工程结构和实际施工要求出发,根据22G101、18G901系列图集为构件选择合适的配筋构造,独立完成常见构件的钢筋翻样,并校核其准确性。书中每章通过阅读导入的形式引入思政元素。书中案例涉及的梁、板、柱、剪力墙、独立基础和条形基础等构件均配有三维钢筋示意图,并配有微课讲解视频,读者在学习本书时可以使用手机扫描书中的二维码进行观看。

本书由江苏工程职业技术学院拥有多年教学经验的陈怀亮、曹留峰主编。本书在编写过程中,参考了有关书籍、标准、规范、图片及其他资料等文献,在此谨向这些文献的作者表示衷心的感谢。同时本书在编写过程中还得到了中国铁道出版社有限公司编辑和编者所在单位领导及同事的指导和帮助,在此表示谢意。

由于编者水平有限,对新图集和新规范的学习理解还不够全面,书中难免有疏漏和不妥之处,恳请广大读者和同行批评指正。

编　者

2022 年 11 月

第一版前言

“钢筋翻样与下料”是高等职业教育土建类相关专业的一门重要课程。本书根据全国高等职业教育土建类专业教学指导委员会编写的专业教育标准和培养方案,以及主干课程的教学大纲,本着“必需、够用、实用”原则,力求概念清晰,重点突出,强化应用,使学生理论与实际相结合,提升学生的实际工作能力。

本书依据我国现行规范、标准和制图规则,紧密结合工程实际进行编写,书中全面介绍了钢筋翻样的方法与技巧,并列举了相关实例,实用性强。全书内容包括钢筋翻样基础知识,梁钢筋翻样与下料,柱钢筋翻样与下料,板钢筋翻样与下料,剪力墙钢筋翻样与下料,独立基础、条形基础、桩承台、筏形基础的钢筋翻样与下料等。

本书力求突出重点,彰显特色,让学生通过对本门课程的学习,能从土木工程结构和施工应用要求出发,熟练掌握钢筋翻样与下料的相关知识,通过对工程实例的学习,能更加深入地与工程实际相结合,提升学生自身的基本技能。

本书由江苏工程职业技术学院拥有多年教学经验的陈怀亮、曹留峰主编。本书在编写过程中得到学院领导的具体指导以及不少老师的大力支持和协助,在此一并表示衷心的感谢!本书在编写过程中参考了大量的文献资料,特向其作者表示衷心的感谢!

由于编者水平有限,对新规范和新图集的学习和掌握还不够深入,书中难免有疏漏和不妥之处,恳请广大读者和同行批评指正。

编　者

2016 年 1 月

目 录

第 1 章

钢筋翻样基础知识

素质目标：结合结构受力的传递分析，引导学生理解节点与支座、支撑与被支撑的关系，从而感受到家庭对于自己成才的帮助，国泰才能民安。

预期成效：培养学生家国情怀，勇于担当的责任感。

阅读导入

混凝土是水泥（通常指硅酸盐水泥）与骨料的混合物，它的抗压强度较高。而抗拉强度较低，通常只有抗压强度的十分之一左右，任何显著的拉弯作用都会使其微观晶格结构开裂和分离从而导致结构的破坏。绝大多数结构构件内部都有受拉应力作用的需求，故未加钢筋的混凝土极少单独用于工程。相较混凝土而言，钢筋抗拉强度非常高，一般在 200 MPa 以上，故通常人们在混凝土中加入钢筋等加劲材料与之共同工作，由钢筋承担其中的拉力，混凝土承担压应力部分。此外，混凝土中的氢氧化钙提供的碱性环境，在钢筋表面形成了一层钝化保护膜，使钢筋相对于中性与酸性环境下更不易腐蚀。钢筋混凝土充分运用了这两种材料各自的优点，成为一种运用广泛的建筑材料。作为独立个体，在成长过程中，应该客观认识自己的长处和不足，并向他人学习，取长补短。

文本

拓展材料

1.1 基本概念

1.1.1 钢筋翻样

建筑工地的技术人员、钢筋工长或班组长，把建筑施工图纸和结构图纸中各种各样的钢筋样式、规格、尺寸以及所在位置，按照设计施工规范的要求，详细地列出清单，画出简图，以作为作业班组进行钢筋绑扎、工程量计算的依据。

钢筋翻样在实际应用过程中分为两类：

（1）预算翻样，指在设计与预算阶段对图纸进行钢筋翻样，以计算图纸中钢筋的含量，用于钢筋的造价预算。

(2)施工翻样,指在施工过程中,根据图纸详细列出钢筋混凝土结构中钢筋构件的规格、形状、尺寸、数量、质量等内容,形成钢筋构件下料单,方便钢筋工按料单进行钢筋构件制作。

1.1.2 钢筋下料

在施工现场,钢筋下料指的是钢筋加工工人按照技术人员或钢筋工长所提供的钢筋配料单进行加工成型的过程。钢筋下料是一个体力劳动,通常所说的钢筋下料指的是施工现场的钢筋翻样。

钢筋下料要考虑以下6方面的因素:

(1)由于施工现场情况比较复杂,下料时需要考虑施工进度、施工流水段以及施工流水段之间的插筋和搭接,还需根据现场情况进行钢筋的代换和配置。

(2)钢筋下料必须考虑钢筋的弯曲延伸率,钢筋弯曲后,弯曲处内皮收缩、外皮延伸、轴线不变,弯曲处形成圆弧,弯曲后尺寸不大于下料尺寸,应考虑弯曲调整值,否则加工后钢筋超出图纸尺寸。

(3)优化下料,下料需要考虑在规范允许的钢筋断点范围内达到一个钢筋长度最优组合的形式,尽量与钢筋的定尺长度的模数吻合,如钢筋的定尺长度为9 m,那么下料时可下长度3 m、4.5 m、6 m、12 m、13.5 m、15 m、18 m等,以达到节约人工、机械和钢筋的目的。

(4)优化断料,下料单出来以后现场截料时优化、减少短料和废料,尽量减少和缩短钢筋接头,以节约钢筋。

(5)钢筋下料对计算精度要求较高,钢筋的长短、根数和形状都要绝对的正确无误,否则将影响施工工期和质量,浪费人工和材料。预算可以允许一定的误差,这个地方多算了,另一个少算可以相互抵消,但下料却不行,尺寸不对无法安装,极有可能造成返工和浪费。

(6)钢筋下料需考虑接头的位置,接头不宜处于构件最大弯矩处,搭接长度的末端钢筋距钢筋弯折处不小于钢筋直径的10倍。

1.1.3 钢筋预算

钢筋预算是依据施工图纸、标准图集、国家相关的规范和定额加损耗进行计算,在计算钢筋的接头数量和搭接时主要依据的是定额的规定,主要重视量的准确性。在施工前甚至在可行性研究、规划、方案设计阶段要对钢筋建筑工程估算,对钢筋进行估算和概算,不像钢筋下料那么详细。

1.1.4 钢筋预算与钢筋翻样的区别

钢筋翻样和钢筋预算没有本质上的区别,依据的规范、图集是相同的,只是这么多年来预算人员养成了预算就是粗算的习惯,只要得出一个比较准确的结果即可,快速地确定工程造价。具体的工程量在结算时再根据钢筋工长或钢筋翻样人员提供的钢筋配料单与甲方进行结算。其实,在前期招投标阶段如果能准确地计算出钢筋工程量的话,那么后期双方承担的风险就会少很多,但是前期由于时间的关系及诸多客观原因,其实最重要的原因是大部分预算人员不了解钢筋工程的加工、绑扎全过程的施工工艺流程及施工现场的实际情况,所以无法计算出十分准确的钢筋工程量。

钢筋预算主要重视量的准确性。由于钢筋工程本身具有不确定性,计算钢筋的长度及重量不像计算构件的体积及面积之类的工程量。计算土建工程量是根据构件的截面尺寸进行计算,且数字是唯一的；而计算钢筋工程量时需考虑的因素有很多，且站在不同的立场所思考的方式是不尽相同的，即使按照国标规范也有不同的构造做法，几乎不会出现同一工程不同的人计算出的结果完全相同，总会有或多或少的差异，预算只需要在合理的范围内，存在误差是可以的。

钢筋翻样不仅要重视量的准确性，而且钢筋翻样时首先要做到不违背工程设计图纸、设计指定国家标准图集、国家施工验收规范、各种技术规程的基础上，结合施工方案及现场实际情况，再考虑合理的利用进场的原材料长度且便于施工为出发点，做到长料长用，短料短用，尽量使废料降到最低损耗。由于翻样工作与现场实际施工密切相关，而且钢筋翻样与每个翻样的人员经验结合，同时还考虑与钢筋工程施工的劳务队伍的操作习惯相结合，从而达到降低工程成本的目的而进行钢筋翻样。

1.2　钢筋弯曲调整值

1.2.1　钢筋弯曲调整值概念

钢筋弯曲调整值又称钢筋“弯曲延伸率”和“度量差值”，这主要是由于钢筋在弯曲过程中外侧表面受拉伸长，内侧表面受压缩短，钢筋中心线长度保持不变。钢筋弯曲后，在弯折点两侧，外包尺寸与中心线弧长之间有一个长度差值，这个长度差值称为弯曲调整值，也称度量差。

1.2.2　钢筋标注长度和下料长度

钢筋的图示长度（见图 1–1 和图 1–2）与钢筋的下料长度（见图 1–3）是两个不同的概念，钢筋图示长度是构件截面长度减去钢筋混凝土保护层厚度后的长度。本书中所有插图尺寸单位均以毫米（mm）计。

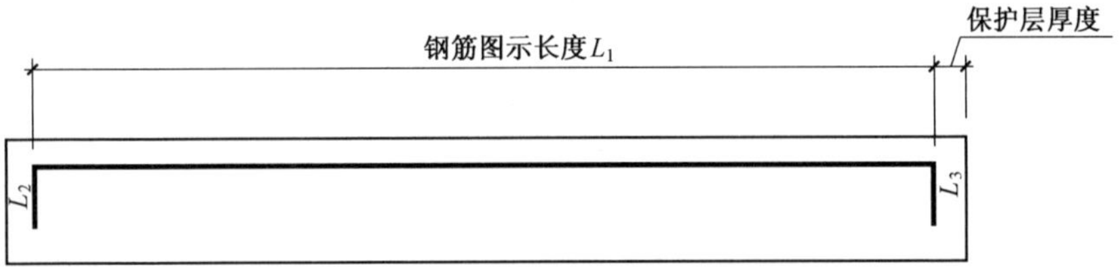

图 1–1　钢筋图示尺寸

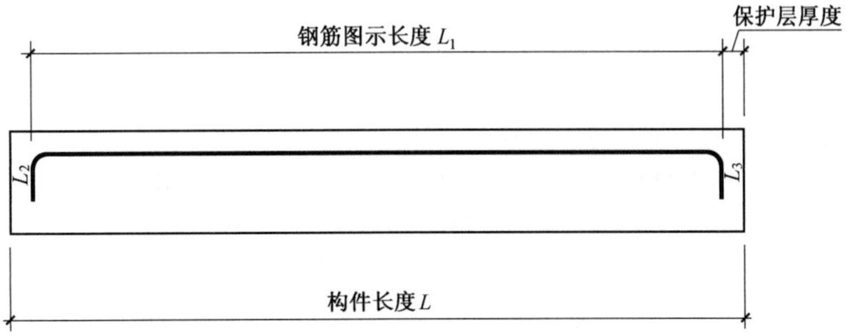

图 1–2　钢筋翻样简图

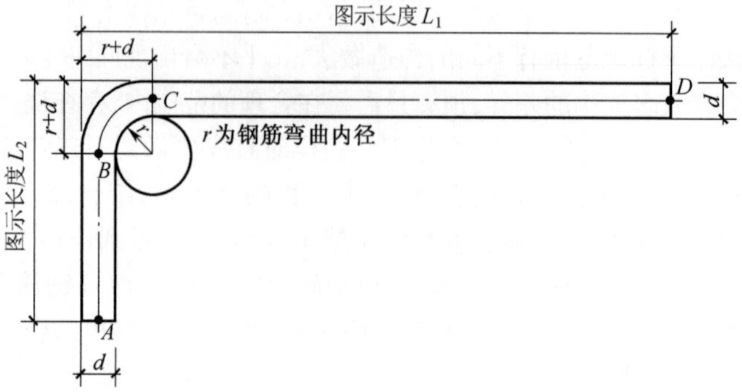

图 1–3　钢筋下料长度

钢筋下料长度是钢筋图示尺寸减去钢筋弯曲调整值后的长度。

钢筋弯曲调整值是钢筋外皮延伸的值，**钢筋弯曲调整值＝钢筋弯曲范围内钢筋外皮尺寸之和－钢筋弯曲范围内钢筋中心线圆弧周长**，这个差值就是钢筋弯曲调整值，是钢筋下料必须考虑的值。

图 1–2 中，L_1 = 构件长度 $L - 2 \times$ 保护层厚度，钢筋图示尺寸 $= L_1 + L_2 + L_3$。

《建设工程工程量清单计价规范》(GB 50500—2013)要求钢筋长度按钢筋图示尺寸计算，所以钢筋的图示尺寸就是钢筋的预算长度。钢筋的下料长度是钢筋的图示尺寸减去钢筋弯曲调整值。

钢筋下料长度 $= L_1 + L_2 + L_3 - 2 \times$ 弯曲调整值，钢筋弯曲后钢筋内皮缩短外皮增长而中心线不变。由于我们通常按钢筋外皮尺寸标注，所以钢筋下料时须减去钢筋弯曲后的外皮延伸长度。

根据钢筋中心线不变的原理，钢筋下料长度 $= \overline{AB} + \widehat{BC} + \overline{CD}$，如图 1–3 所示。设钢筋弯曲 90°，$r = 2.5d$，则

$$\overline{AB} = L_2 - (r + d) = L_2 - 3.5d \qquad \overline{CD} = L_1 - (r + d) = L_1 - 3.5d$$

$$\widehat{BC} = 2 \times \pi \times \left(r + \frac{d}{2}\right) \times 90°/360° = 4.71d$$

$$\text{钢筋下料长度} = L_2 - 3.5d + 4.71d + L_1 - 3.5d = L_1 + L_2 - 2.29d$$

1.2.3　钢筋弯曲内径的取值

《混凝土工程施工质量验收规范》(GB 50204—2015)中第 5.3.1 条和 5.3.2 条、《混凝土结构工程施工规范》(GB 50666—2011)中第 5.3.4 条、5.3.5 条和 5.3.6 条对钢筋弯弧内直径的取值作了有关规定，具体如下所述：

第 5.3.4 条中钢筋弯折的弯弧内直径应符合下列规定：

(1)光圆钢筋，不应小于钢筋直径的 2.5 倍。

(2)335 MPa 级、400 MPa 级带肋钢筋，不应小于钢筋直径的 4 倍。

(3)500 MPa 级带肋钢筋，当直径为 28 mm 以下时，不应小于钢筋直径的 6 倍；当直径为 28 mm 及以上时，不应小于钢筋直径的 7 倍。

(4)位于框架结构的顶层端节点处的梁上部纵向钢筋和柱外侧纵向钢筋，在节点角部弯折处，当钢筋直径为 28 mm 以下时，弯弧内直径不宜小于钢筋直径的 12 倍；钢筋直径为 28 mm 及以上时，弯弧内直径不宜小于钢筋直径的 16 倍。

(5)箍筋弯折处的弯弧内直径尚不应小于纵向受力钢筋直径;箍筋弯折处纵向受力钢筋为搭接钢筋或并筋时,应按钢筋实际排布情况确定箍筋弯弧内直径。

第 5.3.5 条中纵向受力钢筋的弯折后平直长度应符合设计要求及现行国家标准《混凝土结构设计规范》(GB 50010—2010)(2015 年版)的有关规定。光圆钢筋末端应作 180°弯钩,弯钩的弯后平直部分长度不应小于钢筋直径的 3 倍。

第 5.3.6 条中箍筋、拉筋的末端应按设计要求作弯钩,并应符合下列规定:

(1)对一般结构构件,箍筋弯钩的弯折角度不应小于 90°,弯折后平直部分长度不应小于箍筋直径的 5 倍;对有抗震设防及设计有专门要求的结构构件,箍筋弯钩的弯折角度不应小于 135°,弯折后平直部分长度不应小于箍筋直径的 10 倍和 75 mm 的较大值。

(2)圆柱箍筋的搭接长度不应小于钢筋的锚固长度,两末端均应作 135°弯钩,弯折后平直部分长度对一般结构构件不应小于箍筋直径的 5 倍,对有抗震设防要求的结构构件不应小于箍筋直径的 10 倍和 75 mm 的较大值。

(3)拉筋用作梁、柱复合箍筋中的单肢箍筋或梁腰筋间的拉结筋时,两端弯钩的弯折角度均不应小于 135°,弯折后平直部分长度不应小于拉筋直径的 10 倍和 75 mm 的较大值;拉筋用作剪力墙、楼板构件中的拉结筋时,两端可采用一端 135°另一端 90°,弯折后平直部分长度不应小于箍筋直径的 5 倍。

1.2.4 钢筋弯曲调整值推导

钢筋弯曲示意图如图 1-4 和图 1-5 所示。

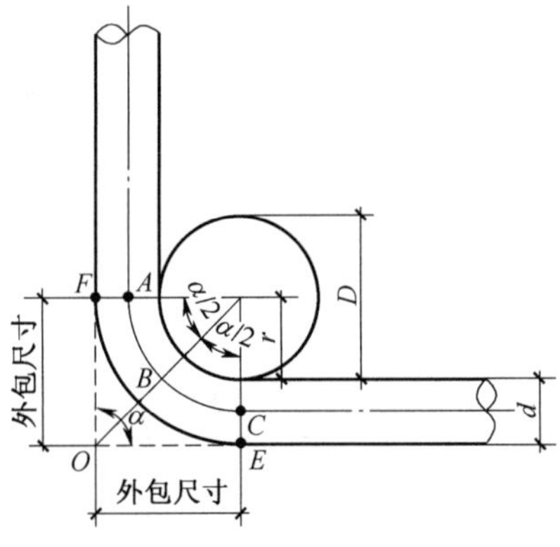

图 1-4　直角型钢筋弯曲示意图

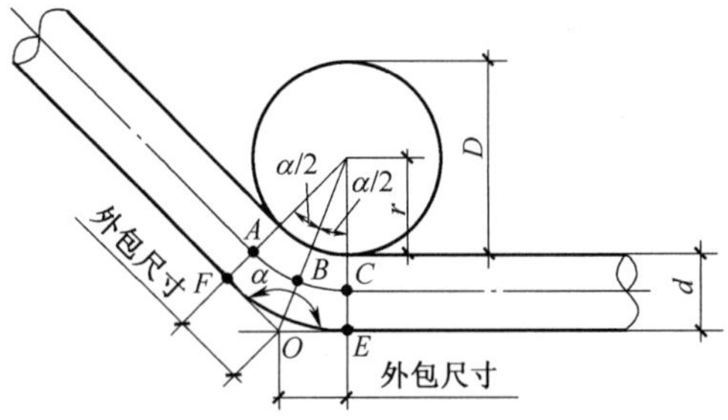

图 1-5　小于 90°钢筋弯曲示意图

d—钢筋直径;D—钢筋弯曲直径;r—钢筋弯曲半径;α—钢筋弯曲角度

$$\widehat{ABC} = \left(r + \frac{d}{2}\right) \times 2\pi \times \alpha/360° = \left(r + \frac{d}{2}\right) \times \pi \times \alpha/180°$$

$$\overline{OE} = \overline{OF} = (r + d) \times \tan(\alpha/2)$$

$$\text{钢筋弯曲调整值} = \overline{OE} + \overline{OF} - \widehat{ABC} = 2 \times (r + d) \times \tan(\alpha/2) - \left(r + \frac{d}{2}\right) \times \pi \times \alpha/180°$$

$$\text{钢筋弯曲 }90°\text{中心线弧长} = (R + 0.5d) \times 3.14 \times 90°/180°$$

$$\text{钢筋弯曲 }60°\text{中心线弧长} = (R + 0.5d) \times 3.14 \times 60°/180°$$

钢筋弯曲45°中心线弧长 = $(R+0.5d)\times 3.14\times 45°/180°$

钢筋弯曲30°中心线弧长 = $(R+0.5d)\times 3.14\times 30°/180°$

当钢筋弯弧内半径为1.25d,中心线弧长如下所示:

钢筋弯曲90°中心线弧长 = $1.75d\times 3.14\times 90°/180° = 2.75d$

钢筋弯曲60°中心线弧长 = $1.75d\times 3.14\times 60°/180° = 1.83d$

钢筋弯曲45°中心线弧长 = $1.75d\times 3.14\times 45°/180° = 1.37d$

钢筋弯曲30°中心线弧长 = $1.75d\times 3.14\times 30°/180° = 0.92d$

钢筋弯曲两侧外包尺寸:

钢筋弯曲90°两侧外包尺寸 = $\overline{OE}+\overline{OF} = 2\times 2.25d\times \tan 45° = 4.5d$

钢筋弯曲60°两侧外包尺寸 = $\overline{OE}+\overline{OF} = 2\times 2.25d\times \tan 30° \approx 2.6d$

钢筋弯曲45°两侧外包尺寸 = $\overline{OE}+\overline{OF} = 2\times 2.25d\times \tan 22.5° \approx 1.86d$

钢筋弯曲30°两侧外包尺寸 = $\overline{OE}+\overline{OF} = 2\times 2.25d\times \tan 15° \approx 1.21d$

钢筋弯曲调整值 = 外包尺寸之和 − 中心线弧长

钢筋弯曲90°弯曲调整值 = $4.5d - 2.75d = 1.75d$

钢筋弯曲60°弯曲调整值 = $2.6d - 1.83d = 0.77d$

钢筋弯曲45°弯曲调整值 = $1.86d - 1.37d = 0.49d$

钢筋弯曲30°弯曲调整值 = $1.21d - 0.92d = 0.29d$

其他角度和弯曲内径弯曲调整值以此类推,钢筋弯曲调整值见表1–1。

表1–1　钢筋弯曲调整值

弯曲角度 \ 弯曲内半径	$R=1.25d$	$R=2.5d$	$R=3d$	$R=4d$	$R=6d$	$R=8d$
30°	0.29d	0.3d	0.31d	0.32d	0.35d	0.37d
45°	0.49d	0.54d	0.56d	0.61d	0.7d	0.79d
60°	0.77d	0.9d	0.96d	1.06d	1.28d	1.5d
90°	1.75d	2.29d	2.5d	2.93d	3.79d	4.65d

1.3　弯钩长度计算

1.3.1　箍筋下料长度计算

1. 135°箍筋弯钩增加长度计算

箍筋弯钩角度为135°,弯钩平直段长度大于10d且不少于75 mm,设箍筋135°弯曲内半径为1.25d,则圆轴直径为$D=2.5d$(内径$R=1.25d$),一般箍筋是小规格钢筋,钢筋弯曲直径2.5d即可满足要求,也与构件纵向钢筋比较吻合。箍筋弯钩下料长度其实就是箍筋中心线长度(见图1–6和图1–7),计算如下:

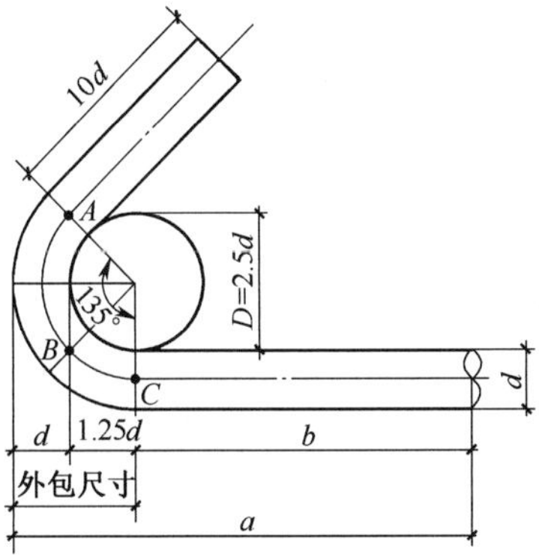

图 1-6　135°弯钩示意图

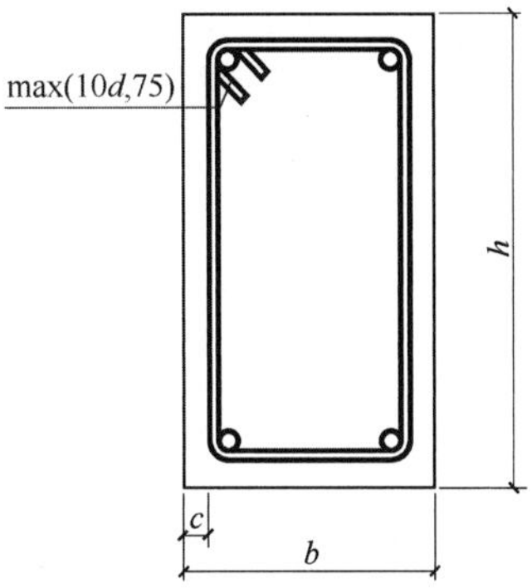

图 1-7　箍筋图

$$中心线长度 = b + \widehat{ABC} + 10d$$

$$135°的中心线\ \widehat{ABC} = \left(R + \frac{d}{2}\right) \times \pi \times \theta/180° = (1.25d + 0.5d) \times 3.14 \times 135°/180° \approx 4.12d$$

$$135°弯钩外包长度 = d + 1.25d = 2.25d$$

$$135°弯钩钢筋量度差 = 外包长度 - 中心线长度 = 2.25d - 4.12d = -1.87d \approx -1.9d$$

$$b = 箍筋边长 - 箍筋直径 - 箍筋弯曲内径 = a - d - 1.25d = a - 2.25d$$

设箍筋平直段长度为 $10d$,则

$$箍筋弯钩下料长度 = b + 4.12d + 10d = a - 2.25d + 4.12d + 10d \approx a + 11.9d$$

2. 箍筋下料长度计算

图 1-7 中箍筋下料长度为 $= (b + h) \times 2 - 8c + 1.9d \times 2 + \max(10d, 75) \times 2 - 3 \times 1.75d$。

箍筋 135°弯钩下料长度 $11.9d$ 是按钢筋中心线推导,已考虑钢筋弯曲延伸值,所以在计算箍筋下料长度时只需扣除其他 3 个直角的弯曲调整值即可。

如果对箍筋弯曲内径有特殊要求,那么弯钩长度重新计算。

3. 箍筋外包预算长度

图 1-7 中箍筋外包长度为 $= (b + h) \times 2 - 8c + 1.9d \times 2 + \max(10d, 75) \times 2$。

1.3.2　180°弯钩长度推导

根据规范要求受拉的 HPB235 级钢筋末端应做 180°弯钩,其弯钩的内直径不少于 2.5 倍钢筋直径,弯钩平直段长度不小于 $3d$。

如图 1-8 所示,180°弯钩长度计算如下:

$$中心线长 = b + \widehat{ABC} + 3d = b + \pi \times (0.5D + 0.5d) + 3d$$

将 $D = 2.5d$ 代入得

$$中心线长 = b + \pi \times (0.5 \times 2.5d + 0.5d) + 3d = b + 8.495d$$

将 $b + 2.25d = a$ 代入上式得

$$中心线长 = b + 8.495d = a - 2.25d + 8.495d = a + 6.245d \approx a + 6.25d$$

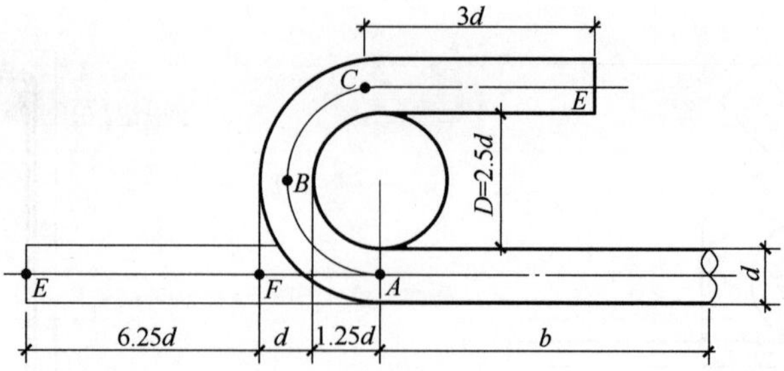

图 1-8　180°弯钩计算图

习　　题

一、名词解释

1. 钢筋预算　　2. 钢筋翻样　　3. 钢筋弯曲调整值
4. 钢筋下料　　5. 钢筋标注长度

二、简答题

1. 钢筋预算与钢筋翻样有哪些区别?
2. 钢筋在弯曲过程中有什么特点?
3. 钢筋原材料标识牌和成品钢筋标识牌分别标识哪些内容?
4. 按照力学性能、轧制外形、按钢筋直径大小,钢筋可以分为哪几种?
5. 如何计算钢筋的重量?

三、请解释钢筋标注的含义

1. Φ10@100/200(2)
2. ⌀8@200(2)
3. Φ8@100(4)/150(2)
4. G4⌀14
5. N4⌀18

第 2 章

梁钢筋翻样与下料

素质目标：结合箍筋加密区与非加密区构造做法，引导学生体会社会主义核心价值观，党员同志要在实践中“真刀真枪”练本领，做到在关键时刻挺身而出。

预期成效：培养学生不怕苦累，发扬中国人民在关键时刻能冲锋在前的优良传统。

阅读导入

古人说“买房要看梁”，过去人们盖房子大部分都是木制房梁，作为承载房屋中最关键的部分，梁的重要性不言而喻。买房子，很自然地先看一下梁，结不结实，如果房梁不结实，去更换房梁的话不仅很麻烦，还得花费大量钱财和人力。如今，梁是建筑结构中经常出现的构件。在框架结构中，梁把各个方向的柱连接成整体。在墙结构中，洞口上方的连梁，将两个墙肢连接起来，使之共同工作。作为抗震设计的重要构件，起着第一道防线的作用。在框架—剪力墙结构中，梁既有框架结构中的作用，同时也有剪力墙结构中的作用。从功能上分，有结构梁，如基础地梁、框架梁等，与柱、承重墙等竖向构件共同构成空间结构体系。还有构造梁，如圈梁、过梁、连系梁等，起到抗裂、抗震、稳定等构造性作用。在现实生活中，用“挑大梁”比喻承担主要工作或起主要作用。对于一个家庭来说，父母是家的脊梁骨。对于中国来说，中国的脊梁是无数为国尽自己微薄之力的中华儿女。

文本

拓展材料

视频

梁的类型

2.1 梁构件类型及计算项目

2.1.1 梁构件类型

1. 楼层框架梁

框架梁（KL）是指两端与框架柱（KZ）相连的梁，或者两端与剪力墙相连但跨高比不小于5的梁。楼层框架梁是指顶层以下的各标准层的框架梁。

2. 屋面框架梁

屋面框架梁是指用在屋面的框架梁，在框架梁柱节点处，如果此处为框架柱的顶点，框架柱不再向上延伸，那么这个节点处的框架梁做法就应该按照屋面框架梁的节点要求来做。

3. 非框架梁

非框架梁是指结构梁不与钢筋混凝土柱和钢筋混凝土墙相连接的钢筋混凝土梁。

4. 圈梁

圈梁是指砌体结构房屋中,在砌体内沿水平方向设置的封闭的钢筋混凝土梁，以提高房屋空间刚度,增加建筑物的整体性,提高砖石砌体的抗剪、抗拉强度,防止由于地基不均匀沉降、地震或其他较大振动荷载对房屋的破坏。设置在房屋基础上部的连续的钢筋混凝土梁称为基础圈梁,也称地圈梁,而在墙体上部,紧挨楼板的钢筋混凝土梁称为上圈梁。

5. 基础梁

基础梁简单说就是基础上的梁。基础梁一般用于框架结构、框架剪力墙结构,框架柱落于基础梁上或基础梁交叉点上,其主要作用是作为上部建筑的基础,将上部荷载传递到地基上,基础梁作为基础,起到承重和抗弯作用,一般基础梁的截面较大,截面高度一般建议取 1/6 ~ 1/4跨距,这样基础梁的刚度很大,可以起到基础梁的效果,其配筋由计算确定。

6. 边框梁

边框梁是指在建筑物的外边上的框架梁(与外界接触的梁称为边梁)。

7. 暗梁

暗梁是指隐藏在某些构件中,起到加强作用的梁,常见的有剪力墙里的暗梁、板里的暗梁、筏板里的暗梁等。

2.1.2 梁工程量计算

梁中要计算的钢筋项目如表 2-1 所示。

表 2-1　梁中要计算的钢筋项目

<table>
<tr><th>钢筋类型</th><th>钢筋位置</th><th colspan="3">钢筋名称</th></tr>
<tr><td rowspan="15">纵筋</td><td rowspan="6">梁上部</td><td colspan="3">上部通长筋</td></tr>
<tr><td rowspan="4">支座负筋</td><td rowspan="2">端支座负筋</td><td>第一排</td></tr>
<tr><td>第二排</td></tr>
<tr><td rowspan="2">中间支座负筋</td><td>第一排</td></tr>
<tr><td>第二排</td></tr>
<tr><td colspan="3">架立筋</td></tr>
<tr><td rowspan="2">梁中部</td><td colspan="3">构造钢筋</td></tr>
<tr><td colspan="3">受扭钢筋</td></tr>
<tr><td rowspan="4">梁下部</td><td rowspan="2">下部贯通筋</td><td colspan="2">第一排</td></tr>
<tr><td colspan="2">第二排</td></tr>
<tr><td rowspan="2">下部非贯通筋</td><td colspan="2">第一排</td></tr>
<tr><td colspan="2">第二排</td></tr>
<tr><td rowspan="3">变截面情况</td><td colspan="3">上平下不平</td></tr>
<tr><td colspan="3">下平上不平</td></tr>
<tr><td colspan="3">上下均不平</td></tr>
<tr><td rowspan="2">箍筋</td><td colspan="4">普通箍筋</td></tr>
<tr><td colspan="4">复合箍筋</td></tr>
<tr><td>拉筋</td><td colspan="4">——</td></tr>
</table>

视频

梁的钢筋类型

2.2　框架梁钢筋计算公式

以楼层框架梁为例，抗震楼层框架梁纵向钢筋构造见《混凝土结构施工图平面整体表示方法制图规则和构造详图（现浇混凝土框架、剪力墙、梁、板）》22G101－1 第 2－33 页，抗震楼层框架梁钢筋计算公式如图 2－1 所示。

当端支座为直锚时其构造如图 2－2 所示。

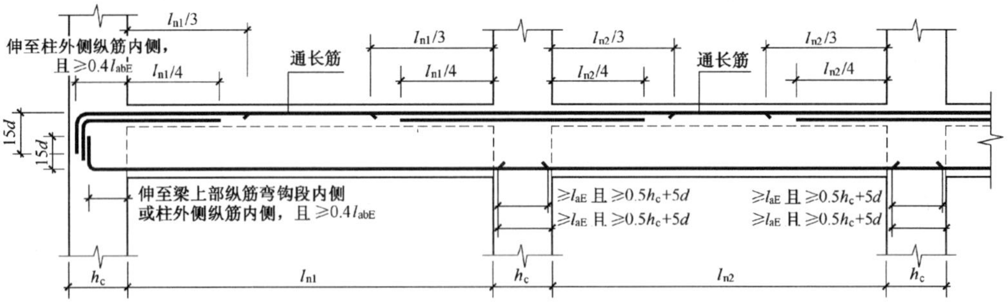

（a）抗震框架梁 KL 纵向钢筋的布置

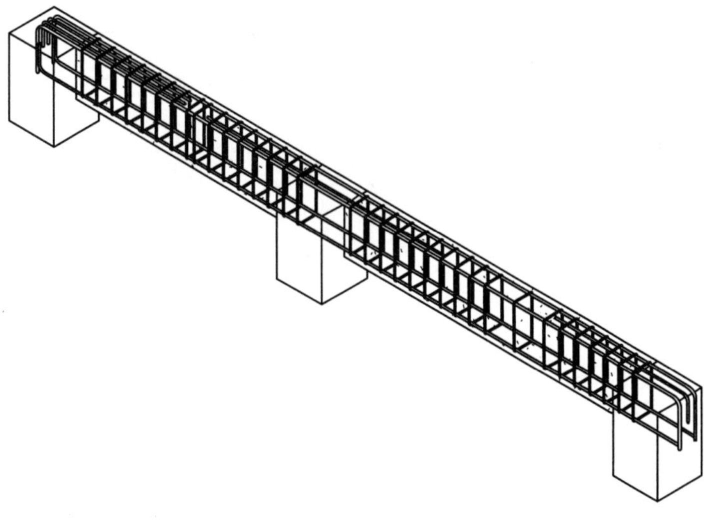

（b）框架梁 KL 上部通长钢筋、下部纵筋、支座负筋构造示意图

图 2－1　抗震楼层框架梁 KL 纵向钢筋构造及示意图

2.2.1　锚固长度计算

端支座：

弯锚　　锚固长度 = $\max(0.4l_{abE} + 15d$，支座宽 − 保护层厚度 + $15d)$

直锚　　锚固长度 = $\max(l_{aE}, 0.5h_c + 5d)$

2.2.2 抗震框架梁纵筋计算公式

以焊接或机械连接为例，给出框架梁纵筋长度的计算公式：

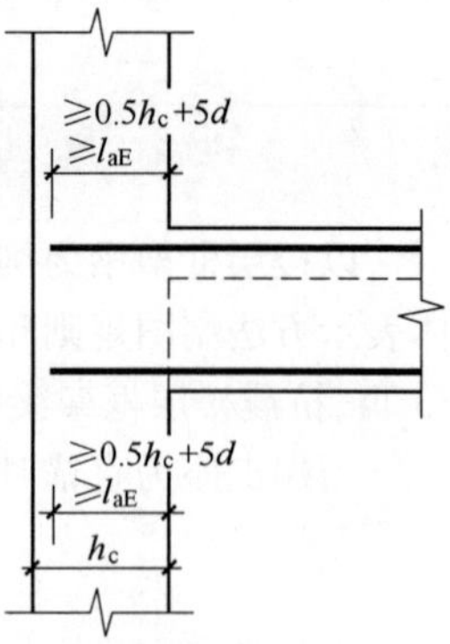

图 2-2 端支座直锚

1. 上部通长筋长度计算

上部通长筋长度 = 总净跨长 + 左支座锚固 + 右支座锚固

2. 端支座负筋长度计算

第一排长度 = 左或右支座锚固 + 净跨长/3

第二排长度 = 左或右支座锚固 + 净跨长/4

3. 中间支座负筋长度计算

上排长度 = $2\times\max(l_{ni},l_{ni+1})/3$ + 支座宽　　下排长度 = $2\times\max(l_{ni},l_{ni+1})/4$ + 支座宽

其中，跨度值 l_n 为左跨 l_{ni} 和右跨 l_{ni+1} 之较大值，$i=1,2,3,\cdots$。

4. 架立筋长度计算

如图 2-3 所示，架立筋的长度为：

架立筋长度 = 净跨 − 两边负筋净长 + 150 × 2

注：当梁的上部既有通长筋又有架立筋时，其中架立筋的搭接长度为 150 mm。

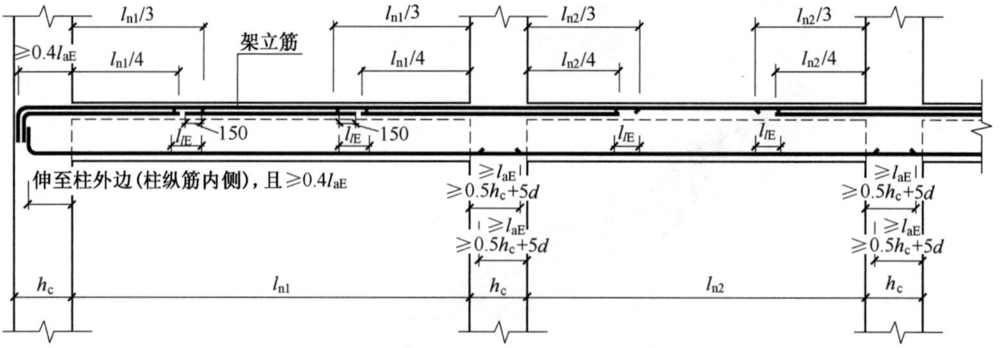

(a)架立筋构造

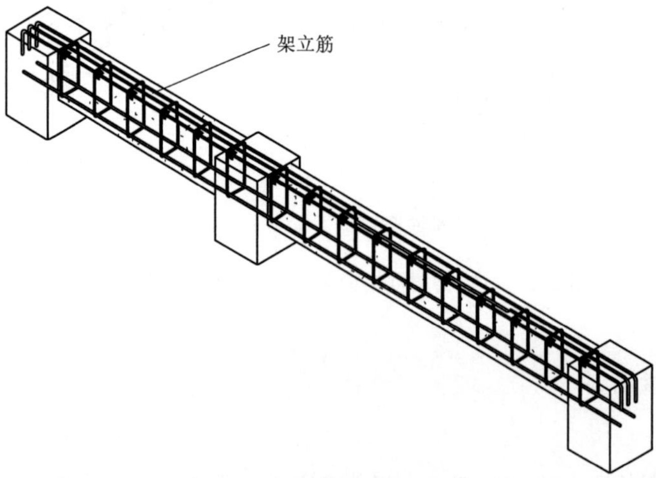

(b)架立筋示意图

图 2-3 架立筋构造及示意图

5. 侧面构造钢筋、受扭钢筋的计算

构造筋长度 = 净跨长 + 2 × 15d

受扭筋长度 = 净跨长 + 2 × 锚固长度

梁侧面构造钢筋见 22G101-1 第 2-41 页，如图 2-4 所示。当 $h_w \geqslant 450$ mm 时，在梁的两个侧面应沿高度配置纵向构造钢筋，纵向构造钢筋间距 $a \leqslant 200$ mm；当梁侧面配有直径不小于构造纵筋的受扭纵筋时，受扭钢筋可以代替构造钢筋；梁侧面构造纵筋的搭接与锚固长度可取 15d。侧面受扭纵筋的搭接长度为 l_{lE} 或 l_l，其锚固长度为 l_{aE} 或 l_a，锚固方式同框架梁下部纵筋。

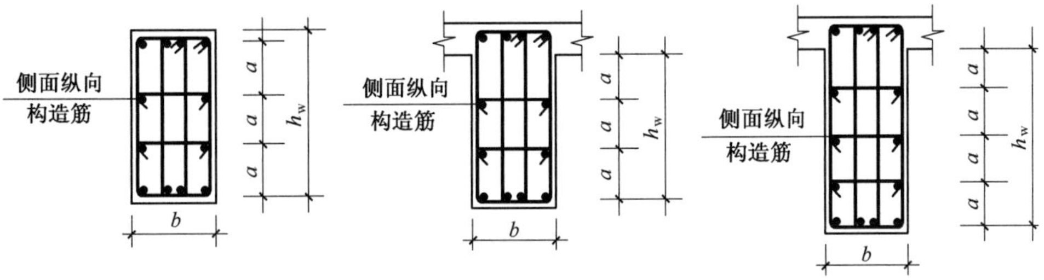

图 2-4　梁侧面构造钢筋

6. 框架梁下部钢筋长度计算

(1) 下部通筋长度 = 总净跨长 + 左支座锚固 + 右支座锚固 + 搭接长度 × 搭接个数。

(2) 边跨下部筋长度 = 本身净跨 + 左锚固 + 右锚固。

(3) 中间跨下部筋长度 = 本身净跨 + 左锚固 + 右锚固。

(4) 不伸入支座的梁下部纵向钢筋的构造见 22G101-1 第 2-41 页，其断点位置如图 2-5 所示。

第一跨下部不伸入支座的梁下部钢筋长度 = $l_{n1} - 0.1 \times l_{n1} \times 2$

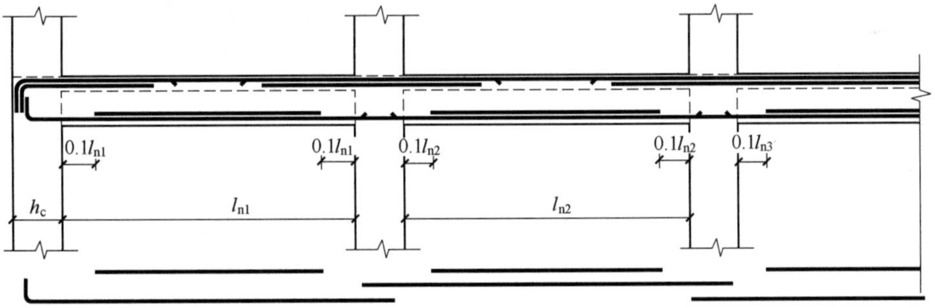

图 2-5　下部纵筋不伸入支座钢筋构造断点位置图

2.2.3　吊筋、拉筋、箍筋计算公式

1. 吊筋长度计算

吊筋如图 2-6 所示，吊筋夹角取值：梁高 ≤ 800 mm 取 45°，梁高 > 800 mm 取 60°。

吊筋长度 = 次梁宽 + 2 × 50 + 2 × (梁高 - 2 × 保护层厚度)/正弦 45°(60°) + 2 × 20d

2. 拉筋长度计算

拉筋直径取值：梁宽 ≤ 350 mm 取 6 mm，梁宽 > 350 mm 取 8 mm。

如图 2-7(a)所示,只勾住主筋:

$$拉筋长度 = 梁宽 - 2 \times 保护层厚度 + 2 \times 1.9d + 2 \times \max(10d, 75\ \text{mm})$$

$$拉筋根数 = \left(\frac{净跨长 - 50 \times 2}{非加密间距} \times 2 + 1\right) \times 排数$$

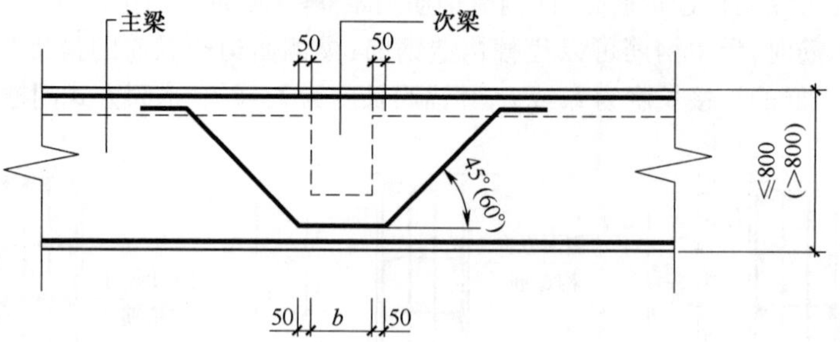

图 2-6　吊筋

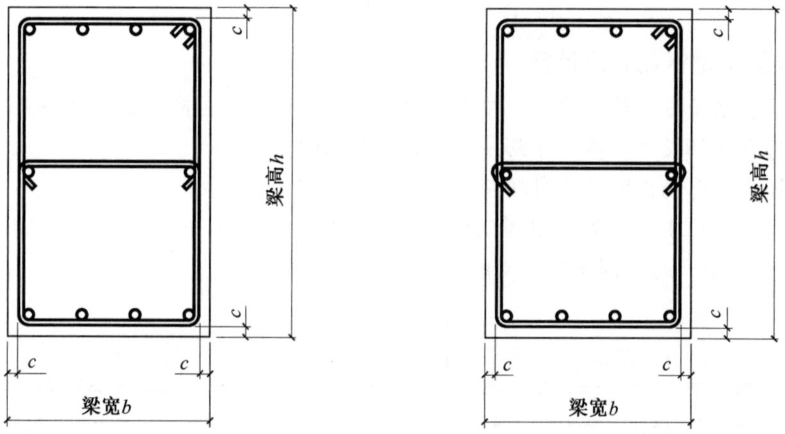

(a)只钩住主筋　　(b)同时钩住主筋和箍筋

图 2-7　拉筋

如图 2-7(b)所示,同时勾住主筋和箍筋:

$$拉筋长度 = 梁宽 - 2 \times 保护层厚度 + 2d + 2 \times 1.9d + 2 \times \max(10d, 75\ \text{mm})$$

3. 箍筋长度和根数计算

普通箍筋如图 2-8 所示。

长度 =(梁宽 b - 保护层厚度 ×2) ×2 +(梁高 h - 保护层厚度 ×2) ×2 + 1.9d ×2 + max(10d,75 mm ×2)

$= (b + h) \times 2 - 8 \times c + 2 \times 1.9d + 2 \times \max(10d, 75\ \text{mm})$

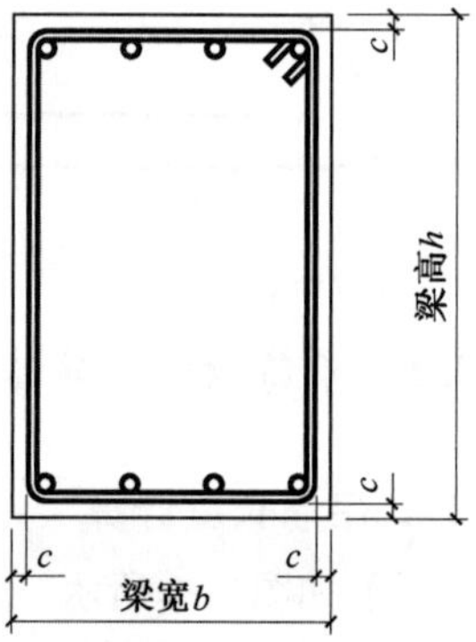

图 2-8　普通箍筋

抗震框架梁 KL、WKL 箍筋加密区范围见 16G101-1 第 88 页,如图 2-9 所示。

$$加密区根数 = (加密区长度 - 50)/加密间距 + 1$$

$$非加密区根数 = (净跨长 - 左加密区 - 右加密区)/非加密间距 - 1$$

总根数 = 加密区根数 ×2 + 非加密区根数

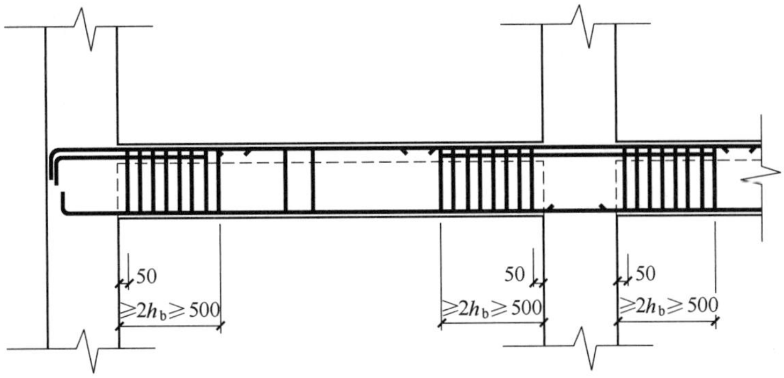

（a）一级抗震等级楼层框架梁 KL、WKL

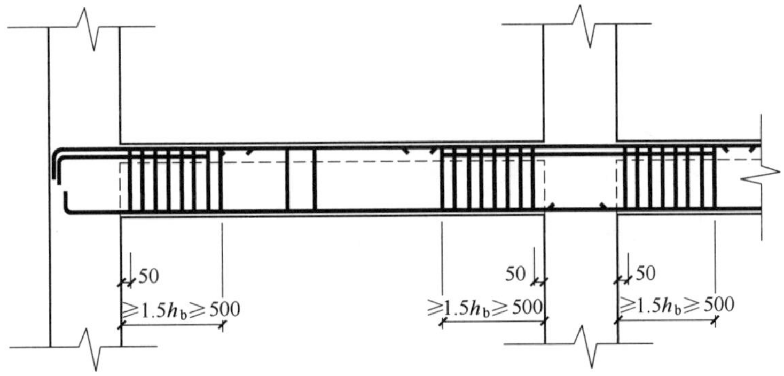

（b）二至四级抗震等级楼层框架梁 KL、WKL

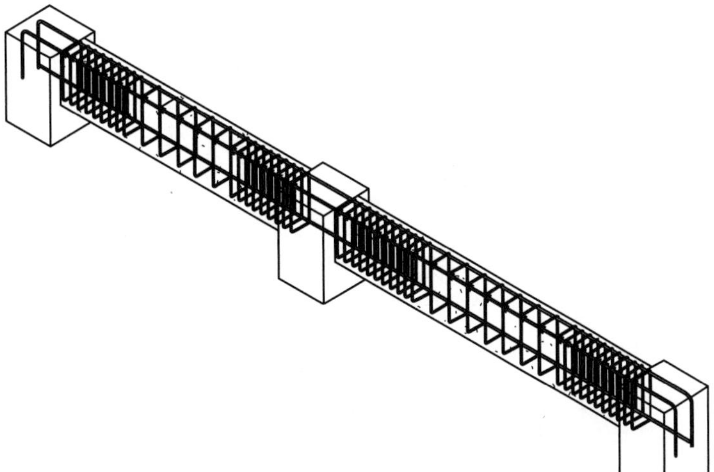

（c）框架梁箍筋加密区示意图

图 2-9　框架梁箍筋加密区范围

视频

悬臂梁钢筋计算

2.3 楼层框架梁钢筋翻样实例

阅读某钢筋翻样实训室施工图(见 P200 图号 2),计算二层框架梁 KL1(3A)中各种钢筋的下料长度。

梁的环境描述如下:

抗震等级:二级;混凝土强度:C30;保护层厚度:25 mm;直径≥22 mm 为闪光对焊,直径<22 mm 为搭接。

框架梁主筋直径 ≤25 mm,钢筋弯曲内径 $R=4d$,弯曲角度 90°时的弯曲调整值为 $2.93d$;箍筋弯曲内径值为 1.25 倍的箍筋直径且大于主筋直径的一半,弯曲角度 90°时的弯曲调整值为 $1.75d$。

KL1(3A)梁的平法施工图和配筋示意图如图 2-10 所示,计算过程如下:

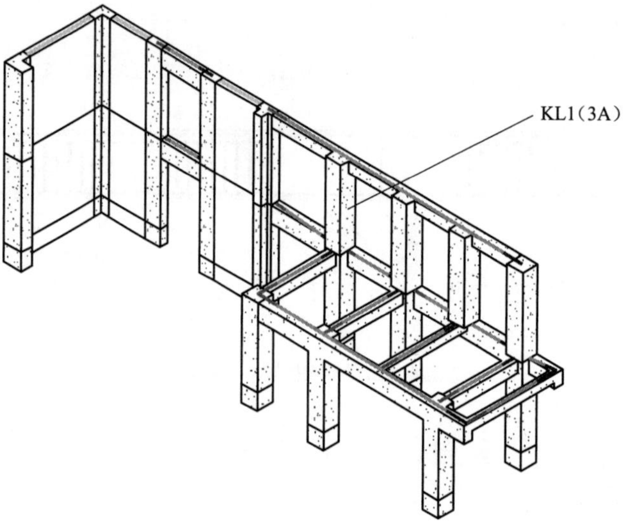

(a)某钢筋翻样实训室示意图

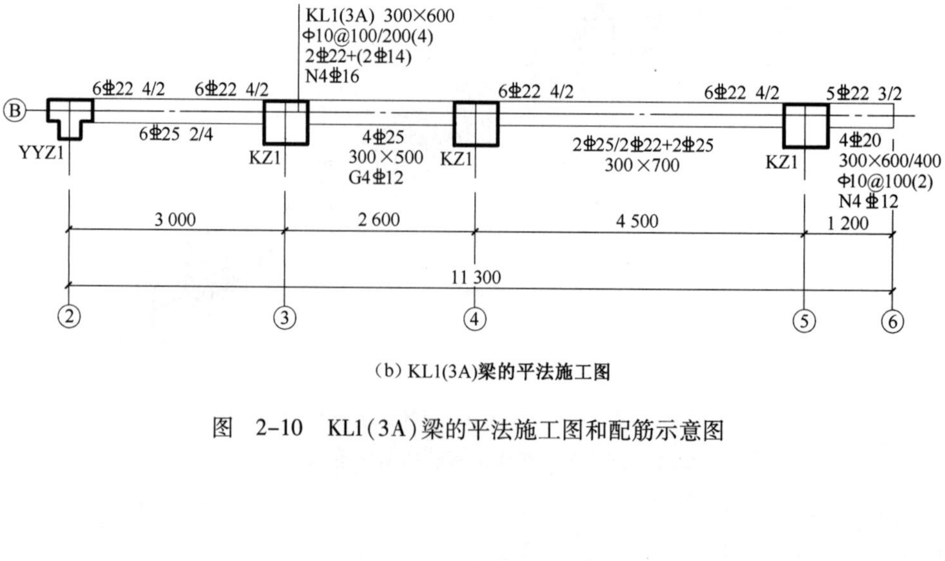

(b) KL1(3A)梁的平法施工图

图 2-10 KL1(3A)梁的平法施工图和配筋示意图

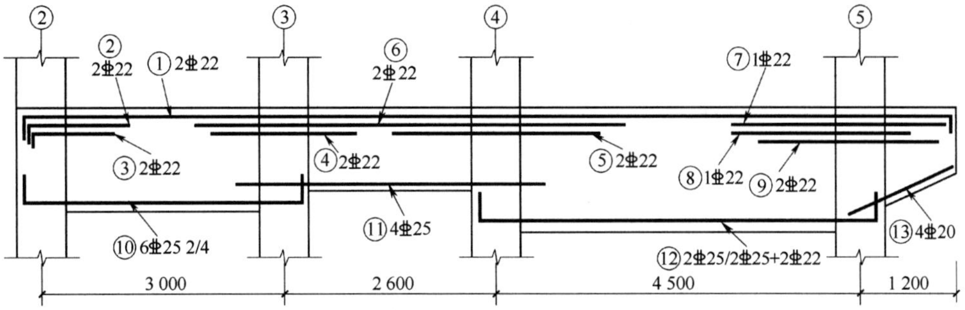

(c) KL1(3A)梁配筋示意图

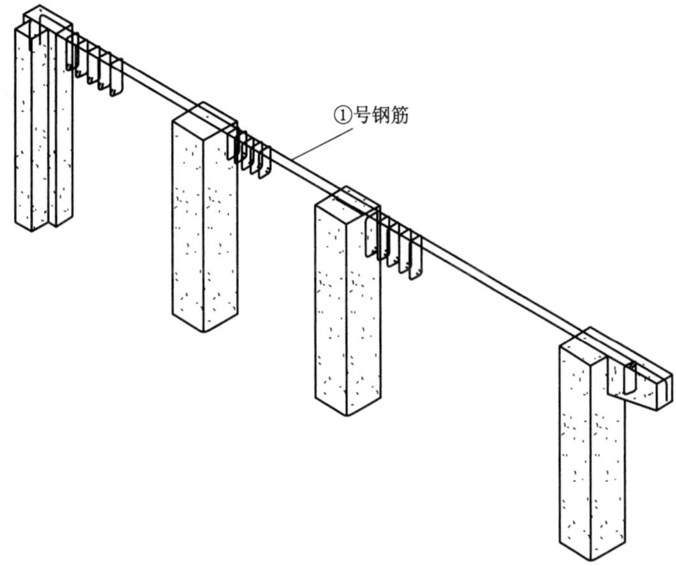

(d)上部通长筋(①号)示意图

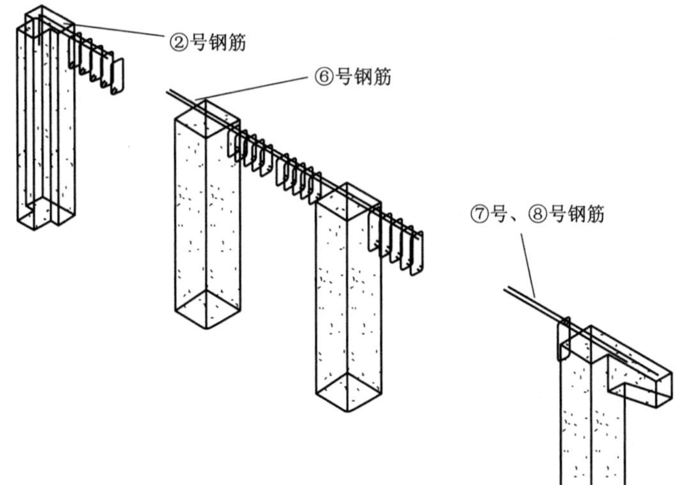

(e)第一跨端支座负筋(②号)、第二跨上部钢筋(⑥号)、第三跨右支座负筋(⑦号、⑧号)示意图

图　2-10　KL1(3A)梁的平法施工图和配筋示意图(续)

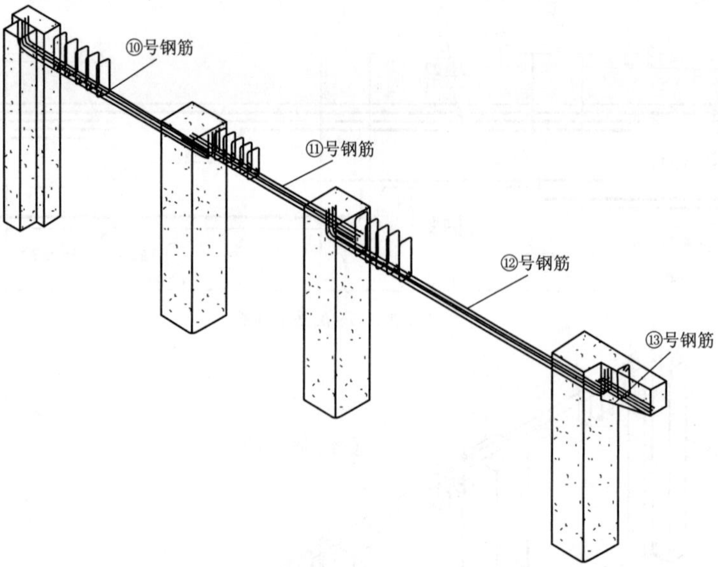

(f)第一跨下部纵筋(⑩号)、第二跨下部纵筋(⑪号)、第三跨下部纵筋(⑫号)、悬臂段下部纵筋(⑬号)示意图

图 2-10　KL1(3A)梁的平法施工图和配筋示意图(续)

1. 求锚固长度 l_{aE}

框架梁 KL1(3A)主筋强度等级为 HRB400,主筋直径≤25 mm,混凝土强度等级为 C30,二级抗震,从 22G101-1 第 2-2 页和 2-3 页可知:$l_{aE}=40d$,$l_{abE}=40d$。

2. 端支座纵筋是否直锚判断

当直锚长度 $\geqslant l_{aE}$ 且 $\geqslant 0.5h_c+5d$ 时,可以直锚,不需弯锚。

3. KL1(3A)的锚固判断

直锚长度 $=600-25=575$ mm $< l_{aE}=40d=40\times22=880$ mm,所以必须弯锚。

端支座锚固长度 $=\max(0.4\times40\times22+15\times22,600-25+15\times22)=905$ mm

2.3.1　纵筋计算

1. ①号上通长筋 2Φ22

计算公式:　　　　　总净跨 + 左锚固 + $12d$ - 保护层厚度

按外包长度计算:

外包长度 $=3\,000+2\,600+4\,500+1\,200-300+\max(0.4\times40\times22+15\times22,600-25+15\times22)+12\times22-25=12\,144$ mm

下料长度 = 外包长度 - 弯曲调整值 $=12\,144-2\times2.93\times22\approx12\,015$ mm

简图如下所示:

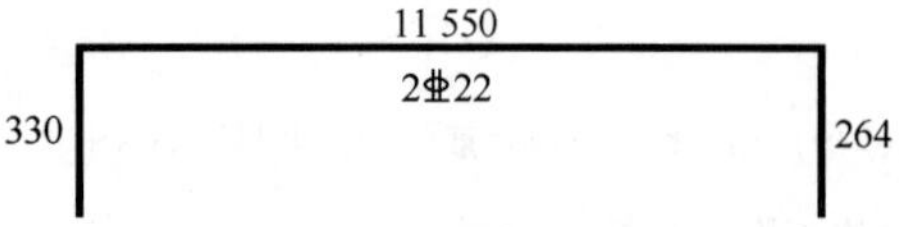

2. 第一跨(轴线②~③)端支座负筋

计算公式：　　第一排 $\frac{l_{n1}}{3}$ + 左锚固；第二排 $\frac{l_{n1}}{4}$ + 左锚固

按外包长度计算：

②号第一排：　　$\frac{3\ 000-2\times 300}{3}+905=1\ 705\ \text{mm}$

简图如下所示：

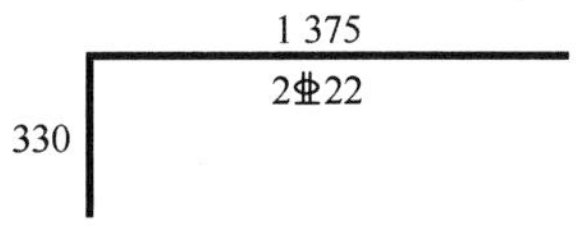

③号第二排：　　$\frac{3\ 000-2\times 300}{4}+905=1\ 505\ \text{mm}$

简图如下所示：

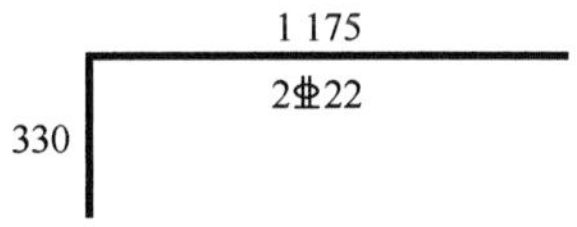

下料长度：

②号第一排：　　$1\ 705-2.93\times 22\approx 1\ 641\ \text{mm}$

③号第一排：　　$1\ 505-2.93\times 22\approx 1\ 441\ \text{mm}$

3. 第一跨(轴线②~③)右支座负筋

第一排下料长度 = 2 × max(第一跨,第二跨)净跨长/3 + 支座宽

第二排下料长度 = 2 × max(第一跨,第二跨)净跨长/4 + 支座宽

第一排：　　$2\times\frac{3\ 000-2\times 300}{3}+600=2\ 200\ \text{mm}$

④号二排：　　$2\times\frac{3\ 000-2\times 300}{4}+600=1\ 800\ \text{mm}$

简图如下所示：

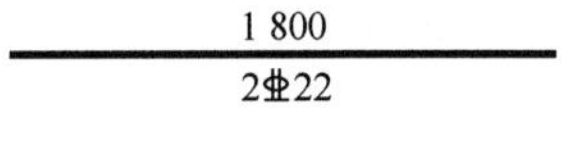

4. 第二跨(轴线③~④)右支座负筋

第一排：　　$2\times\frac{4\ 500-2\times 300}{3}+600=3\ 200\ \text{mm}$

⑤号第二排：　　$2\times\frac{4\ 500-2\times 300}{4}+600=2\ 550\ \text{mm}$

简图如下所示：

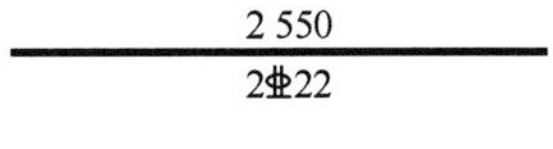

⑥号一跨右支座负筋与第二跨第一排右支座负筋重合，故将该钢筋合并如下：

第一排：

$$\frac{l_{n1}}{3}+300+2\ 600+300+\frac{l_{n3}}{3}=\frac{3\ 000-300\times2}{3}+300+2\ 600+300+\frac{4\ 500-300\times2}{3}=5\ 300\ \text{mm}$$

简图如下所示：

$$\frac{5\ 300}{2\Phi22}$$

5. 第三跨（轴线④～⑤）右支座负筋

该跨涉及悬臂段梁的钢筋构造，按照16G101-1第92页①构造计算。

第一排：

⑦号第一种钢筋：$\frac{l_{n3}}{3}$ + 支座宽 + 悬臂段净跨 − 保护层厚度

$$=\frac{4\ 500-300\times2}{3}+600+1\ 200-300-25=2\ 775\ \text{mm}$$

简图如下所示：

$$\frac{2\ 775}{1\Phi22}$$

⑧号第二种钢筋：$\frac{l_{n3}}{3}+l_{aE}=\frac{4\ 500-300\times2}{3}+40\times22=2\ 180\ \text{mm}$

简图如下所示：

$$\frac{2\ 180}{1\Phi22}$$

⑨号第二排： $\frac{l_{n3}}{4}$ + 支座宽 + 0.75 × 悬臂段净跨

$$=\frac{4\ 500-300\times2}{4}+600+0.75\times(1\ 200-300)=2\ 250\ \text{mm}$$

简图如下所示：

$$\frac{2\ 250}{2\Phi22}$$

6. 第一跨架立筋

计算公式： 净跨 − 两边负筋净长 + 150 × 2

$$=3\ 000-300\times2-\frac{3\ 000-600}{3}\times2+150\times2=1\ 100\ \text{mm}$$

简图如下所示：

$$\frac{1\ 100}{2\Phi14}$$

7. 第三跨架立筋

架立筋长度 $=4\ 500-300\times2-\frac{4\ 500-600}{3}\times2+150\times2=1\ 600\ \text{mm}$

简图如下所示：

$$\frac{1\ 600}{2\Phi14}$$

8. 受扭钢筋和构造钢筋

计算公式：　　　　　　净跨 + 锚固长度 × 2

第一跨：$\max(0.4\times40\times16+15\times16,600-25+15\times16)+3\,000-600+40\times16$

$=3\,855$ mm

简图如下所示：

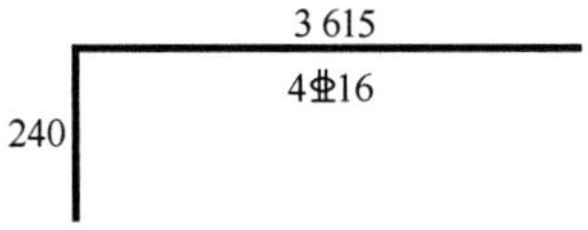

下料长度：　　　　$3\,855-2.93\times16\approx3\,808$ mm

第二跨(构造钢筋)：$2\,600-600+15\times12\times2=2\,360$ mm

简图如下所示：

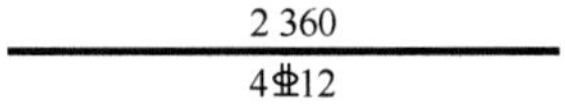

第三跨：　　　　　$4\,500-600+40\times16\times2=5\,180$ mm

简图如下所示：

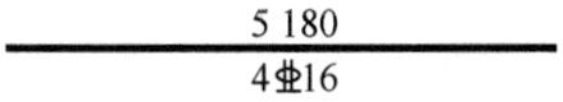

悬臂段：　　　　　$900-25+40\times12=1\,355$ mm

简图如下所示：

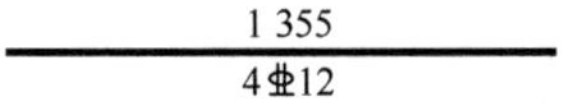

9. ⑩号第一跨下部纵筋，两端均为弯锚

锚固长度 = $\max(0.4\times40\times25+15\times25,600-25+15\times25)=950$ mm

计算公式：净跨 + 左锚固 + 右锚固 = $3\,000-600+950\times2=4\,300$ mm

简图如下所示：

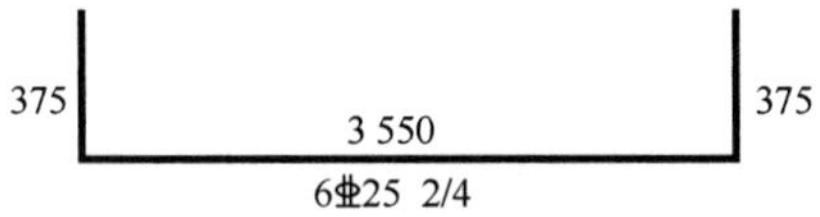

10. ⑪号第二跨下部纵筋，两端均为直锚

锚固长度 = $\max(40\times22,0.5\times600+5\times22)=880$ mm

计算公式：净跨 + 左锚固 + 右锚固 = $2\,600-600+880\times2=3\,760$ mm

简图如下所示：

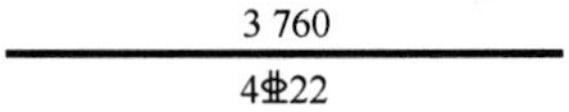

11. ⑫号第三跨下部纵筋，两端均为弯锚

计算公式：净跨 + 左锚固 + 右锚固 = $4\,500-600+950\times2=5\,800$ mm

简图如下所示：

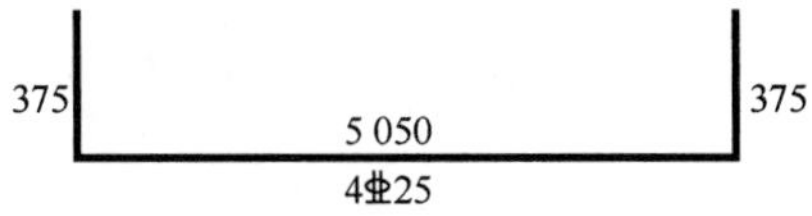

$4\ 500-600+2\times\max(0.4\times 40\times 22+15\times 22,600-25+15\times 22)=5\ 710$ mm

简图如下所示：

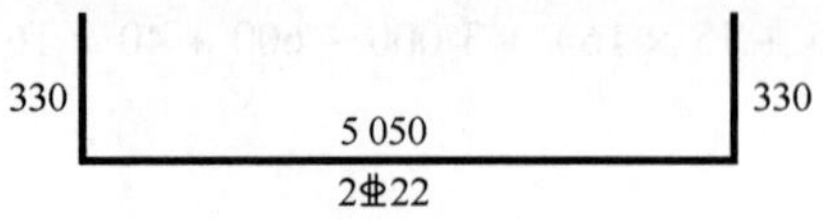

12. ⑬号悬臂纵筋

计算公式：净跨 − 保护层厚度 $+15\times d=1\ 200-300-25+15\times 20=1\ 175$ mm

简图如下所示：

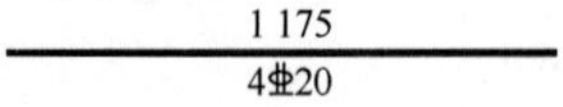

2.3.2 箍筋计算

框架梁普通箍筋和复合箍筋如图 2-11 所示。

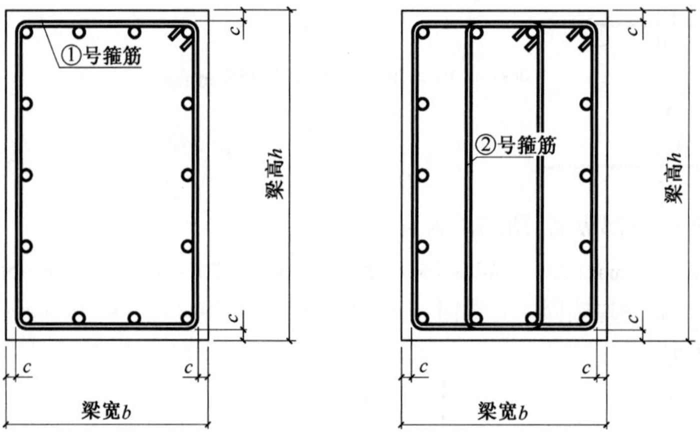

(a) 普通箍筋　　(b) 复合箍筋

图 2-11　框架梁箍筋

图 2-11(a)中①号箍筋长度的计算公式为：$2\times(b+h)-8c+2\times 1.9d+2\times\max(10d,75\text{ mm})$ → 按外包长度计算。其中，c 为保护层厚度。

下料长度为：$2\times(b+h)-8c+2\times 1.9d+2\times\max(10d,75\text{ mm})-3\times 1.75d$ → 按中心线长度计算。

图 2-11(b)中②号箍筋的计算公式为：

$$间距\ j=\frac{b-2c-D-2d}{b\ 边纵筋的根数-1}\qquad \rightarrow 布筋范围为角筋中心线$$

②号箍筋长度 $=(间距 j\times 间距数+\frac{D}{2}\times 2+d\times 2)\times 2+(h-2c)\times 2+1.9d\times 2+\max(10d,75\text{ mm})\times 2$ →按外包尺寸计算。

其中，D 为主筋直径，d 为箍筋直径。

框架梁 KL1(3A)中①、②号箍筋如图 2-12 所示。

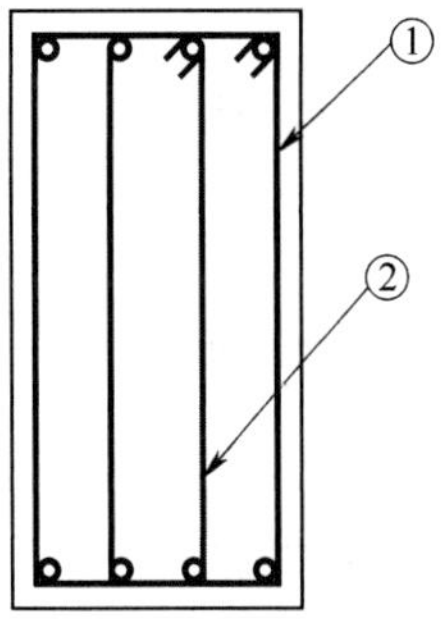

图 2-12　①、②号箍筋示意图

1. 第一跨箍筋

①号箍筋长度：$(300+600)\times2-8\times25+23.8\times10=1\ 838$ mm

简图如下所示：

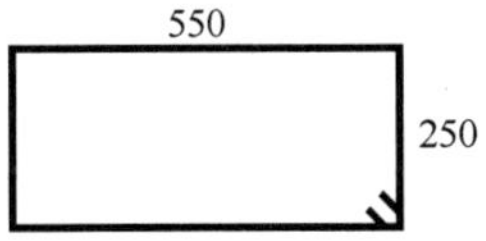

中心线长度：$1\ 838-3\times1.75\times10\approx1\ 786$ mm

②号箍筋(箍住 2 根纵筋)：间距 $=\dfrac{300-25\times2-10\times2-22}{3}\approx69$ mm

角筋中心线长度：$(69+22+10\times2)\times2+(600-25\times2)\times2+23.8\times10=1\ 560$ mm

简图如下所示：

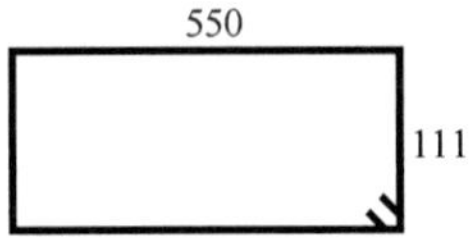

下料长度：　$1\ 560-3\times1.75\times10\approx1\ 508$ mm

加密区长度：　$\max(1.5\times600,500)=900$ mm

箍筋根数：　$\dfrac{900-50}{100}+1=9.5$ 根，取 10 根

非加密区长度：　$\dfrac{3\ 000-600-900\times2}{200}-1=2$ 根

总根数：　$10\times2+2=22$ 根

2. 第二跨箍筋

①号箍筋长度：　$(300+500)\times2-8\times25+23.8\times10=1\ 638$ mm

简图如下所示：

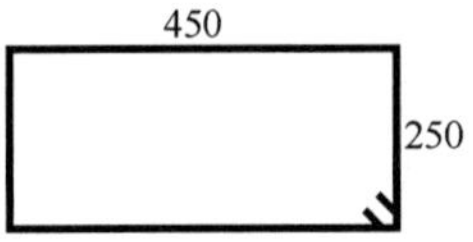

中心线长度：　$1\ 638-3\times1.75\times10\approx1\ 586$ mm

②号箍筋间距：　$\dfrac{300-25\times2-10\times2-22}{3}=69$ mm

长度：$(69+22+10\times2)\times2+(500-25\times2)\times2+23.8\times10=1\ 360$ mm

简图如下所示：

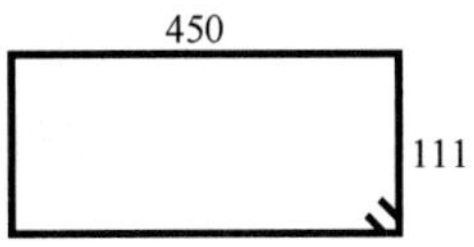

下料长度：　　$1\,360-3\times1.75\times10\approx1\,308$ mm

加密区长度：　　$\max(1.5\times500,500)=750$ mm

箍筋根数：　　$\dfrac{750-50}{100}+1=8$ 根

非加密区长度：　　$\dfrac{2\,600-600-750\times2}{200}-1=1.5$ 根，取 2 根

总根数：　　$8\times2+2=18$ 根

3. 第三跨箍筋

①号箍筋长度：　　$(300+700)\times2-8\times25+23.8\times10=2\,038$ mm

简图如下所示：

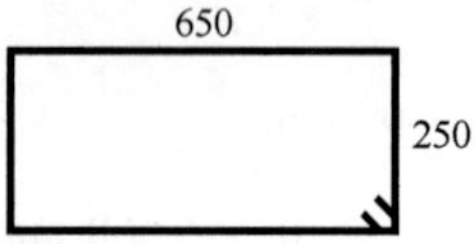

中心线长度：　　$2\,038-3\times1.75\times10\approx1\,986$ mm

②号箍筋间距：　　$\dfrac{300-25\times2-10\times2-22}{3}\approx69$ mm

长度：$(69+22+10\times2)\times2+(700-25\times2)\times2+23.8\times10=1\,760$ mm

简图如下所示：

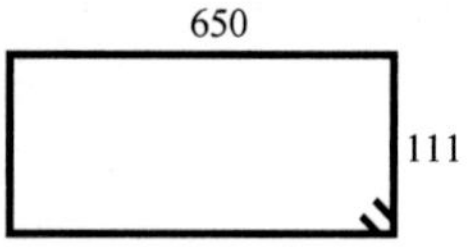

下料长度：　　$1\,760-3\times1.75\times10\approx1\,708$ mm

加密区长度：　　$\max(1.5\times700,500)=1\,050$ mm

箍筋根数：　　$\dfrac{1\,050-50}{100}+1=11$ 根

非加密区长度：　　$\dfrac{4\,500-600-1\,050\times2}{200}-1=8$ 根

总根数：　　$11\times2+8=30$ 根

4. 悬臂段箍筋

悬臂段为变截面，箍筋应缩尺，如图 2-13 所示。钢筋缩尺计算公式如下：

根据比例原理，每根箍筋的长短差数 Δ：

$$\Delta=\frac{l_c-l_d}{n-1}$$

式中：l_c ——箍筋的最大高度；

l_d ——箍筋的最小高度；

n ——箍筋的根数，等于 $\dfrac{s}{a}+1$，其中 a 为箍筋的间距。

该悬臂段箍筋按 22G101-1 第 2-43 页①构造计算，悬臂端箍筋长度计算示意图如图 2-14 所示。

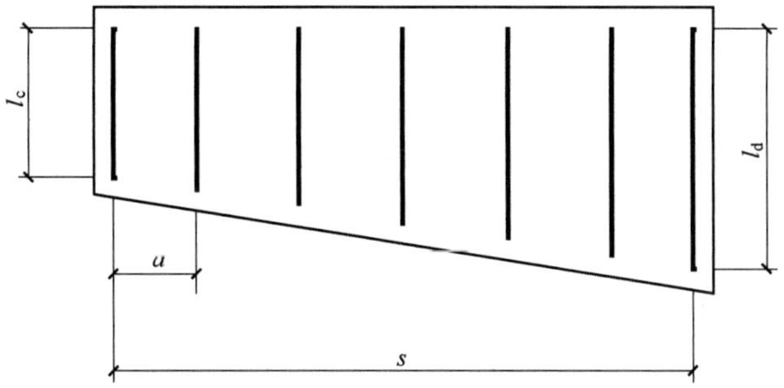

图 2-13　变截面构件箍筋

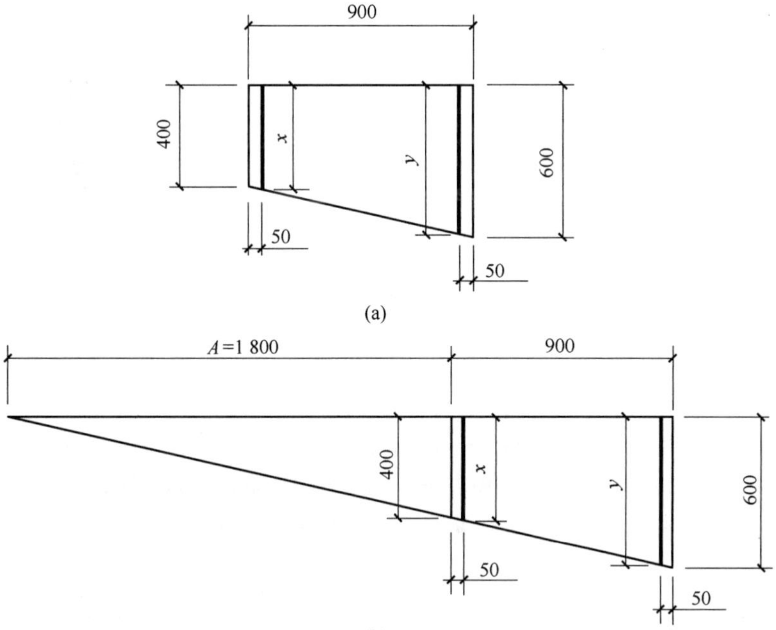

图 2-14　悬臂端箍筋长度计算示意图

第一道箍筋离柱侧面 50 mm,最后一道箍筋距离梁侧面 50 mm。

$$n = \frac{1\ 200 - 300 - 50 - 50}{100} + 1 = 9\text{ 根}$$

如图 2-13(a)所示,根据相似三角形原理,可求出 x,y。

$\frac{400}{600} = \frac{A}{A + 900}$,可得 $A = 1\ 800$;$\frac{1\ 800 + 50}{1\ 850 + 850} = \frac{x}{600}$,可得 $x \approx 411$;$\frac{1\ 800 + 850}{1\ 800 + 900} = \frac{y}{600}$,可得 $y \approx 589$。

$$l_c = x - 25 \times 2 = 411 - 50 = 361\text{ mm},\ l_d = y - 25 \times 2 = 589 - 50 = 539\text{ mm}$$

$$\Delta = \frac{l_c - l_d}{n - 1} = \frac{539 - 361}{8} = 22.25\text{ mm}$$

即每相邻两道箍筋高度相差 23 mm,每道箍筋的长度为:

第一道:$(589 - 50) \times 2 + (300 - 25 \times 2) \times 2 + 23.8 \times 10 = 1\ 816$ mm

第二道：(589 − 50 − 22.25) × 2 + (300 − 25 × 2) × 2 + 23.8 × 10 ≈ 1 772 mm

第三道：(589 − 50 − 22.25 × 2) × 2 + (300 − 25 × 2) × 2 + 23.8 × 10 = 1 727 mm

第四道：(589 − 50 − 22.25 × 3) × 2 + (300 − 25 × 2) × 2 + 23.8 × 10 ≈ 1 683 mm

第五道：(589 − 50 − 22.25 × 4) × 2 + (300 − 25 × 2) × 2 + 23.8 × 10 = 1 638 mm

第六道：(589 − 50 − 22.25 × 5) × 2 + (300 − 25 × 2) × 2 + 23.8 × 10 ≈ 1 594 mm

第七道：(589 − 50 − 22.25 × 6) × 2 + (300 − 25 × 2) × 2 + 23.8 × 10 = 1 549 mm

第八道：(589 − 50 − 22.25 × 7) × 2 + (300 − 25 × 2) × 2 + 23.8 × 10 ≈ 1 505 mm

第九道：(589 − 50 − 22.25 × 8) × 2 + (300 − 25 × 2) × 2 + 23.8 × 10 = 1 460 mm

每道箍筋下料长度为：

第一道：1 816 − 3 × 1.75 × 10 ≈ 1 764 mm

第二道：1 772 − 3 × 1.75 × 10 ≈ 1 720 mm

第三道：1 727 − 3 × 1.75 × 10 ≈ 1 675 mm

第四道：1 683 − 3 × 1.75 × 10 ≈ 1 631 mm

第五道：1 638 − 3 × 1.75 × 10 ≈ 1 586 mm

第六道：1 594 − 3 × 1.75 × 10 ≈ 1 542 mm

第七道：1 549 − 3 × 1.75 × 10 ≈ 1 497 mm

第八道：1 505 − 3 × 1.75 × 10 ≈ 1 453 mm

第九道：1 460 − 3 × 1.75 × 10 ≈ 1 408 mm

2.3.3 拉筋计算

该梁中的拉筋按照 22G101-1 第 2-41 页配置，直径为 6 mm，间距 400 mm，钢筋为 HPB300。计算方式有两种：同时勾住主筋和箍筋、只勾住主筋，按照第一种方式计算：

$$拉筋长度 = 梁宽 - 2 \times 保护层厚度 + 2d + 2 \times 1.9d + 2 \times \max(10d, 75\ \text{mm})$$

$$300 - 2 \times 25 + 2 \times 6 + 2 \times 1.9 \times 6 + \max(10 \times 6, 75\ \text{mm}) \times 2 \approx 435\ \text{mm}$$

简图如下所示：

$$拉筋根数 = [(净跨长 - 50 \times 2)/非加密间距 \times 2 + 1] \times 排数$$

第一跨：$\left(\dfrac{3\ 000 - 600 - 50 \times 2}{400} + 1\right) \times 2 = 13.5$ 根，取 14 根

第二跨：$\left(\dfrac{2\ 600 - 600 - 50 \times 2}{400} + 1\right) \times 2 = 11.5$ 根，取 12 根

第三跨：$\left(\dfrac{4\ 500 - 600 - 50 \times 2}{400} + 1\right) \times 2 = 21$ 根

悬臂段：$\left(\dfrac{1\ 200 - 300 - 50 \times 2}{400} + 1\right) \times 2 = 6$ 根

总根数：$14 + 12 + 21 + 6 = 53$ 根

2.3.4 吊筋计算

KL1(3A)与次梁 LL1 相交处设置吊筋，吊筋按照图集 22G101-1 第 2-39 页设置，2Φ20，弯起角度为 45°。

计算公式为：

$$吊筋长度 = 次梁宽 + 2 \times 50 + 2 \times (梁高 - 2 \times 保护层厚度)/\sin 45^\circ + 2 \times 20d$$

$$= 250 + 2 \times 50 + 2 \times (700 - 2 \times 25)/\sin 45^\circ + 2 \times 20 \times 20 \approx 2\ 988\ \text{mm}$$

下料长度：　　　$2\ 988 - 0.61 \times 20 \times 4 \approx 2\ 939\ \text{mm}$

框架梁 KL1(3A)钢筋明细表见表 2-2。

表 2-2　框架梁 KL1(3A)钢筋明细表

工程名称：钢筋翻样实训室楼层框架梁 KL1(3A)钢筋明细表							
序号	级别直径	简图	单长/mm	总数/根	总长/m	总质/kg	备注
构件信息：一层(首层)\\梁\\KL3(1)_⑤～⑥/Ⓐ～Ⓑ							
1	⌀22	330　11 550　264	12 144	2	24. 288	72. 476	面筋/A～B(1)
2	⌀22	330　1 375	1 705	2	3. 41	10. 176	支座钢筋第一排轴线②
3	⌀22	330　1 175	1 505	2	3. 01	8. 982	支座钢筋第二排轴线②
4	⌀22	1 800	1 800	2	3. 6	10. 742	支座钢筋第二排轴线③
5	⌀22	2 550	2 550	2	5. 1	15. 218	支座钢筋第二排轴线④
6	⌀22	5 300	5 300	2	10. 6	31. 63	面筋/3～4(2)
7	⌀22	2 775	2 775	1	2. 775	8. 281	面筋/5～6(1)
8	⌀22	2 202	2 202	1	2. 202	6. 571	支座钢筋第一排轴线⑤
9	⌀22	2 250	2 250	2	4. 5	13. 428	支座钢筋第二排轴线⑤
10	⌀25	375　3 550　375	4 300	6	25. 8	99. 408	底筋/2～3(2/4)
11	⌀22	3 760	3 760	4	15. 216	45. 404	底筋/3～4(4)

续表

工程名称：钢筋翻样实训室楼层框架梁 KL1(3A)钢筋明细表							
序号	级别直径	简图	单长/mm	总数/根	总长/m	总质/kg	备注
构件信息：一层(首层)\\梁\\KL3(1)_⑤～⑥/Ⓐ～Ⓑ							
12	Φ22	330 5 050 330	5 710	2	11.42	34.078	底筋/4～5(2/0)
13	Φ25	375 5 050 375	5 800	4	23.2	89.388	底筋/4～5(2/2)
14	Φ20	1 197	1 197	4	4.788	11.808	底筋/5～6(4)考虑悬臂段坡度
15	Φ20	1 175	1 175	4	4.7	11.592	悬臂段下部纵筋不考虑悬臂段坡度
16	Φ14	1 100	1 100	2	2.2	2.658	架立筋/2～3(2)
17	Φ14	1 600	1 600	2	3.2	3.866	架立筋/4～5(2)
18	Φ16	240 3 615	3 855	2	7.742	12.216	腰筋/2～3(2)
19	Φ16	240 3 615	3 855	2	7.742	12.216	腰筋/2～3(2)
20	Φ12	2 360	2 360	4	9.44	8.384	腰筋/3～4(4)
21	Φ16	240 5 131	5 371	1	5.371	8.475	腰筋/4～5(1)
22	Φ16	5 180	5 180	2	10.424	16.45	腰筋/4～5(2)
23	Φ16	240 5 131	5 371	1	5.371	8.475	腰筋/4～5(1)
24	Φ12	1 367	1 367	4	5.468	4.856	腰筋/5～6(4)
25	Φ10	250 550	1 838	22	40.436	24.948	箍筋@100/200
26	Φ10	111 550	1 560	22	34.32	21.186	箍筋@100/200
27	Φ10	250 450	1 638	19	31.122	19.209	箍筋@100/200
28	Φ10	111 450	1 360	18	24.48	15.102	箍筋@100/200

续表

工程名称：钢筋翻样实训室楼层框架梁 KL1（3A）钢筋明细表

序号	级别直径	简图	单长/mm	总数/根	总长/m	总质/kg	备注
构件信息：一层（首层）\\梁\\KL3（1）_⑤～⑥/Ⓐ～Ⓑ							
29	Φ10	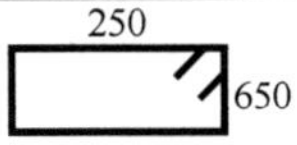 250 650	2 038	30	61. 14	37. 71	箍筋@100/200
30	Φ10	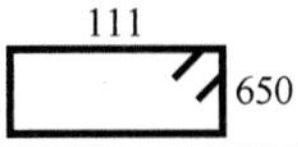 111 650	1 760	30	52. 8	32. 58	箍筋@100/200
31	Φ10	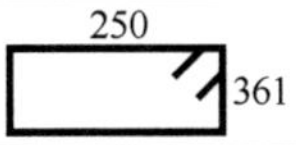 250 361	1 460	1	1. 46	0. 901	箍筋@100
32	Φ10	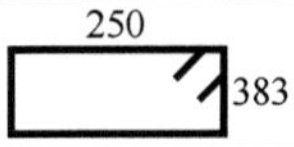 250 383	1 504	1	1. 504	0. 928	箍筋@100
33	Φ10	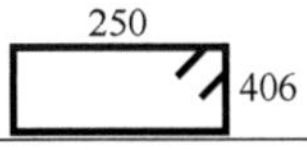 250 406	1 550	1	1. 55	0. 956	箍筋@100
34	Φ10	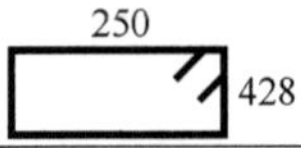 250 428	1 594	1	1. 594	0. 983	箍筋@100
35	Φ10	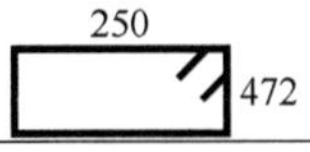 250 472	1 682	1	1. 682	1. 038	箍筋@100
36	Φ10	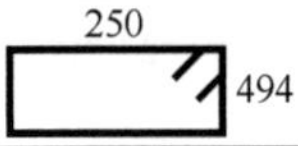 250 494	1 726	1	1. 726	1. 065	箍筋@100
37	Φ10	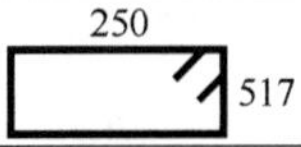 250 517	1 772	1	1. 772	1. 093	箍筋@100
38	Φ10	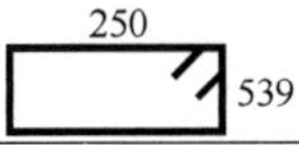 250 539	1 816	1	1. 816	1. 12	箍筋@100
39	Φ6	 262	405	54	21. 87	4. 86	拉筋@400
40	Φ20	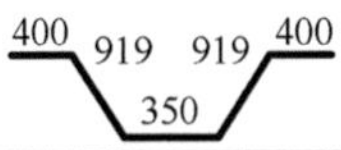 400 919 919 400 350	2 988	2	5. 976	14. 736	吊筋

注：表中数据来源于鲁班钢筋 2019V31 版的计算结果，与手工计算结果略有偏差。

视 频

框架梁纵向钢筋翻样

2. 4　屋面框架梁钢筋翻样实例

阅读某钢筋翻样实训室结构施工图，计算屋面框架梁 WKL1（3）中各种钢筋的下料长度，屋面框架梁 WKL1（3）平法施工图如图 2–15（a）所示。

梁的环境描述如下：

抗震等级：二级；混凝土强度：C30；保护层厚度：25 mm；直径≥22 mm 为闪光对焊，直径 < 22 mm为搭接。

框架梁主筋直径≤25 mm，钢筋弯曲内径 $R = 4d$，弯曲角度 90°时的弯曲调整值为 2. 93d；箍筋弯曲内径值为 1. 25 倍的箍筋直径且大于主筋直径的一半，弯曲角度 90°时的弯曲调整值为 1. 75d。

2.4.1 屋面框架梁的构造

视 频

框架梁箍筋与拉筋翻样

根据《混凝土结构施工钢筋排布规则与构造详图(现浇混土框架、剪力墙、梁、板)》(18G901-1)第2-22页节点构造一中的第②种排布钢筋,当梁上部纵筋配筋率 > 1.2%,弯入柱内侧的钢筋宜分批截断,构造要求见18G901-1第2~28页,其配筋如图2-15所示。

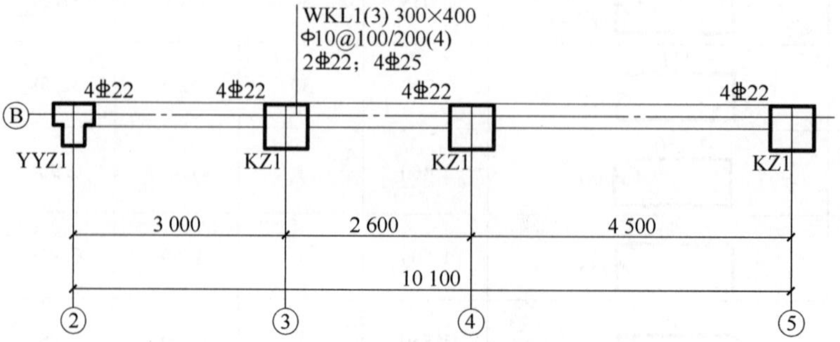

(a) WKL1(3)平法施工图

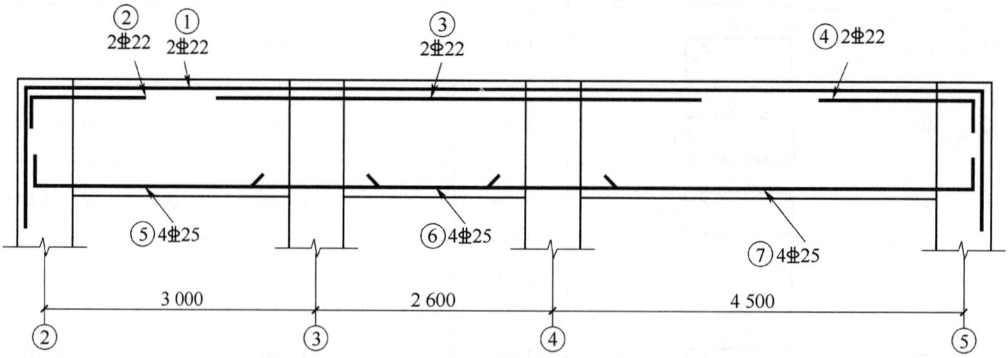

(b) WKL1(3)配筋示意图

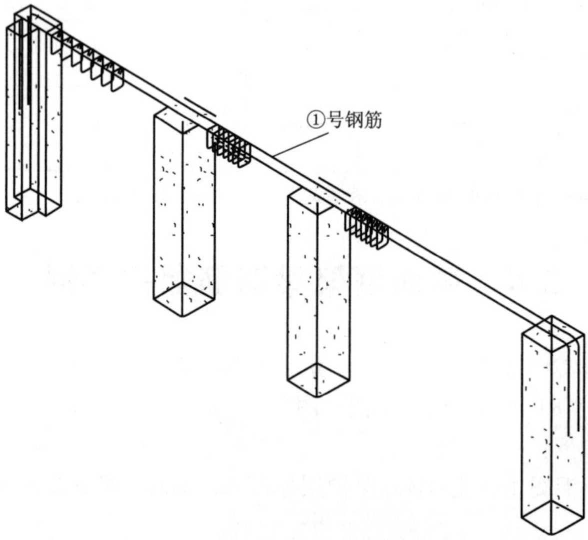

(c) 上部通长筋(①号)示意图

图2-15 WKL1(3)平法施工图和配筋示意图

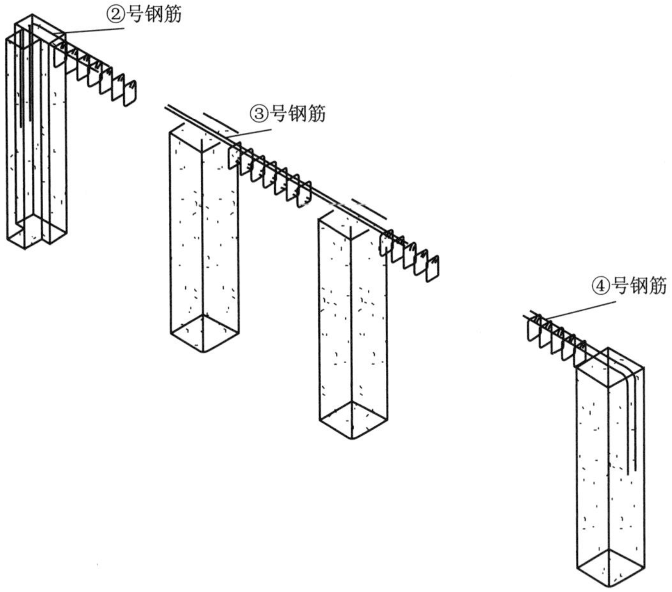

(d)支座负筋(②号)、第二跨上部纵筋(③号)、支座负筋(④号)示意图

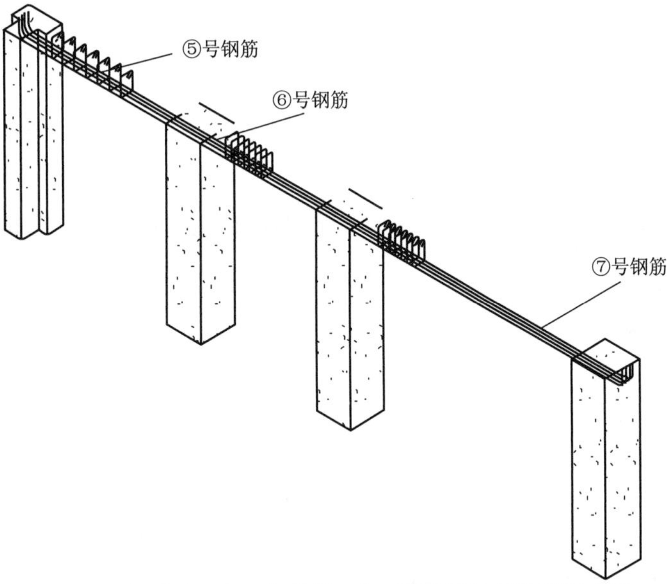

(e)第一跨(⑤号)、第二跨(⑥号)、第三跨(⑦号)下部纵筋示意图

图 2-15　WKL1(3)平法施工图和配筋示意图(续)

2.4.2　计算过程

1. ①号上部通长筋 2⌀22

锚固长度：支座宽 − 保护层厚度 + $1.7l_{aE}$ = 600 − 25 + 1.7 × 40 × 22 = 2 071 mm

分批截断后：支座宽 − 保护层厚度 + $1.7l_{aE}$ + $20d$ = 2 071 + 20 × 22 = 2 511 mm

净跨 + 左锚固 + 右锚固 = 3 000 + 2 600 + 4 500 − 600 + 2 071 × 2 = 13 642 mm

简图如下所示：

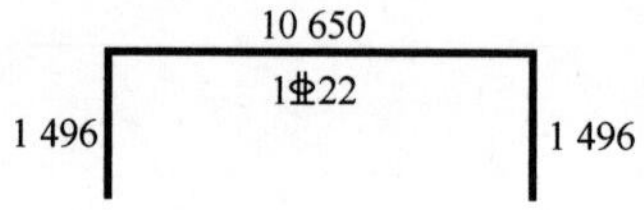

考虑分批截断的上部通长筋长度 3 000 + 2 600 + 4 500 − 600 + 2 511 × 2 = 14 522 mm

简图如下所示：

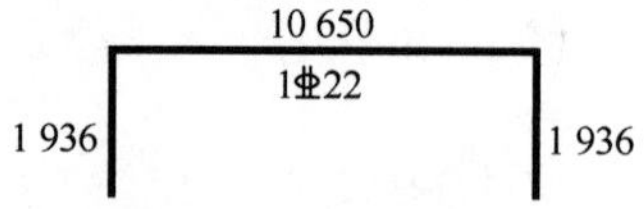

下料长度：

$$13\ 642 - 2 \times 2.93 \times 22 \approx 13\ 513\ \text{mm}$$

$$14\ 522 - 2 \times 2.93 \times 22 \approx 14\ 393\ \text{mm}$$

2. ②号第一跨端支座负筋

左锚固 + $\frac{l_n}{3}$：　$2\ 071 + \frac{3\ 000 - 600}{3} = 2\ 871\ \text{mm}$　1Φ22　分批截断，错开 $20d$

简图如下所示：

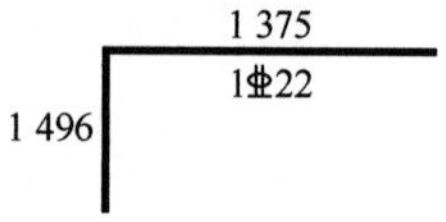

$2\ 511 + \frac{3\ 000 - 600}{3} = 3\ 311\ \text{mm}$　1Φ22　分批截断，错开 $20d$

简图如下所示：

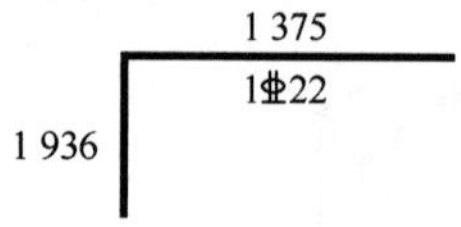

下料长度：

$2\ 871 - 2.93 \times 22 \approx 2\ 807\ \text{mm}$　1Φ22

$3\ 311 - 2.93 \times 22 \approx 3\ 247\ \text{mm}$　1Φ22

3. ③第一跨右支座负筋和第二跨右支座负筋合并

$\frac{l_{n1}}{3}$ + 支座宽 + $l_{n2} + \frac{l_{n3}}{3}$：　$\frac{3\ 000 - 600}{3} + 2\ 600 + 600 + \frac{4\ 500 - 600}{3} = 5\ 300\ \text{mm}$

简图如下所示：

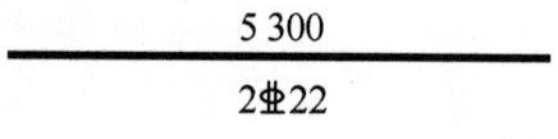

4. ④号第三跨右支座负筋

右锚固 + $\frac{l_n}{3}$：　$2\ 071 + \frac{4\ 500 - 600}{3} = 3\ 371\ \text{mm}$　1Φ22

简图如下所示：

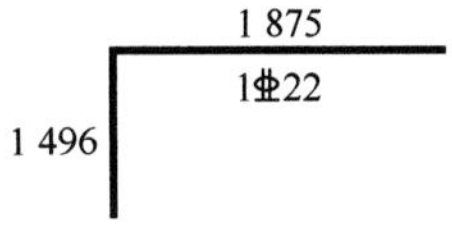

$$2\ 511 + \frac{4\ 500 - 600}{3} = 3\ 811\ \text{mm}\quad 1\Phi22$$

简图如下所示：

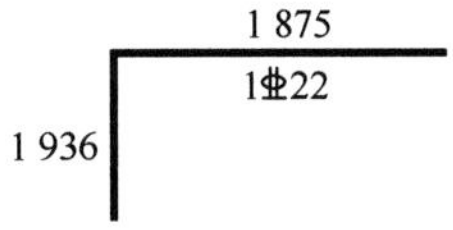

下料长度：

$$3\ 371 - 2.93 \times 22 \approx 3\ 307\ \text{mm}\quad 1\Phi22$$

$$3\ 811 - 2.93 \times 22 \approx 3\ 747\ \text{mm}\quad 1\Phi22$$

5. 下部纵筋

(1)第一跨：端支座为弯锚

锚固长度 $= \max(0.4l_{abE} + 15d$,支座宽 − 保护层厚度 $+ 15d)$

$= \max(0.4 \times 40 \times 25 + 15 \times 25, 600 - 25 + 15 \times 25) = \max(775, 950) = 950\ \text{mm}$

中间支座为直锚：

锚固长度 $= \max(l_{aE}, 0.5h_c + 5d) = \max(40 \times 25, 0.5 \times 600 + 5 \times 25) = 1\ 000\ \text{mm}$

⑤号长度：净跨 + 左锚固 + 右锚固 $= 3\ 000 - 600 + 950 + 1\ 000 = 4\ 350\ \text{mm}$

简图如下所示：

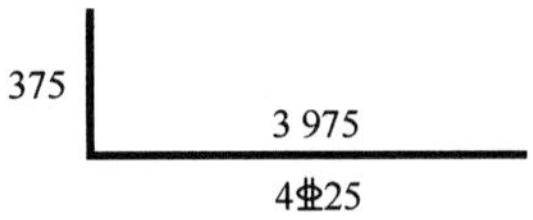

下料长度：　　$4\ 350 - 2.93 \times 25 \approx 4\ 277\ \text{mm}$

(2)第二跨：两端均为直锚

⑥号长度：　　$2\ 600 - 600 + 1\ 000 \times 2 = 4\ 000\ \text{mm}$

简图如下所示：

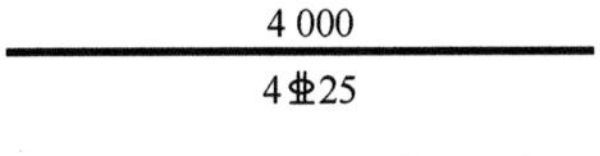

(3)第三跨：左端为直锚固，右端为弯锚

⑦号长度：　　$4\ 500 - 600 + 1\ 000 + 950 = 5\ 850\ \text{mm}$

简图如下所示：

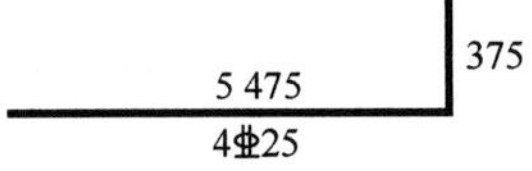

下料长度为：　　$5\ 850 - 2.93 \times 25 \approx 5\ 777\ \text{mm}$

6. 箍筋计算

(1)长度

箍筋长度：　$(300+400)\times 2-8\times 25+23.8\times 10=1\ 438\ \text{mm}$

简图如下所示：

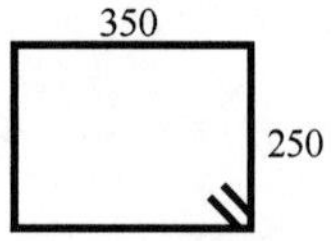

中心线长度：　$1\ 438-3\times 1.75\times 10\approx 1\ 386\ \text{mm}$

(2)根数

第一跨：

加密区长度：　$\max(1.5\times 400,500)=600\ \text{mm}$

箍筋根数：　$\dfrac{600-50}{100}+1=6.5$ 根，取 7 根

非加密区长度：　$\dfrac{3\ 000-600-600\times 2}{200}-1=5$ 根

总根数：　$7\times 2+5=19$ 根

第二跨：

加密区长度：　$\max(1.5\times 400,500)=600\ \text{mm}$

箍筋根数：　$\dfrac{600-50}{100}+1=6.5$ 根，取 7 根

非加密区长度：　$\dfrac{2\ 600-600-600\times 2}{200}-1=3$ 根

总根数：　$7\times 2+3=17$ 根

第三跨：

加密区长度：　$\max(1.5\times 400,500)=600\ \text{mm}$

箍筋根数：　$\dfrac{600-50}{100}+1=6.5$ 根，取 7 根

非加密区长度：　$\dfrac{4\ 500-600-600\times 2}{200}-1=12.5$ 根，取 13 根

总根数：　$7\times 2+13=27$ 根

第一跨＋第二跨＋第三跨箍筋共 63 根。

框架梁 WKL1(3)钢筋明细表见表 2-3。

表 2-3　框架梁 WKL1(3)钢筋明细表

工程名称:钢筋翻样实训屋面框架梁 WKL1(3)钢筋明细表							
序号	级别直径	简图	单长/mm	总数/根	总长/m	总质/kg	备注
构件信息:二层(顶替层)\梁\WKL1(3)_⑤～②/Ⓑ							
1	Φ22	10 650; 1 496; 1 496	13 642	1	13.716	40.929	面筋/2～5(1)

续表

工程名称:钢筋翻样实训屋面框架梁 WKL1(3)钢筋明细表							
序号	级别直径	简图	单长/mm	总数/根	总长/m	总质/kg	备注
构件信息:二层(顶替层)\梁\WKL1(3)_⑤~②/Ⓑ							
2	⌀22	1 936 10 650 1 936	14 522	1	14. 596	43. 554	面筋/2 ~ 5(1)
3	⌀22	1 936 1 375	3 311	1	3. 348	9. 99	支座钢/2(1)
4	⌀22	1 496 1 375	2 871	1	2. 908	8. 677	支座钢/2(1)
5	⌀22	5 300	5 300	2	10. 6	31. 63	面筋/3 ~4(2)
6	⌀22	1 875 1 936	3 811	1	3. 848	11. 482	支座钢/5(1)
7	⌀22	1 875 1 496	3 371	1	3. 408	10. 169	支座钢/5(1)
8	⌀22	375 3 975	4 350	4	17. 5	67. 428	底筋/2 ~3(4)
9	⌀22	4 000	4 000	4	16. 2	62. 42	底筋/3 ~4(4)
10	⌀25	5 475 375	5 850	4	23. 5	90. 544	底筋/4 ~5(4)
11	Φ10	250 350	1 438	63	90. 594	55. 881	箍筋@ 100/200

2. 5　非框架梁钢筋翻样实例

阅读某钢筋翻样实训室结构施工图,计算二层梁配筋图中非框架梁 LL1 中各种钢筋的下料长度。图 2-16 所示为非框架梁 LL1 平法施工图和配筋示意图。

梁的环境描述如下:

抗震等级:非抗震混凝土强度:C30;保护层厚度:25 mm;直径≥22 mm 为闪光对焊,直径 < 22 mm为搭接。

框架梁主筋直径 ≤ 25 mm ,钢筋弯曲内径 $R=4d$,弯曲角度 90°时的弯曲调整值为 $2.93d$;箍筋弯曲内径为 1. 25 倍的箍筋直径且大于主筋直径的一半,弯曲角度 90°时的弯曲调整值为 $1.75d$。

非框架梁构造按 22G101-1 第 2-40 页,计算过程如下:

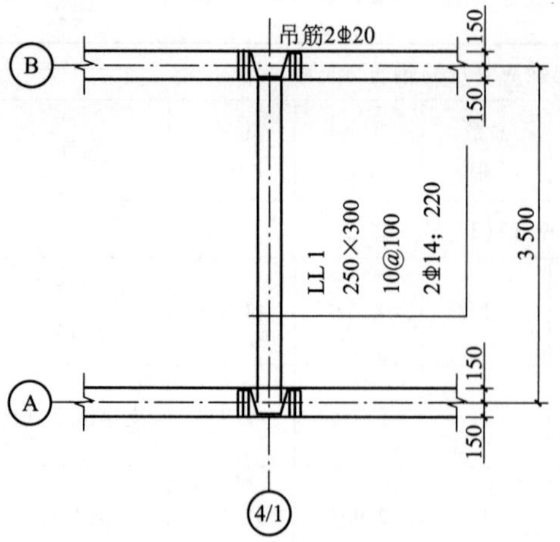

（a）非框架梁LL1平法施工图

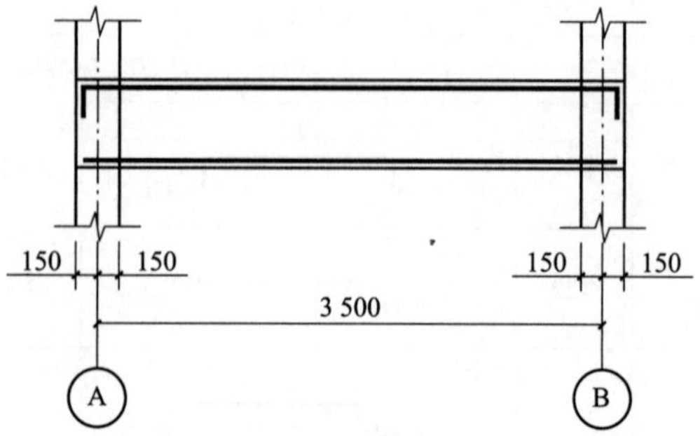

（b）非框架梁纵筋示意图

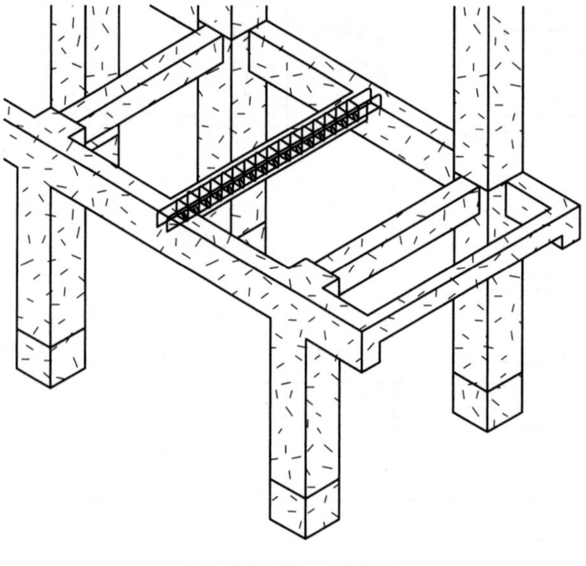

（c）非框架梁LL1配筋图

图 2-16　非框架梁 LL1 平法施工图和配筋示意图

1. 求锚固长度 l_a

非框架梁 LL1 的混凝土强度等级为 C30，非抗震主筋强度等级为 HRB400，主筋直径≤25 mm，根据 22G101-1 第 2-2 页和 2-3 页，可得 $l_a = l_{ab} = 35d$。

2. 端支座锚固长度

上部纵筋：设计按铰结时，锚固长度 = $\max(0.35l_{ab} + 15d$，支座宽 − 保护层厚度 $+ 15d)$；充分利用钢筋的抗拉强度时，锚固长度 = $\max(0.6l_{ab} + 15d$，支座宽 − 保护层厚度 $+ 15d)$，通常采用第一种方式计算。

下部纵筋：锚固长度为 $12d$。

2.5.1 纵筋计算

1. 上部纵筋计算

长度：$3\,500 - 150\times2 + 2\times\max(0.35\times35\times14 + 15\times14, 300 - 25 + 15\times14) = 4\,170$ mm

简图如下所示：

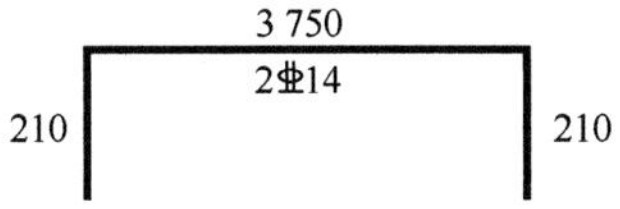

下料长度 = 外包长度 − 弯曲调整值 $= 4\,170 - 2\times2.93\times14 \approx 4\,088$ mm

2. 下部纵筋计算

长度：　$3\,500 - 150\times2 + 20\times12\times2 = 3\,680$ mm

简图如下所示：

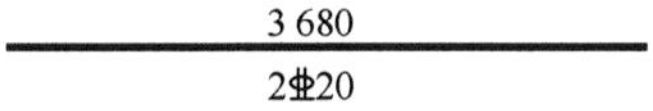

2.5.2 箍筋计算

箍筋长度：　$(250 + 300)\times2 - 8\times25 + 23.8\times10 = 1\,138$ mm

简图如下所示：

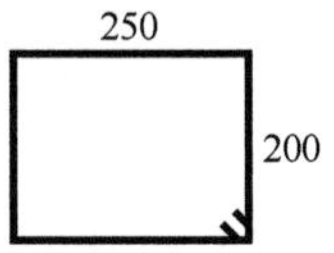

下料长度，即中心线长度：　$1\,138 - 3\times1.75\times10 = 1\,086$ mm

根数：　$\dfrac{3\,500 - 150\times2 - 50\times2}{100} + 1 = 32$ 根

非框架梁 LL1(1)钢筋明细表如表 2-4 所示。

表 2-4　钢筋翻样实训室非框架梁 LL1(1)钢筋明细表

工程名称：钢筋翻样实训室非框架梁 LL1(1)							
序号	级别直径	简图	单长/mm	总数/根	总长/m	总质/kg	备注
构件信息：一层(首层)梁\LL1_Ⓐ~Ⓑ							
1	⌀14	3 750；210；210	4 170	2	8.34	10.074	面筋/A~B(2)
2	⌀20	3 680	3 680	2	7.36	18.15	底筋/A~B(2)
3	Φ10	200；250	1 138	32	36.416	22.464	箍筋@100

2.6 地圈梁钢筋翻样

以某中学致知楼基础层为例，讲解地圈梁钢筋的翻样，认真阅读基础层结构施工图后，计算地圈梁（DQL）轴线Ⓒ/①～⑥钢筋。图 2-17 所示为地圈梁平法施工图和配筋示意图。

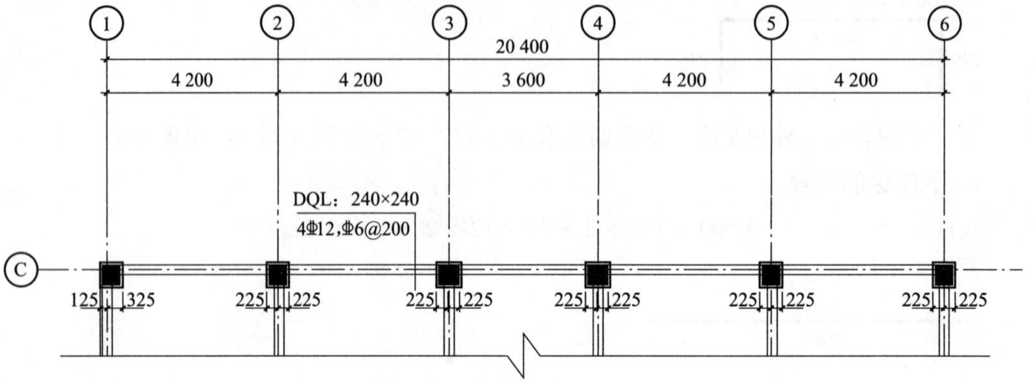

（a）地圈梁平法施工图

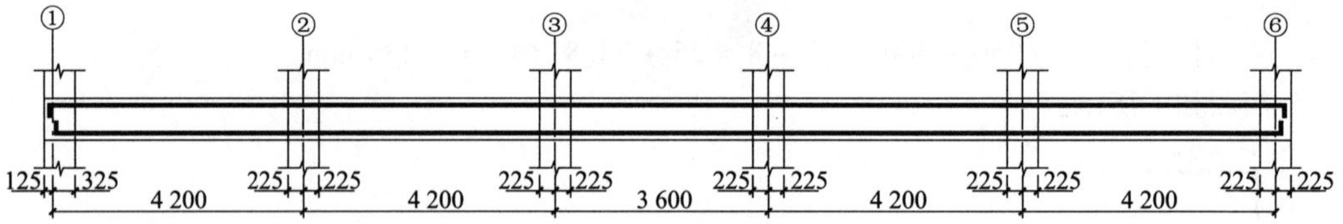

（b）地圈梁配筋示意图

图 2-17　地圈梁平法施工图和配筋示意图

地圈梁环境描述：

抗震等级：非抗震；混凝土强度：C25；纵筋强度等级：HRB400；箍筋强度等级：HRB400；保护层厚度：25 mm。

地圈梁纵筋定尺长度为 9 m，钢筋弯曲内径 $R=2.5$，弯曲角度 90°时的弯曲调整值为 $2.29d$；箍筋弯曲内径值为 1.25 倍的箍筋直径且大于（主筋直径/2），弯曲角度 90°时的弯曲调整值为 $1.75d$。

纵筋连接方式：搭接，搭接长度为 $56d$。

2.6.1 纵筋计算

按外包长度计算：

计算公式：净跨 + 左锚固 + 右锚固 + 搭接长度

$$净跨 = 20\,400 - 325 - 225 = 19\,850\ \text{mm}$$

锚固长度：$\max(l_a, 支座宽 - 保护层厚度 + 15d) = \max(40\times12, 450-25+15\times12) = 605\ \text{mm}$

搭接长度判断：

$19\,850+605\times2=21\,060\ \text{mm}$，$21\,060/9\,000=2.34$，需要三根钢筋连接，共需 2 个接头，搭接长度为：$2\times56\times12=1\,344\ \text{mm}$。

总长：　$21\,060+1\,344=22\,404\ \text{mm}$

简图如下所示：

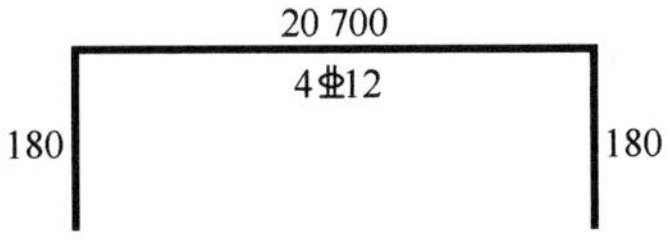

下料长度：　　　　$22\,404 - 2.29 \times 12 \times 2 \approx 22\,349$ mm

2.6.2　箍筋计算

1. 长度

$$(240 + 240) \times 2 - 8 \times 25 + 1.9 \times 6 \times 2 + 2 \times \max(10 \times 6, 75) \approx 933 \text{ mm}$$

简图如下所示：

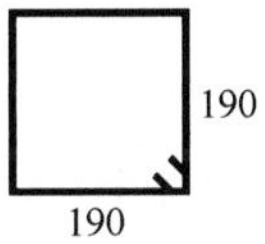

下料长度：　　　　$933 - 3 \times 1.75 \times 6 = 902$ mm

2. 根数

(1)第一跨　$\dfrac{4\,200 - 325 - 225 - 50 \times 2}{200} + 1 = 18.75$，取 19 根

(2)第二跨　$\dfrac{4\,200 - 225 - 250 - 50 \times 2}{200} + 1 \approx 19.13$，取 20 根

(3)第三跨　$\dfrac{3\,600 - 250 - 250 - 50 \times 2}{200} + 1 = 16$ 根

(4)第四跨　$\dfrac{4\,200 - 250 - 225 - 50 \times 2}{200} + 1 \approx 19.13$，取 20 根

(5)第五跨　$\dfrac{4\,200 - 225 - 225 - 50 \times 2}{200} + 1 = 19.25$，取 20 根

第一跨至第五跨箍筋的总根数为：$19 + 20 + 16 + 20 + 20 = 95$ 根。

地圈梁 DQL 钢筋明细表如表 2-5 所示。

表 2-5　地圈梁钢筋明细表

工程名称:某中学致知楼地圈梁							
序号	级别直径	简图	单长/mm	总数/根	总长/m	总质/kg	备注
构件信息:0 层(基础层)\梁\DQL_①~⑬/Ⓒ							
1	⌀12	48 200；180；180	51 920	2	103.84	92.21	上部纵筋
2	⌀12	48 200；180；180	51 920	2	103.84	92.21	下部纵筋
3	⌀6	190；190	903	95	85.785	19.04	箍筋

2.7 基础梁钢筋翻样

以某中学致知楼基础层为例，讲解基础梁钢筋的翻样方法。

2.7.1 联合基础梁钢筋翻样(案例一)

联合基础JL、基础梁如图2–18所示，图2–19联合基础平面图，图2–20为联合基础JL–1平面图，JL–1 ~ JL–3联合基础、基础梁的尺寸及配筋如表2–6所示。认真阅读基础层结构施工图后，计算联合JL–1基础中基础梁的钢筋长度，按照《混凝土结构施工图平面整体表示方法制图规则和构造详图(独立基础、条形基础、筏形基础及桩基承台)》22G101–3第2–29页端部等截面外伸构造来配置钢筋，如图2–19所示。

基础梁环境描述：

抗震等级：非抗震；混凝土强度：C30；纵筋强度等级：HRB400；箍筋强度等级：HRB400；保护层厚度：25 mm。

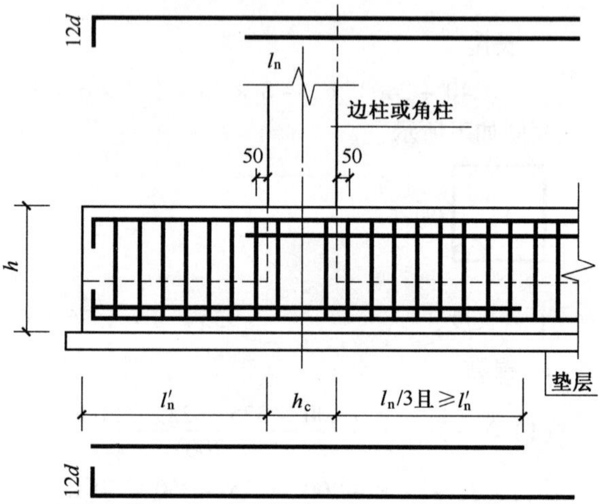

图2–18 端部等截面外伸构造

表2–6 联合基础、基础梁尺寸及配筋

编号	L_1	L_2	L_3	W_1	W_2	Ag_3	Ag_4	$B\times H$	Ag_5	Ag_6	Ag_7	h_3	h_4
JL–1	1 700	1 800	3 200	2 125	1 875	Φ16@150	Φ14@150	650×850	6Φ25	9Φ25 2/7	Φ12@150(4)	350	700
JL–2	1 400	2 300	3 000	1 700	1 900	Φ16@150	Φ14@150	650×900	7Φ25 5/2	11Φ25 4/7	Φ12@150(4)	350	650
JL–3	1 800	2 700	3 000	1 900	1 800	Φ16@150	Φ14@150	700×950	9Φ25 5/4	14Φ25 7/7	Φ12@150(4)	350	650

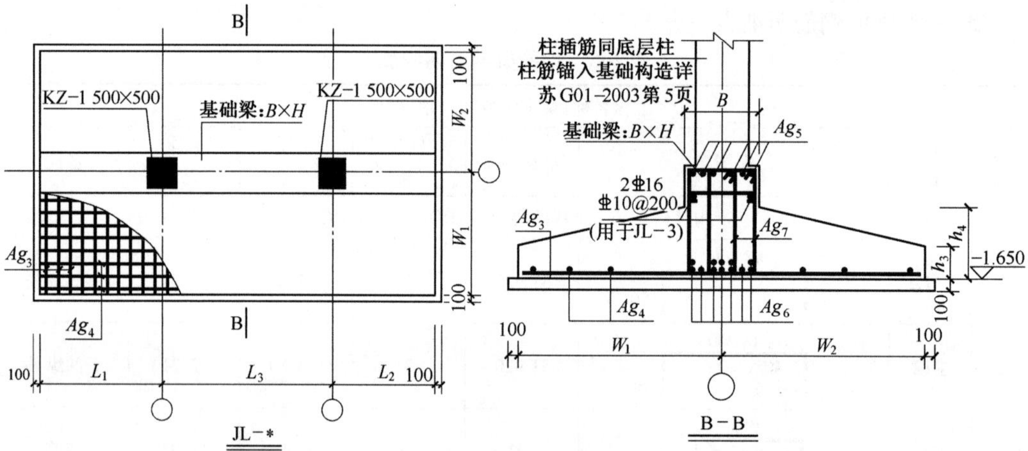

(a) JL–1、2、3联合基础平面图　　(b) B–B断面图

图2–19 联合基础平面图和断面图

基础梁纵筋定尺长度为 9 m,钢筋弯曲内径 $R=4d$,弯曲角度 90°时的弯曲调整值为 $2.93d$;箍筋弯曲内径值为 1.25 倍的箍筋直径且大于主筋直径的一半,弯曲角度 90°时的弯曲调整值为 $1.75d$。

纵筋连接方式:闪光对焊。

1. 基础梁主筋长度计算公式

(1)上部纵筋

$$上部第一排贯通筋长度=总外边长-保护层厚度\times 2+12d\times 2$$

$$上部第二排贯通筋长度=柱内边线长+l_a\times 2$$

(2)下部纵筋

第一排: $l'_n+h_c+\max(l_n/3,l'_n)$

第二排: 下部贯通筋长度 = 总外边长 − 保护层厚度 $\times 2+12d\times 2$

2. 基础梁箍筋的长度及根数计算

基础梁箍筋如图 2-21 所示,为复合箍筋,大箍筋内套一小箍筋。

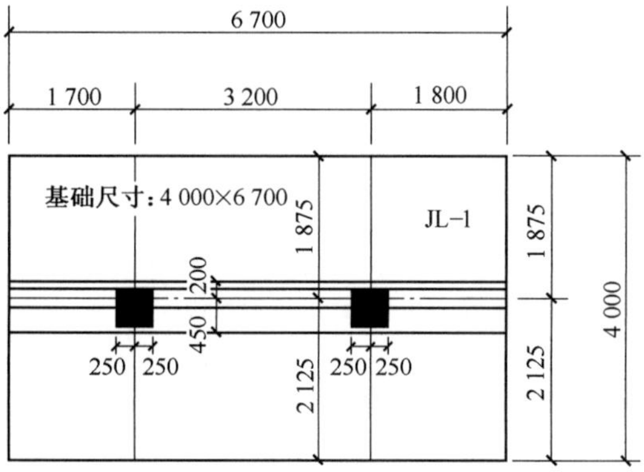

图 2-20　JL-1 联合基础平面图

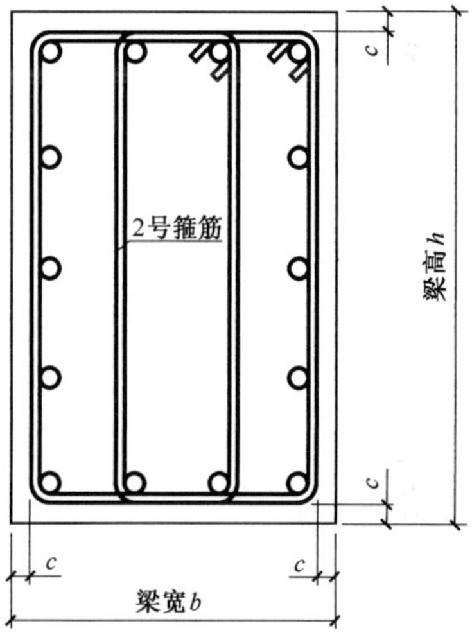

图 2-21　基础梁箍筋

(1)大箍筋

计算公式:$2\times(b+h)-8c+2\times 1.9d+2\times\max(10d,75)$ → 按外包长度计算。

下料长度:$2\times(b+h)-8c+2\times 1.9d+2\times\max(10d,75)-3\times 1.75d$ → 按中心线长度计算。

(2)小箍筋即 2 号箍筋

$$间距\ j=\frac{b-2c-D-2d}{b\ 边纵筋数-1}\qquad(布筋范围为角筋中心线)$$

$$长度=(间距\ j\times 2+\frac{D}{2}\times 2+d\times 2)\times 2+(h-2c)\times 2+1.9d\times 2+\max(10d,75)\times 2\qquad(按外包尺寸计算)$$

基础梁箍筋根数计算:以梁外伸为例,如图 2-22 所示。

左边支座处加密箍筋根数 = $(L-1/2h_c-$保护层厚度$)/$加密间距 $+1$

右边支座处加密箍筋根数 = $(L-1/2h_c-$保护层厚度$)/$加密间距 $+1$

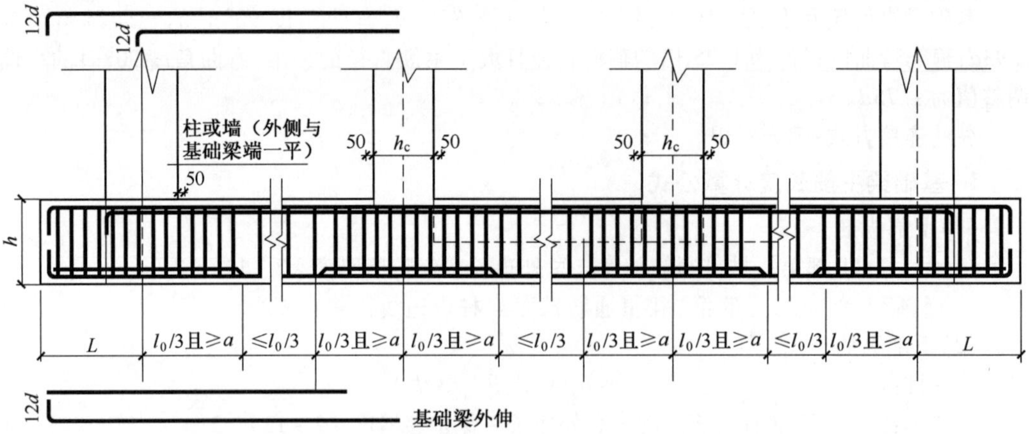

图 2-22　基础梁外伸

中间支座处加密箍筋根数 = 支座宽/加密间距 + 1

柱边加密箍筋根数 = (1.5 × 梁高 − 50)/加密间距 + 1

非加密箍筋根数 = (净跨 − 左右加密区)/非加密间距 − 1

基础梁纵筋计算

(1)上部纵筋

长度：　　6 700 − 2 × 25 + 12 × 25 × 2 = 7 250 mm

简图如下所示：

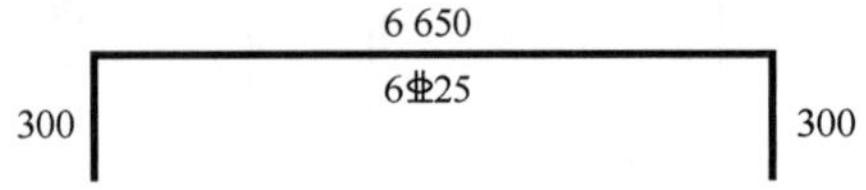

下料长度：　　7 250 − 2 × 2.93 × 25 ≈ 7 104 mm

(2)下部纵筋

长度：　　6 700 − 2 × 25 + 12 × 25 × 2 = 7 250 mm

简图如下所示：

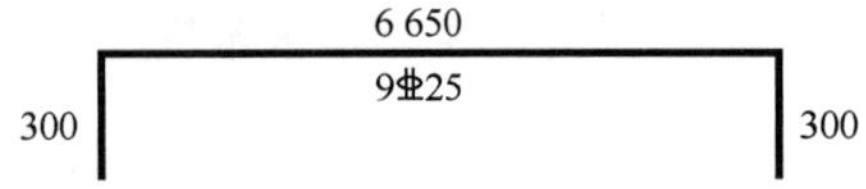

下料长度：　　7 250 − 2 × 2.93 × 25 ≈ 7 104 mm

基础梁箍筋计算

(1)长度

大箍筋：　　(650 + 850) × 2 − 8 × 25 + 23.8 × 12 ≈ 3 086 mm

简图如下所示：

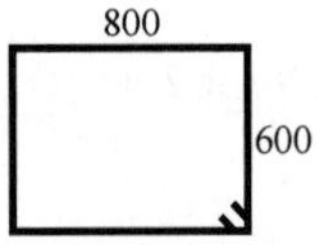

小箍筋(按箍住 3 根纵筋计算)

间距：　　$\frac{650-2\times25-2\times12-25}{5}=110.2$ mm

长度：$(110.2\times2+25+12\times2)\times2+(850-2\times25)\times2+23.8\times12\approx2\,424$ mm

简图如下所示：

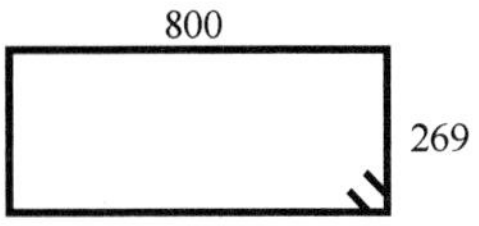

(2)根数

第一段：$\dfrac{1\,700-250-50-25}{150}+1\approx10.17$，取 11 根

第二段：$\dfrac{3\,200-250-250-50\times2}{150}+1\approx18.33$，取 19 根

第三段：$\dfrac{1\,800-250-50-25}{150}+1\approx10.83$，取 11 根

纵筋共 11 +19 +11 =41 根。

基础梁 JL1-1 钢筋明细表见表 2-7。

表 2-7　某中学致知楼基础梁 JL1-1 钢筋明细表

工程名称：某中学致知楼基础梁 JL1-1							
序号	级别直径	简图	单长/mm	总数/根	总长/m	总质/kg	备注
构件信息：0 层(基础层)\基础层\JL1-1_⑩~⑬/Ⓒ							
1	⌀25	300 6 650 300	7 250	6	43.5	167.604	上部负筋
2	⌀12	600 800	2 204	40	88.16	78.28	箍筋
3	⌀12	269 800	3 086	41	126.53	112.36	箍筋
4	⌀25	300 6 650 300	7 250	9	65.25	251.406	上部负筋

2.7.2　独立基础梁钢筋翻样(案例二)

阅读基础层结构施工图后，计算 4 柱独立基础 J-8 中暗梁 AL1 钢筋长度。J-8 基础平面图、暗梁断面图、三维示意图如图 2-23所示。

从图 2-23(a)可知，*X* 方向 AL1 长度为7 000 mm，*Y* 方向 AL1 长度为 7 500 mm。从图 2-23(b)可知，暗梁 AL1 截面尺寸为 650 mm×900 mm。

说明：图 2-23(b)暗梁一有两种截面高度，分别为 900 mm 和 950 mm。从图 2-23(a)可知独立基础 J-8 的高度为 950 mm，暗梁一、暗梁二的截面高度与基础 J-8 的高度相同。因此，暗梁一的截面高度为 900 mm。

1. *X* 方向暗梁 AL1 的钢筋长度

(1)上部、下部纵筋

$$7\,000-2\times25+12\times20\times2=7\,430\text{ mm}$$

下料长度：$7\,430-2\times2.93\times20\approx7\,313$ mm

简图如下所示：

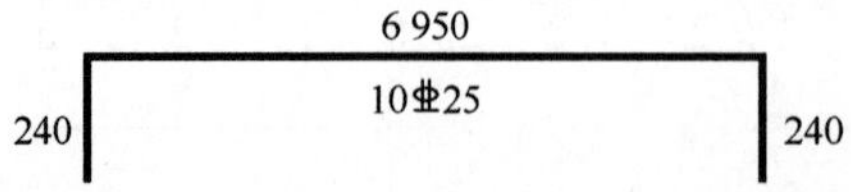

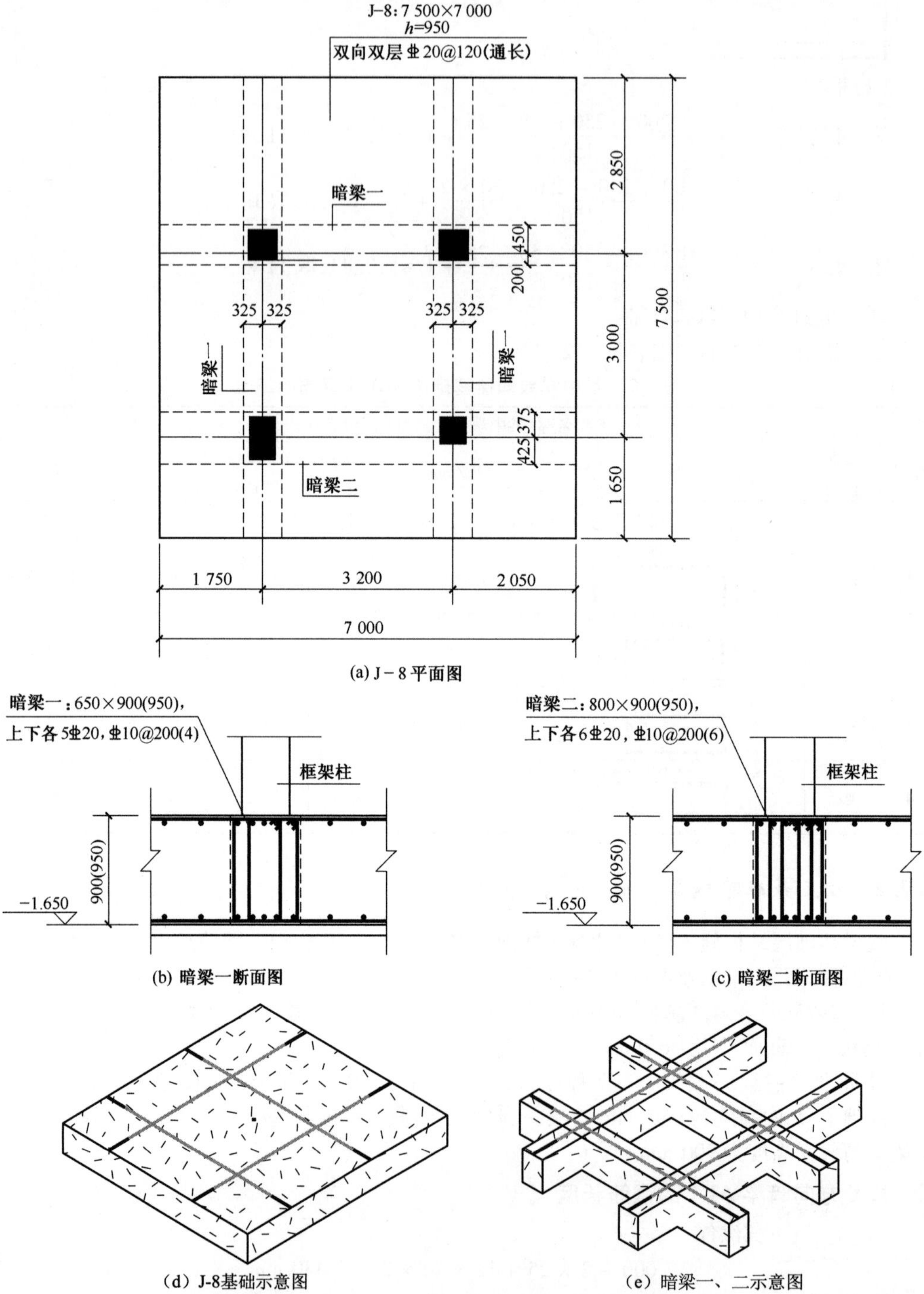

图 2-23　J-8 基础平面图、暗梁断面图、三维示意图

(2)箍筋

大箍筋长度：　　$(650+950)\times 2-8\times 25+23.8\times 10=3\ 238\ \text{mm}$

简图如下所示：

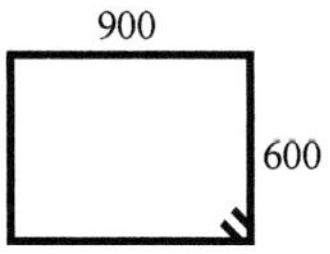

下料长度：　　$3\ 238-3\times 1.75\times 10=3\ 186\ \text{mm}$

小箍筋(按箍住 3 根纵筋计算)

$$间距=\frac{650-2\times 25-2\times 10-20}{4}=140\ \text{mm}$$

长度 $=(140\times 2+2\times 10+20)\times 2+(950-2\times 25)\times 2+23.8\times 10=2\ 678\ \text{mm}$

简图如下所示：

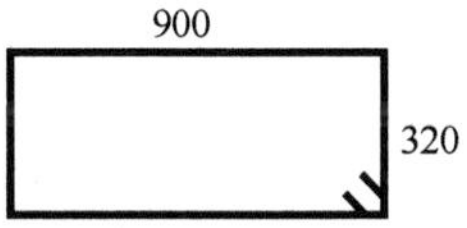

下料长度为：　　$2\ 678-3\times 1.75\times 10=2\ 626\ \text{mm}$

根数：

第一段：　　$\dfrac{1\ 700-250-50-25}{200}+1\approx 7.88$,取 8 根

第二段：　　$\dfrac{3\ 200-250-250-50\times 2}{200}+1=14$ 根

第三段：　　$\dfrac{1\ 800-250-50-25}{200}+1\approx 8.38$,取 9 根

箍筋共 8 + 14 + 9 = 31 根,取 31 根。

2. *Y* 方向暗梁 AL1 的钢筋长度

(1)上部、下部纵筋

$$7\ 500-2\times 25+12\times 20\times 2=7\ 930\ \text{mm}$$

简图如下所示：

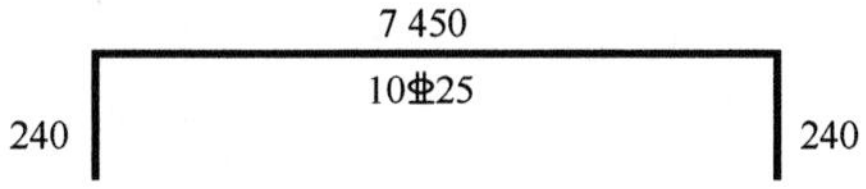

下料长度：　　$7\ 930-2\times 2.93\times 20\approx 7\ 813\ \text{mm}$

(2)箍筋

大箍筋长度：　$(650+950)\times 2-8\times 25+23.8\times 10=3\ 238\ \text{mm}$

简图如下所示：

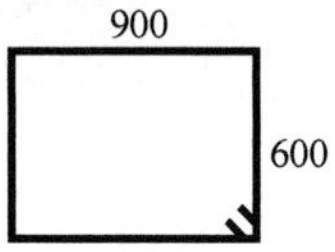

下料长度：　　　　　　3 238 − 3 × 1.75 × 10 ≈ 3 186 mm

小箍筋(按箍住 3 根纵筋计算)：

$$间距 = \frac{650 - 2 \times 25 - 2 \times 10 - 20}{4} = 140\ \text{mm}$$

长度 = (140 × 2 + 2 × 10 + 20) × 2 + (950 − 2 × 25) × 2 + 23.8 × 10 = 2 678 mm

简图如下所示：

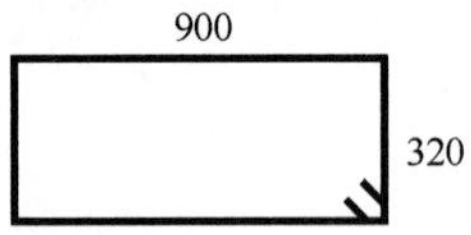

下料长度：　　　　　　2 678 − 3 × 1.75 × 10 ≈ 2 626 mm

根数：

第一段：　$$\frac{1\,800 - 125 - 50 - 25}{200} + 1 = 9\ 根$$

第二段：　$$\frac{3\,200 - 325 - 125 - 50 \times 2}{200} + 1 = 14.25，取\ 15\ 根$$

第三段：　$$\frac{2\,700 - 375 - 50 - 25}{200} + 1 = 12.25，取\ 13\ 根$$

共 9 + 15 + 13 = 37 根，取 37 根。

暗梁 AL1、AL2 钢筋明细表见表 2-8。

表 2-8　某中学致知楼暗梁 AL1、AL2 钢筋明细表

工程名称：某中学致知楼暗梁 AL1、AL2 钢筋							
序号	级别直径	简图	单长/mm	总数/根	总长/m	总质/kg	备注
构件信息：0 层(基础层)\基础\J-8aAL1_⑩～⑬/Ⓑ(X 方向)							
1	⌀20	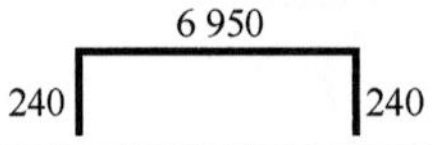	7 430	5	37.15	1.61	左挑－右挑跨上部负筋
2	⌀10	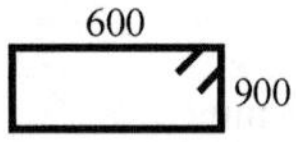	3 238	31	100.378	61.933	左挑,1,右挑跨箍筋,左挑,1,右挑:@200(4)
3	⌀10	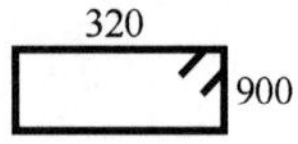	2 678	31	83.018	51.222	左挑,1,右挑跨箍筋,左挑,1,右挑:@200(4)
4	⌀20	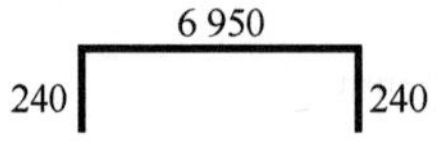	7 430	5	37.15	91.61	左挑－右挑跨贯通筋
构件信息：0 层(基础层)\\基础\\J-8aAL1_Ⓒ～Ⓐ外/⑫外(Y 方向)							
5	⌀20	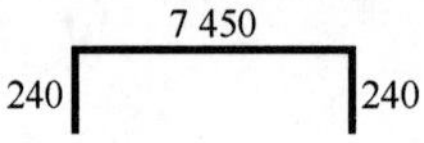	7 930	5	39.65	97.775	左挑－右挑跨上部负筋
6	⌀10	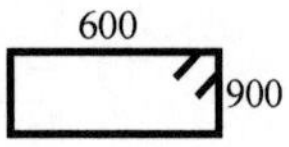	3 238	36	116.568	71.928	左挑,1,右挑跨箍筋,左挑,1,右挑:@200(4)

续表

工程名称:某中学致知楼暗梁 AL1、AL2 钢筋							
序号	级别直径	简图	单长/mm	总数/根	总长/m	总质/kg	备注
构件信息:0 层(基础层)\\基础\\J-8aAL1_Ⓒ~Ⓐ外/⑫外(*Y* 方向)							
7	Φ10	320 900	2 678	36	96.408	59.472	左挑,1,右挑跨箍筋,左挑,1,右挑:@200(4)
8	Φ20	240 7 450 240	7 930	5	39.65	97.775	左挑-右挑跨贯通筋
构件信息:0 层(基础层)\\基础\\J-8aAL1_Ⓒ~Ⓐ外/⑪外(*Y* 方向)							
9	Φ20	240 7 450 240	7 930	5	39.65	97.775	左挑-右挑跨上部负筋
10	Φ10	600 900	3 238	37	119.806	73.92	左挑,1,右挑跨箍筋,左挑,1,右挑:@200(4)
11	Φ10	320 900	2 678	37	99.09	61.14	左挑,1,右挑跨箍筋,左挑,1,右挑:@200(4)
12	Φ20	240 7 450 240	7 930	5	39.65	97.775	左挑-右挑跨贯通筋
构件信息:0 层(基础层)\\基础\\J-8aAL2_⑩~⑬/Ⓐ(*X* 方向)							
13	Φ20	240 6 950 240	7 430	6	44.58	109.932	左挑-右挑跨上部负筋
14	Φ10	750 900	3 538	34	120.292	74.222	左挑,1,右挑跨箍筋,左挑,1,右挑:@200(6)
15	Φ10	182 900	2 402	68	163.336	100.776	左挑,左挑,1~1,右挑,右挑跨箍筋,左挑,左挑,1~1,右挑,右挑:@200(6)
16	Φ20	240 6 950 240	7 430	6	44.58	109.932	左挑-右挑跨贯通筋

注:表中数据来源于鲁班钢筋 2019V31 版的计算结果,与手工计算结果略有偏差。

习　　题

一、名词解释

1. 架立筋　　2. 抗震锚固长度　　3. 抗震等级
4. 设防烈度　　5. 屋面框架梁

二、简答题

1. 框架梁中纵向钢筋的连接方式有哪几种?
2. 如何确定框架梁箍筋加密区的长度?
3. 框架梁纵筋的锚固形式有哪几种?
4. 框架梁顶部贯通纵筋连接区在什么位置?
5. 梁构造钢筋直锚柱内,不考虑连接区域,构造钢筋搭接与锚固长度取值为多少?

三、填空题

1. 梁平面注写包括________与________;施工时,________取值优先。

2. 梁侧面钢筋为构造筋时,其搭接长度为________,锚固长度为________;当梁侧面钢筋为受扭纵向钢筋时,其搭接长度为________,锚固长度为________,其锚固方式同框架梁下部纵筋。

3. 当非框架梁配有受扭纵向钢筋时,梁纵筋锚入支座长度为________,在端支座直锚长度不足时可伸直端支座对边后弯折,且平直段长度________,弯折长度________。

4. 抗震等级的锚固长度系数 ζ_{aE},对一、二级抗震等级取________,对三级抗震等级取1.05,对四级抗震等级取________。

5. 混凝土保护层厚度指________________。

6. 某一级抗震结构框架梁 KL1 300×600Φ10@100/200(2) 3Φ18;3Φ18,该梁的加密区长度为________________;若为三级抗震,加密区长度为________________。

四、选择题

1. 当图纸标有:KL7(3)300×700 *Y*500×250 表示(　　)。
(A)7号框架梁,3跨,截面尺寸为宽300、高700,第三跨变截面根部高500、端部高250
(B)7号框架梁,3跨,截面尺寸为宽700、高300,第三跨变截面根部高500、端部高250
(C)7号框架梁,3跨,截面尺寸为宽300、高700,第一跨变截面根部高250、端部高500
(D)7号框架梁,3跨,截面尺寸为宽300、高700,框架梁加腋,腋长500、腋高250

2. 基础梁箍筋信息标注为:10Φ12@100/Φ12@200(6)表示(　　)。
(A)直径为12的HPB300钢筋,从梁端向跨内,间距100设置5道,其余间距为200,均为6支箍
(B)直径为12的HPB300钢筋,从梁端向跨内,间距100设置10道,其余间距为200,均为6支箍
(C)直径为12的HPB300钢筋,加密区间距100设置10道,其余间距为200,均为6支箍
(D)直径为12的HPB300钢筋,加密区间距100设置5道,其余间距为200,均为6支箍

3. 梁的上部钢筋第一排为 4 根通长筋，第二排为 2 根支座负筋，支座负筋长度为（　　）。

（A）$1/5l_n$ + 锚固　（B）$1/4l_n$ + 锚固　（C）$1/3l_n$ + 锚固　（D）其他值

4. 架立钢筋同支座负筋的搭接长度为（　　）。

（A）15d　（B）12d　（C）150　（D）250

5. 当梁的腹板高度 H_w 大于（　　）时必须配置构造钢筋，其间距不得大于（　　）。

（A）450 mm，250 mm　（B）800 mm，250 mm

（C）450 mm，200 mm　（D）800 mm，200 mm

6. 非抗震框架梁的箍筋加密区判断条件为（　　）。

（A）max[1.5H_b（梁高），500 mm]　（B）max[2H_b（梁高），500 mm]

（C）500 mm　（D）一般不设加密区

7. 梁侧面构造钢筋锚入支座的长度为（　　）。

（A）15d　（B）12d　（C）150　（D）l_{aE}

8. 纯悬挑梁下部带肋钢筋伸入支座长度为（　　）。

（A）15d　（B）12d　（C）L_{aE}　（D）支座宽

9. 悬挑梁上部第二排钢筋伸入悬挑端的延伸长度为（　　）。

（A）L（悬挑梁净长）－保护层厚度　（B）0.85L（悬挑梁净长）

（C）0.8L（悬挑梁净长）　（D）0.75L（悬挑梁净长）

10. 一级抗震框架梁箍筋加密区判断条件是（　　）。

（A）max[1.5H_b（梁高），500 mm]　（B）max[2H_b（梁高），500 mm]

（C）1 200 mm　（D）1 500 mm

五、计算题

1. 阅读某中学致知楼二层梁配筋图，计算Ⓒ/①～⑥轴 KL14（5）梁纵筋及箍筋的长度及根数。

2. 阅读某中学致知楼三层、四层梁配筋图，计算Ⓑ/1～⑥轴 2KL13（5A）梁纵筋及箍筋的长度及根数。

3. 阅读某中学致知楼屋面梁配筋图，计算①/Ⓐ～Ⓒ轴 WKL1（2）梁纵筋及箍筋的长度及根数。

第3章
柱钢筋翻样与下料

素质目标：结合框架柱钢筋直径变化、数量变化构造，引导学生树立整个社会都需要强者帮助弱者，只有自己足够强大才有能力帮助弱者。

预期成效：培养学生发扬强者帮助弱者的传统美德，勇当强者，为社会做贡献。

阅读导入

柱是中国古建筑中的重要部分，起到支撑整个建筑结构的作用，基本上为木制。而在柱子之下，为了传递上部荷载，往往会加垫一块石墩，被称为柱顶石，又称柱础。柱础增加柱子和地面的受力面积，对防止建筑物塌陷有着不可替代的作用，此外，使落地屋柱不至于潮湿腐烂，起到防潮作用。在钢筋混凝土框架结构中，柱是承受梁和板传来的荷载，并将荷载传给基础的竖向支撑结构。砌体结构中的构造柱可以增强建筑物的整体性和稳定性，多层砖混结构建筑的墙体中还应设置钢筋混凝土构造柱，并与各层圈梁相连接，形成能够抗弯抗剪的空间框架，它是防止房屋倒塌的一种有效措施。对于房屋来说，顶梁柱原指建筑结构中起支撑房梁作用的柱子，它的作用不可替代。对于人来说，那些起非常重要作用的人或事物，起主要作用的骨干力量通常被称为"顶梁柱"。在社会生活中，诚信就是顶梁柱；单位里，骨干力量就是顶梁柱；支撑家庭的人，是家里的顶梁柱。

文本

拓展材料

视频

框架中柱纵向钢筋

3.1 柱的类型及计算项目

3.1.1 柱的类型

1. 框架柱

在框架结构中主要承受轴向压力，同时承受水平力，将来自框架梁的荷载传递给基础，是框架结构中承力最大的构件。

2. 框支柱

框架结构向剪力墙结构转换层中布置的转换梁支撑上部的剪力墙时，转换梁称为框支梁，支撑框支梁的柱子称为框支柱。

3. 芯柱

由柱内侧钢筋围成的柱称为芯柱。它不是一根独立的柱子，而是隐藏在柱内。当柱截面较大时，由设计人员计算柱的承力情况，当外侧一圈钢筋不能满足承力要求时，在柱中再设置一圈纵筋。芯柱设置是使抗震柱等竖向构件在消耗地震能量时有适当的延性，满足轴压比要求。芯柱边长为矩形柱边长或圆柱直径的 1/3。芯柱钢筋构造同框架柱。

4. 梁上柱

柱的生根不在基础而在梁上的柱称为梁上柱。主要出现在结构或建筑布局发生变化时。

5. 墙上柱

柱的生根不在基础而在墙上的柱称为墙上柱。建筑物上下结构或建筑布局发生变化时，墙上柱锚入墙内 $1.6\,l_{aE}$。

不属于平法范畴但在施工中会遇到的柱类型如下所述。

(1)错位柱：上层柱截面水平移位。

(2)异体柱：指柱身沿高度方向发生变化，如斜柱、折柱。

(3)异形柱：指截面肢厚小于 300 mm，肢长与肢厚之比小于 4 的 L 形、T 形、十字形独立截面柱。

(4)排架柱：排架柱是单层厂房的承重构件，排架柱与屋架构成单跨或多跨、等高或不等高的排架结构。排架柱与屋架铰接，与基础刚接。

(5)构造柱：用于砌体内起抗震作用的柱，构造柱上下加密 500 mm。

3.1.2 柱工程量计算

柱中要计算的钢筋见表 3-1。

表 3-1　柱中要计算的钢筋

钢筋类别	钢筋名称	钢筋特征	
柱钢筋	纵筋	基础插筋	
		底层纵筋	
		中间层纵筋	
		变化纵筋	根数变化
			直径变化
			截面变化
		顶层纵筋	角柱
			中柱
			边柱
	箍筋	矩形普通箍筋	
		矩形复核箍筋	
		圆箍筋	
		螺旋箍筋	
		异形箍筋	
	拉筋	同时钩住箍筋和纵筋	
		只钩住纵筋	

视频

框架柱
箍筋翻样

3.2 框架柱钢筋计算公式

3.2.1 纵筋长度计算

1. 基础层插筋计算

（1）抗震 KZ 纵向钢筋连接构造按照《混凝土结构施工图平面整体表示方法制图规则和构造详图（独立基础、条形基础、筏形基础及桩基承台）》22G101-3 第 2-10 页设置，基础层插筋如图 3-1 所示，柱纵筋采用绑扎连接时：

短插筋： 弯折长度 a + 竖直长度 h_1 + 非连接区高度 + 搭接长度 l_{lE}

长插筋： 短插筋长度 + 0. 3l_{lE} + l_{lE}

（2）框架柱中纵筋接头通常为焊接或机械连接，搭接长度为零，则长插筋和短插筋的长度分别为：

短插筋： 弯折长度 a + 竖直长度 h_1 + 非连接区长度

长插筋： 短插筋长度 + 接头错开距离（机械连接为 35d，焊接为 ≥ 500 mm，≥ 35d）

注：当无地下室时，基础层插筋非连接区高度为 $H_n/3$；当有地下室时，基础层插筋的非连接区高度为 max（$H_n/6$，h_c，500 mm）。

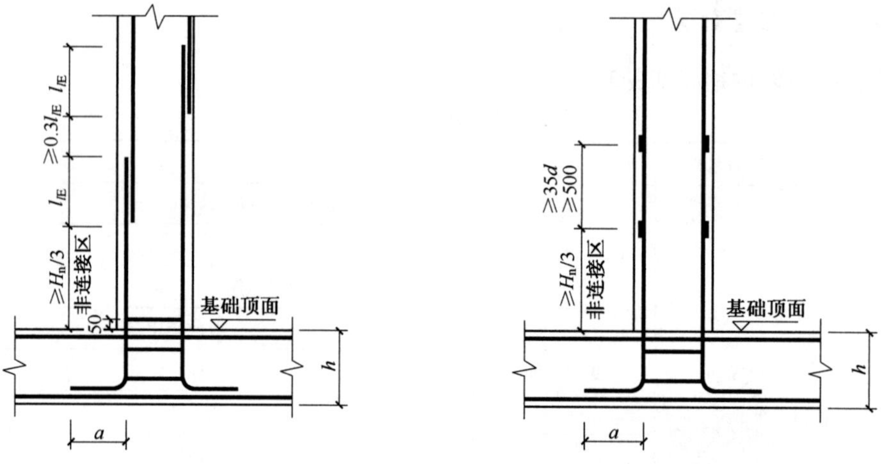

（a）绑扎连接　　（b）焊接或机械连接

图 3-1 柱插筋计算图

2. 地下一层纵筋长度计算

地下室抗震 KZ 纵向钢筋连接构造按照 22G101-1 第 2-10 页设置，如图 3-2 所示。

（1）绑扎连接

纵筋长度 = 地下一层层高 − 地下一层非连接区 + 一层非连接区 $H_n/3$ + 搭接长度 l_{lE}

（2）焊接或机械连接

纵筋长度 = 地下一层层高 − 地下一层非连接区 + 一层非连接区长度 $H_n/3$

如果出现多层地下室，只有一层顶面是 $H_n/3$，其余均为（≥ $H_n/6$，≥ h_c，≥500 mm）取最大值。

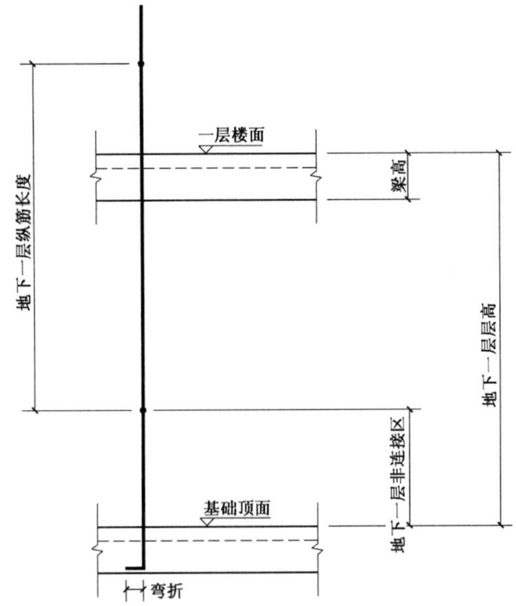

图 3-2　地下一层柱纵筋(焊接)示意图

3. 一层柱子主筋长度

(1)绑扎连接

纵筋长度 = 一层层高 - 一层非连接区长度 $H_n/3$ + max($H_n/6$, h_c, 500 mm) + 搭接长度 l_{lE}

(2)焊接或机械连接

纵筋长度 = 一层层高 - 一层非连接区长度 $H_n/3$ + max($H_n/6$, h_c, 500 mm)

图 3-3 为一层柱纵筋示意图。

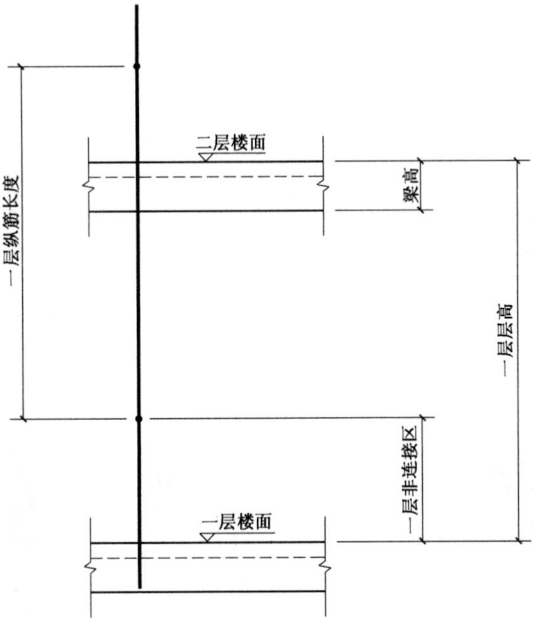

图 3-3　一层柱纵筋示意图

4. 中间层柱纵筋长度

中间层柱纵筋如图 3-4 所示，其长度为：

(1)绑扎连接

纵筋长度 = 中间层层高 - 当前层非连接区长度 +（当前层 +1）× 非连接区长度 + 搭接长度 l_{lE}

(2)焊接或机械连接

纵筋长度 = 中间层层高 - 当前层非连接区长度 +（当前层 +1）× 非连接区长度

非连接区长度： $\max(H_n/6, h_c, 500\ \text{mm})$

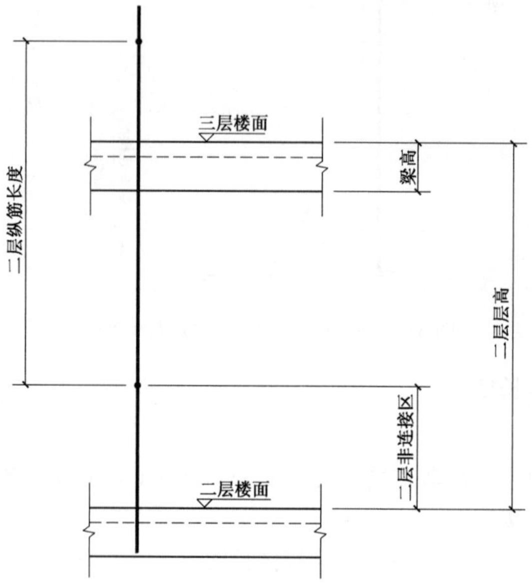

图 3-4　中间层柱纵筋示意图

5. 顶层柱纵筋长度

顶层柱分角柱、边柱、中柱三种情况，如图 3-5 所示，顶层边柱和角柱按照 22G101-1 第 2-14页设置，中柱按照 22G101-1 第 2-16 页设置。

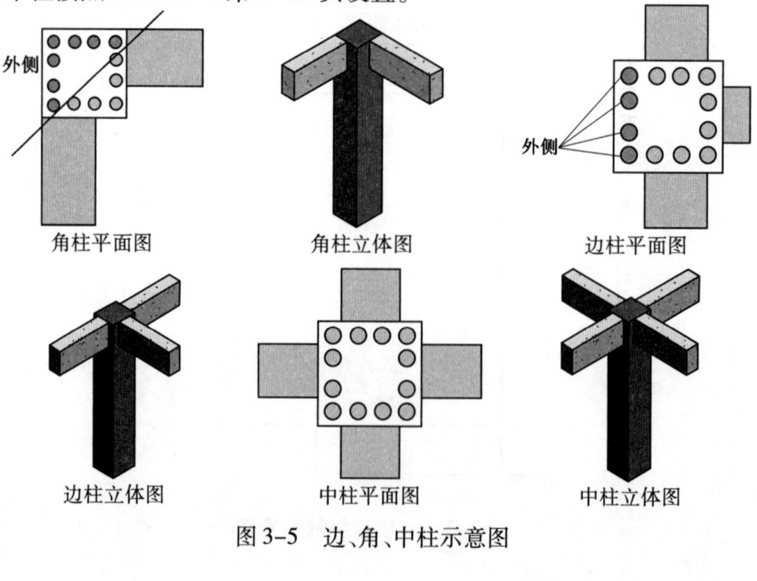

图 3-5　边、角、中柱示意图

中柱：

绑扎连接时：

$$长纵筋长度=顶层层高-顶层非连接区-梁高+(梁高-保护层厚度)+12d$$

$$短纵筋长度=长纵筋-1.3l_{lE}$$

焊接或机械连接时，如图 3-6 所示。

$$长纵筋长度=顶层层高-顶层非连接区-梁高+(梁高-保护层厚度)+12d$$

$$短纵筋长度=长纵筋长度-接头错开距离$$

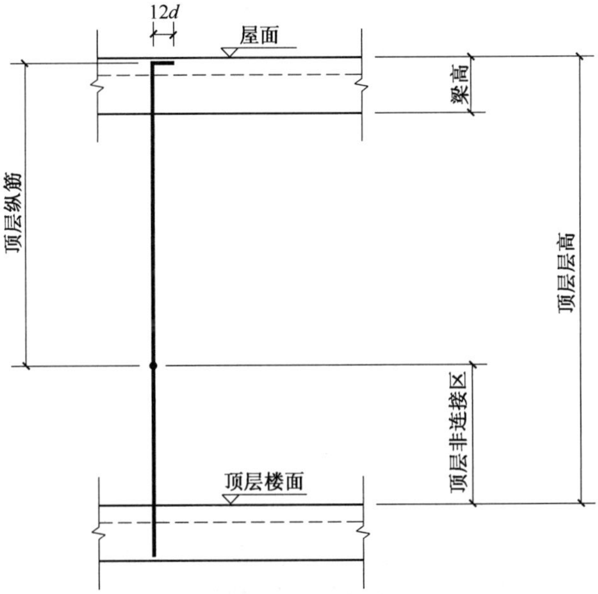

图 3-6　顶层中柱纵筋示意图

边柱：

图 3-7 为顶层边柱纵筋示意图。

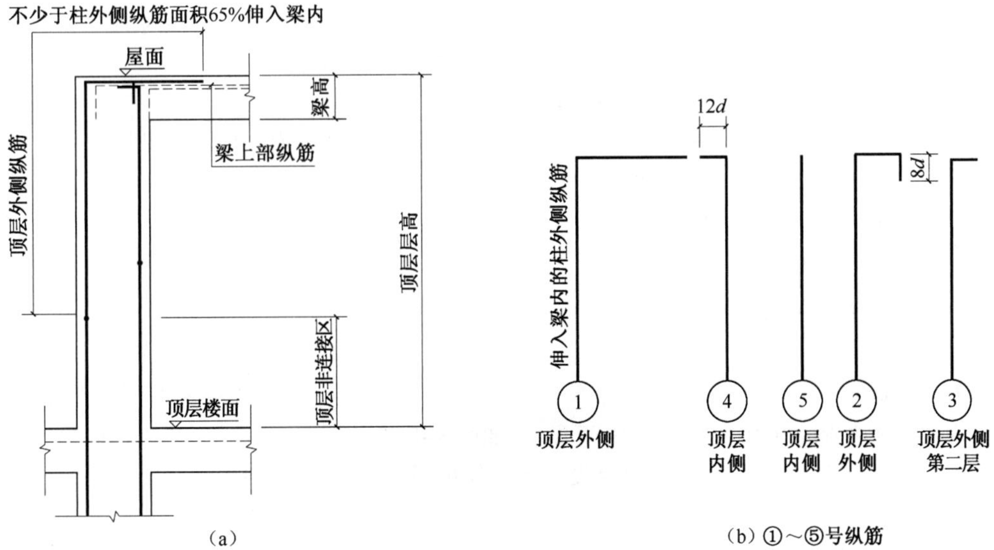

图 3-7　顶层边柱纵筋示意图

绑扎连接时，顶层边柱主筋长度：

1 号长纵筋长度 = 顶层层高 - 顶层非连接区 - 梁高 +1.5 锚固长度→外侧

1 号短纵筋长度 = 长纵筋长度 - $1.3l_{lE}$

注：锚固长度 = 绑扎连接长度的 65%。

2 号长纵筋长度 = 顶层层高 - 顶层非连接区 - 梁高 + 锚固长度→外侧

2 号短纵筋长度 = 长纵筋长度 - $1.3l_{lE}$

注：锚固长度 = 梁高 - 保护层厚度 + 柱宽 - 2 × 保护层厚度 + $8d$。

3 号长纵筋长度 = 顶层层高 - 顶层非连接区 + 锚固长度→外侧

3 号短纵筋长度 = 长纵筋长度 - $1.3l_{lE}$

注：锚固长度 = 梁高 - 保护层厚度 + 柱宽 - 2 × 保护层厚度。

4 号长纵筋长度 = 顶层层高 - 顶层非连接区 - 梁高 + 锚固长度→内侧

4 号短纵筋长度 = 长纵筋长度 - $1.3l_{lE}$

注：锚固长度 = 梁高 - 保护层厚度 + $12d$。

5 号长纵筋长度 = 顶层层高 - 顶层非连接区 - 梁高 + 锚固长度→内侧

5 号短纵筋长度 = 长纵筋长度 - $1.3l_{lE}$

注：锚固长度 = 梁高 - 保护层厚度。

焊接或机械连接时，顶层边柱主筋长度：

1 号长纵筋长度 = 顶层层高 - 顶层非连接区 - 梁高 +1.5 锚固长度→外侧

1 号短纵筋长度 = 长纵筋长度 - 接头错开距离

注：锚固长度 = 焊接或机械连接长度的 65%。

2 号长纵筋长度 = 顶层层高 - 顶层非连接区 - 梁高 + 锚固长度→外侧

2 号短纵筋长度 = 长纵筋长度 - 接头错开距离

注：锚固长度 = 梁高 - 保护层厚度 + 柱宽 - 2 × 保护层厚度 + $8d$。

3 号长纵筋长度 = 顶层层高 - 顶层非连接区 - 梁高 + 锚固长度→外侧

3 号短纵筋长度 = 长纵筋长度 - 接头错开距离

注：锚固长度 = 梁高 - 保护层厚度 + 柱宽 - 2 × 保护层厚度。

4 号长纵筋长度 = 顶层层高 - 顶层非连接区 - 梁高 + 锚固长度→内侧

4 号短纵筋长度 = 长纵筋长度 - 接头错开距离

注：锚固长度 = 梁高 - 保护层厚度 + $12d$。

5 号长纵筋长度 = 顶层层高 - 顶层非连接区 - 梁高 + 锚固长度→内侧

5 号短纵筋长度 = 长纵筋长度 - 接头错开距离

注：锚固长度 = 梁高 - 保护层厚度。

角柱：计算同边柱类似。

3.2.2 箍筋根数计算

1. 基础层

基础箍筋按照 22G101-3 第 2-10 页设置，如图 3-8 所示。

根数 =（基础高度 - 基础保护层厚度）/间距 +1

2. 一层

一层柱箍筋根数计算如图 3-9 所示。

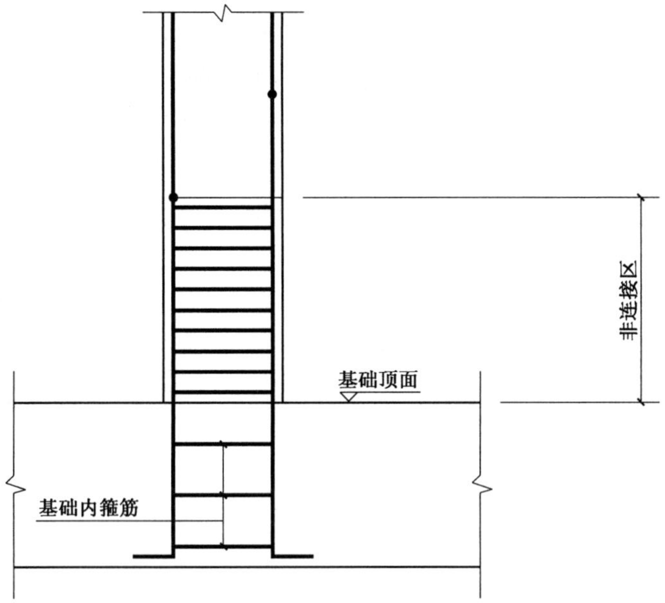

图 3-8 基础层箍筋根数计算

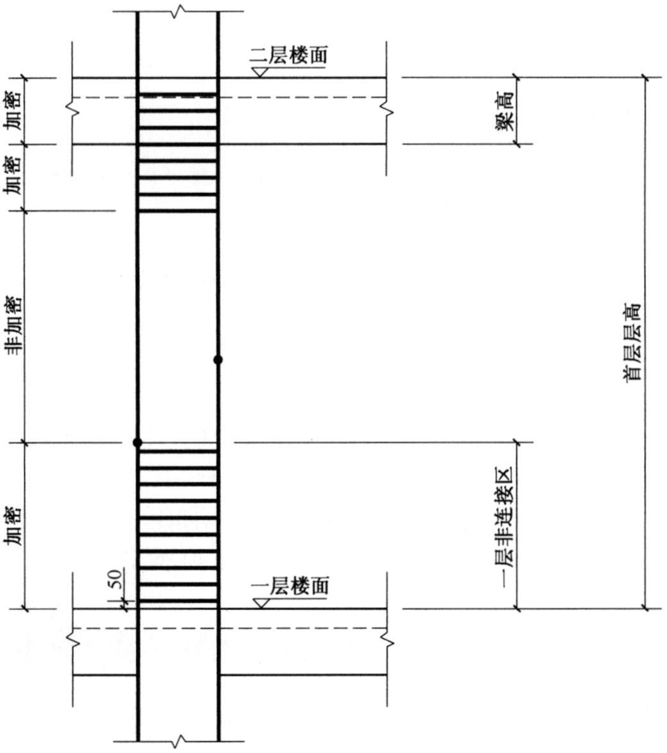

图 3-9 一层柱箍筋根数计算

按焊接计算：

非连接区处的根数 =（加密区长度 - 50）/加密间距 + 1

梁下根数 = 加密区长度/加密间距 + 1

梁高范围根数 = 梁高/加密间距

非加密区根数 = 非加密区长度/非加密间距 - 1

3. 中间层

中间层柱箍筋根数计算如图 3-10 所示。

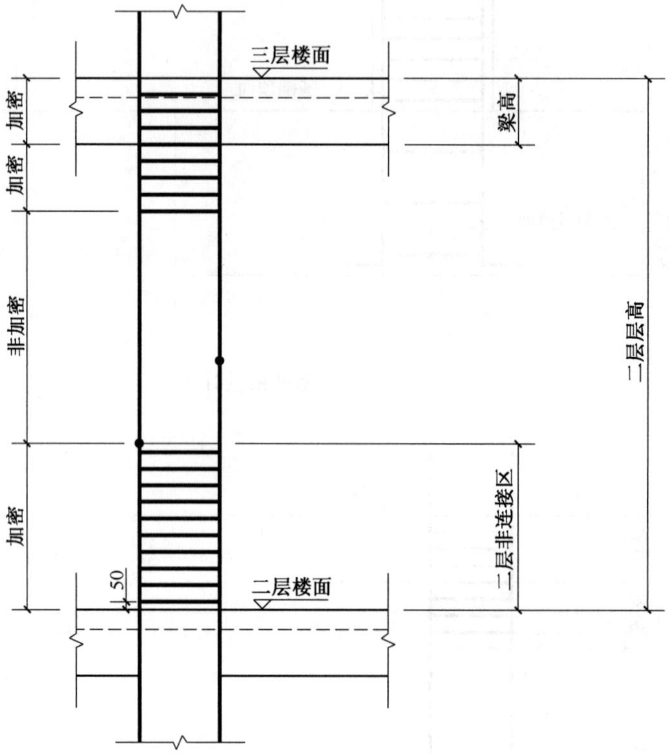

图 3-10　中间层柱箍筋根数计算图

按焊接计算：

非连接区处的根数 =（加密区长度 - 50）/加密间距 + 1

梁下根数 = 加密区长度/加密间距 + 1

梁高范围根数 = 梁高/加密间距

非加密区根数 = 非加密区长度/非加密间距 - 1

4. 顶层

顶层柱箍筋根数计算如图 3-11 所示。箍筋的根数计算公式与中间层类似，不再赘述。

3.2.3　箍筋长度计算

拉筋长度计算图如图 3-12 所示。

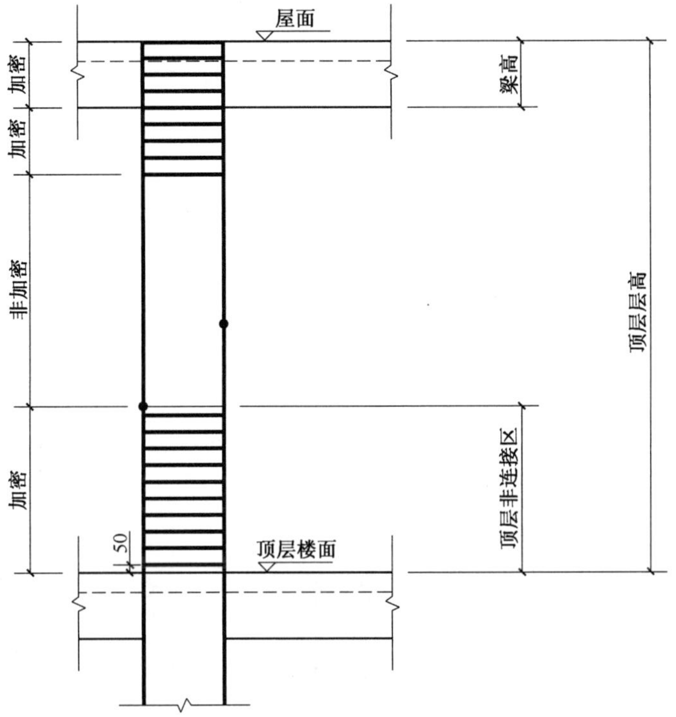

图 3－11　顶层柱箍筋根数计算图

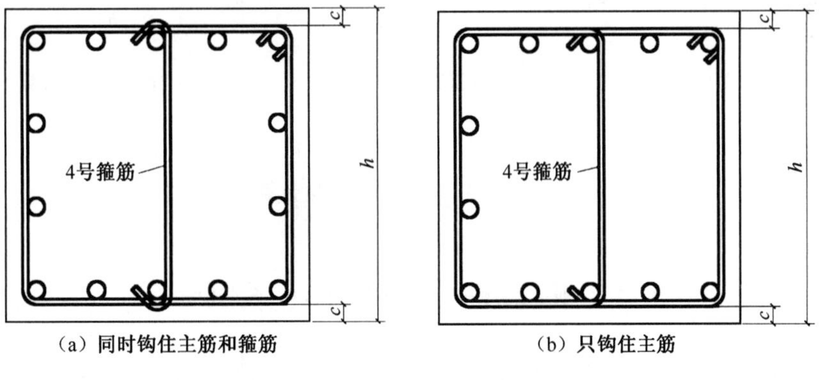

图 3－12　拉筋长度计算图

1. 拉筋

同时钩住主筋和箍筋，如图 3-12(a)所示。

4 号箍筋长度 =（h − 保护层厚度 ×2 + d ×2）+ 1.9d ×2 + max(10d,75 mm) ×2

只钩住主筋，如图 3-12(b)所示。

箍筋长度 =（h − 保护层厚度 ×2）+ 1.9d ×2 + max(10d,75 mm) ×2

2. 普通箍筋

(1)1 号箍筋,如图 3-13(a)所示。

$$长度 = 2(b+h) - 8c + 2\times 1.9d + 2\max(10d, 75\ \text{mm})$$

(2)2 号箍筋,如图 3-13(b)所示。

$$间距 = \frac{b - 2\times c - 2d - D}{b\text{边纵筋数} - 1}$$

2 号箍筋长度 = [间距 × 间距 j 数 + D + $2d$] × 2 + (h − $2c$) × 2 + 2 × 1.9d + 2max(10d,75 mm)

注:布筋范围为角筋中心线,d 为箍筋直径。

(3)3 号箍筋,如图 3-13(c)所示。

$$间距 = \frac{h - 2\times c - 2d - D}{h\text{边纵筋数} - 1}$$

3 号箍筋长度 = [间距 × 间距 j 数 + D + $2d$] × 2 + (b − $2c$) × 2 + 2 × 1.9d + 2max(10d,75 mm)

注:布筋范围为角筋中心线,d 为箍筋直径。

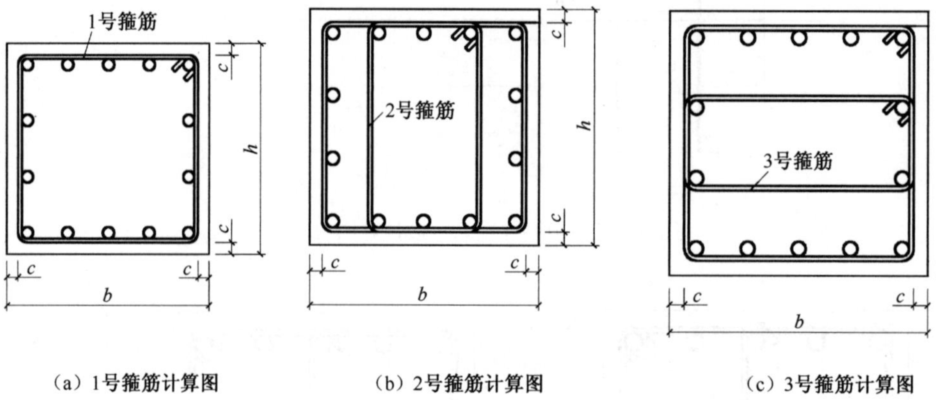

图 3-13　普通箍筋长度计算

3.3　框架柱钢筋翻样(案例一)

以某中学致知楼框架柱为例,讲解柱钢筋的翻样方法,认真阅读柱结构施工图后,计算一~四层轴线①/轴线ⒶAKZ1 柱的钢筋长度,配筋示意图如图 3-14 所示。

柱环境描述:

抗震等级:二级;混凝土强度:C30;插筋底部保护层厚度 40 mm;中间层柱保护层厚度:25 mm,顶层柱保护层厚度为 30 mm;柱纵筋接头为电渣压力焊,柱纵筋和箍筋均为 HRB400;框架柱主筋直径 ≤ 25 mm ,钢筋弯曲内径 $R=4d$,弯曲调整值为 2.93d,箍筋弯曲内径为 1.25 倍的箍筋直径且大于主筋直径的一半,弯曲调整值为 1.75d。

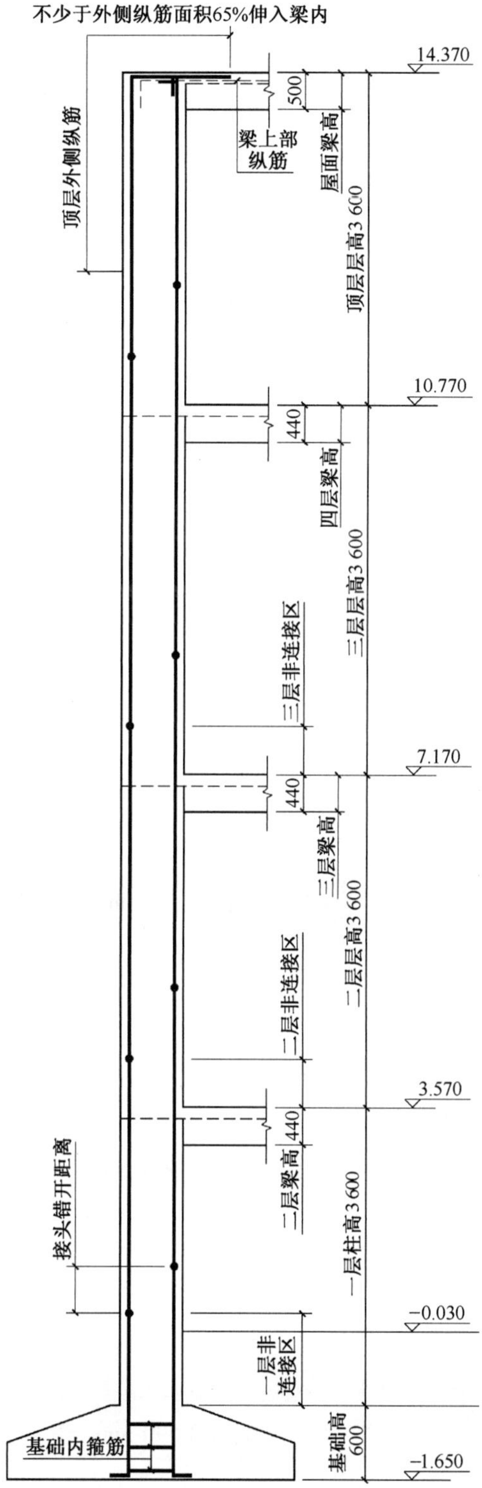

(a)一层 ~ 顶层柱 KZ1 纵筋构造

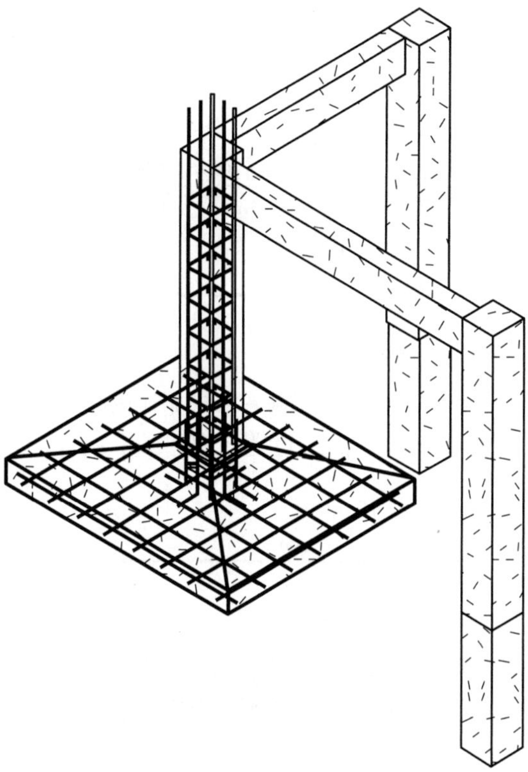

(b)一层柱 KZ1 纵筋示意图

图 3-14　KZ1 配筋示意图

3.3.1 柱纵筋长度计算

1. 基础层插筋计算

轴线①/轴线ⒶKZ1 柱下的基础为 J-8，插筋构造依据 22G101-3 第 2-10 页。

插筋保护层厚度为 40 mm，插筋直径与 KZ1 纵筋相同，为 22 mm。

由于插筋保护层厚度 $<5d=5\times22=110$ mm；$h_j<l_{aE}=40\times22=880$ mm，故应选择构造(d)。

短插筋长度 = 弯折长度 + 基础内长度 + 非连接区长度

短插筋长度：$15\times22+600-40+\dfrac{3\,570+1\,050-440}{3}\approx2\,283$ mm

简图如下所示：

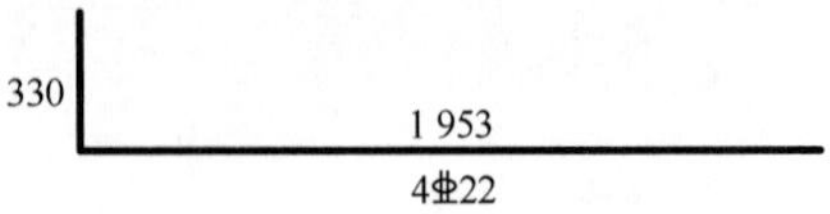

下料长度：　　$2\,283-2.93\times22\approx2\,219$ mm

长插筋长度：　　$2\,283+\max(500,35\times22)=3\,053$ mm

简图如下所示：

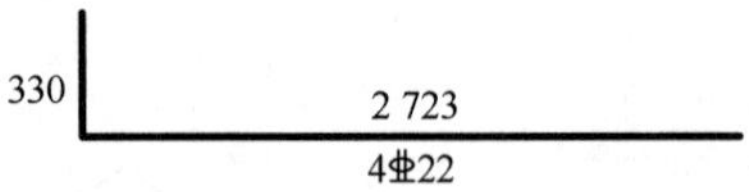

下料长度为：　　$3\,053-2.93\times22\approx2\,989$ mm

2. 一层纵筋计算

计算公式：一层层高 − 一层非连接区长度 + 二层非连接区

$$3\,570+1\,050-\frac{3\,570+1\,050-440}{3}+\max\left(\frac{3\,600-440}{6},450,500\right)\approx3\,754\text{ mm}$$

简图如下所示：

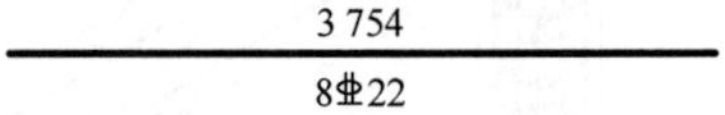

3. 二层纵筋计算

计算公式：二层层高 − 二层非连接区长度 + 三层非连接区

$$3\,600-\max\left(\frac{3\,600-440}{6},450,500\right)+\max\left(\frac{3\,600-440}{6},450,500\right)=3\,600\text{ mm}$$

简图如下所示：

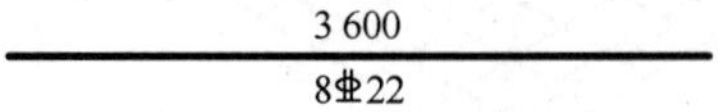

4. 三层纵筋计算

计算公式：三层层高 − 三层非连接区长度 + 顶层非连接区

$$3\,600-\max\left(\frac{3\,600-440}{6},450,500\right)+\max\left(\frac{3\,600-500}{6},450,500\right)=3\,590\text{ mm}$$

简图如下所示：

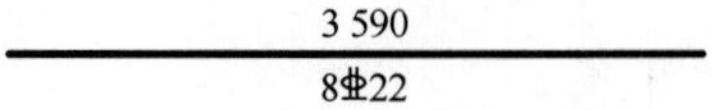

5. 顶层纵筋计算

顶层角柱节点构造依据 22G101-1 第 2-14 页，选择 a + c 做法，伸入梁内的柱外侧纵筋不宜少于柱外侧全部纵筋面积的 65%。顶层柱纵筋布置如图 3-15 所示。

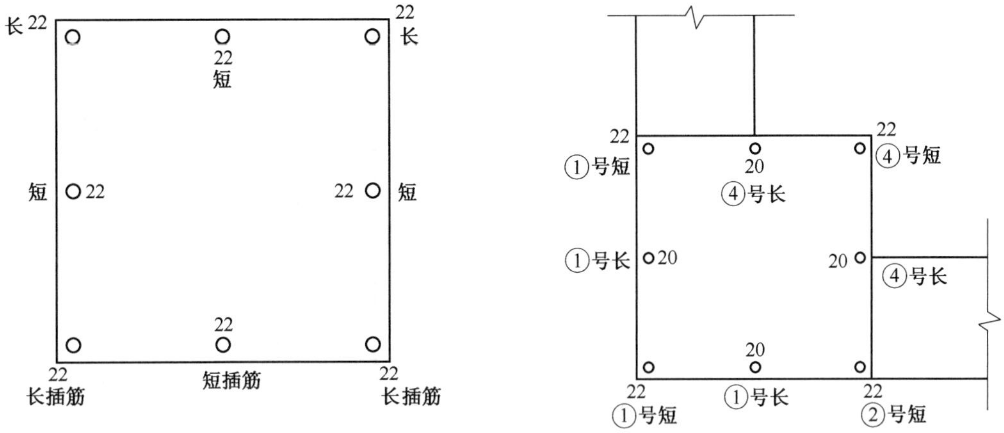

（a）基础层KZ1插筋布置　　（b）顶层KZ1纵筋

图 3-15　基础层插筋和顶层柱纵筋布置

（1）锚固长度判断

由图 3-15 可知 KZ1 角柱外侧共有 5 根主筋，其中 65%（$5 \times 65\% = 3.25$，取 4 根，2Φ22 + 2Φ20）按照①号钢筋计算，锚固长度为 $1.5l_{aE}$，剩余钢筋按照②号钢筋计算。

内侧：$l_{aE} = 40 \times 20 = 800 >$ 梁高 − 保护层厚度 $= 500 - 30 = 470$ mm，内侧均按照④号钢筋计算。

（2）外侧钢筋长度计算

①号钢筋，如图 3-16（b）所示。

2Φ22（短纵筋）：顶层层高 − 顶层非连接区 − 梁高 + $1.5l_{aE}$ − 接头错开距离

$$3\,600 - \max\left(\frac{3\,600 - 500}{6}, 450, 500\right) - 500 + 1.5 \times 40 \times 22 - \max(35 \times 22, 500)$$

$\approx 3\,903 - 770 = 3\,133$ mm

简图如下所示，其中弯折长度 $= 1.5 \times 40 \times 22 - (500 - 30) = 850$ mm。

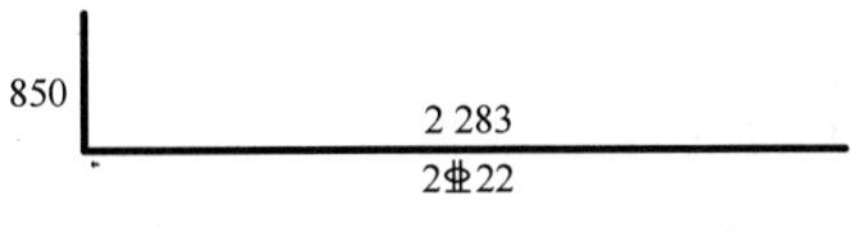

下料长度：　　　　　$3\,133 - 2.93 \times 22 \approx 3\,069$ mm

2Φ20（长纵筋），如图 3-16（a）所示。

$$3\,600 - \max\left(\frac{3\,600 - 500}{6}, 450, 500\right) - 500 + 1.5 \times 40 \times 20 \approx 3\,783 \text{ mm}$$

简图如下所示，其中弯折长度 $= 1.5 \times 40 \times 20 - (500 - 30) = 730$ mm。

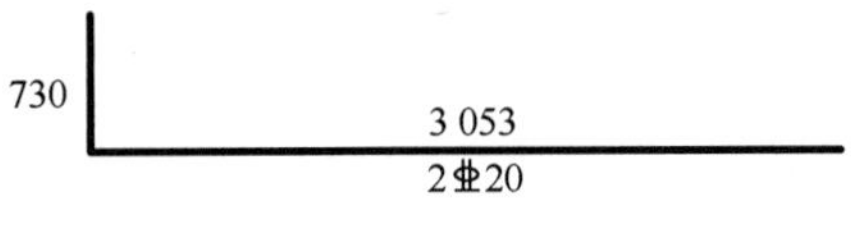

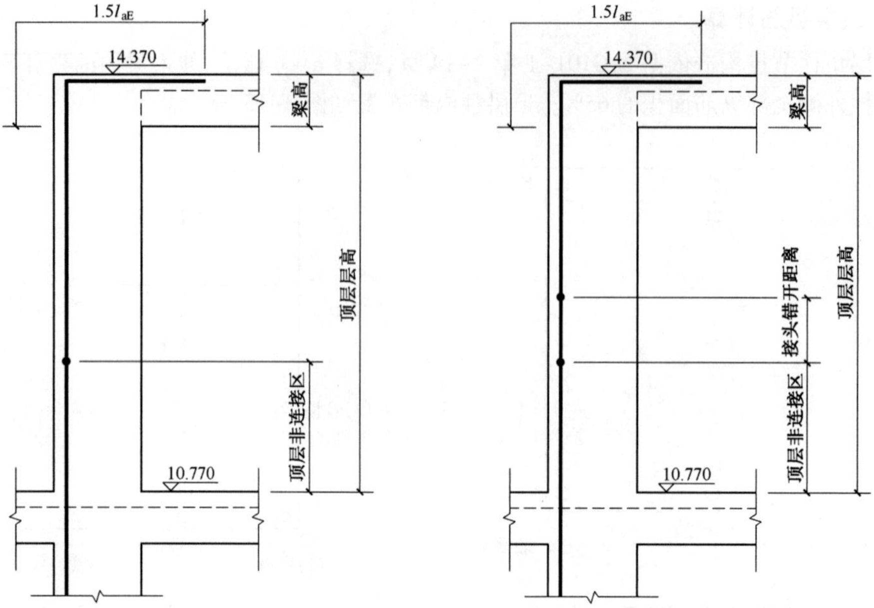

(a)①号长纵筋(外侧)　　(b)①号短纵筋(外侧)

图 3-16　顶层柱 1 号纵筋计算示意图

下料长度：　$3\ 783-2.93\times20=3\ 725$ mm

②号钢筋 1Φ22 短纵筋，如图 3-17(b)所示。

长度 = 顶层层高 - 顶层非连接区 - 梁高 + 锚固长度 - 接头错开距离

$$=3\ 600-\max\left(\frac{3\ 600-500}{6},450,500\right)-500+(500-30+450-2\times25)+8\times22-\max(35\times22,500)\approx3\ 629-770=2\ 859\ \text{mm}$$

注：锚固长度 = 梁高 - 保护层厚度 + 柱宽 - 2 × 保护层厚度 + 8d。

简图如下所示：

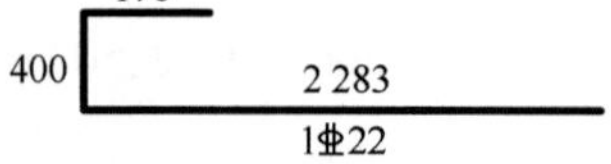

下料长度：　$2\ 859-2\times2.93\times20=2\ 742$ mm

(3)④号内侧钢筋长度计算 1Φ22 + 2Φ20

1Φ22 为短纵筋，如图 3-18(b)所示。

长度 = 顶层层高 - 顶层非连接区 - 梁高 + 锚固长度 - 接头错开距离

$$=3\ 600-\max\left(\frac{3\ 600-500}{6},450,500\right)-500+(500-30)+12\times22-\max(35\times22,500)\approx3\ 317-770=2\ 547\ \text{mm}$$

注：锚固长度 = 梁高 - 保护层厚度 + 12d。

简图如下所示：

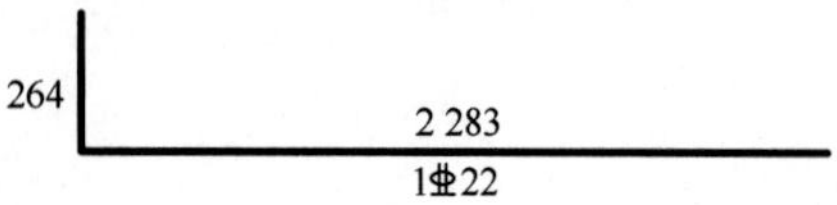

(a)②号长纵筋(外侧)

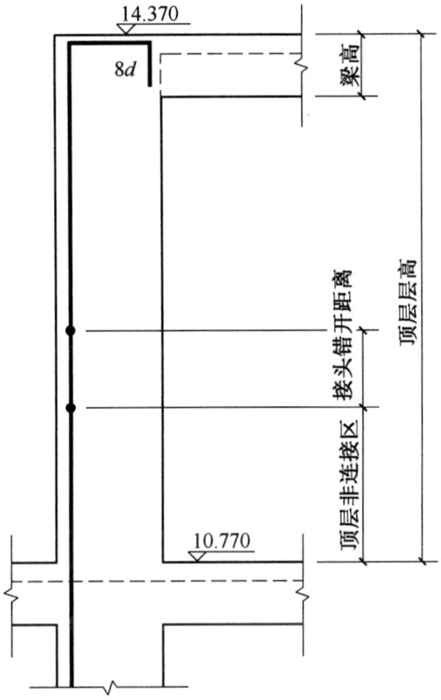

(b)②号短纵筋(外侧)

图 3-17　顶层柱②号纵筋计算示意图

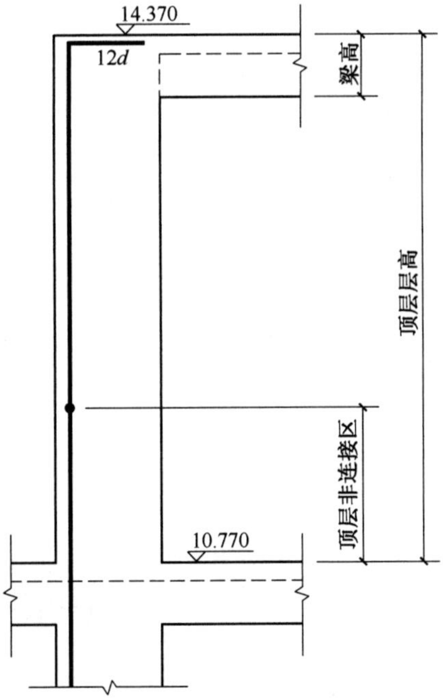

(a)④号长纵筋(外侧)

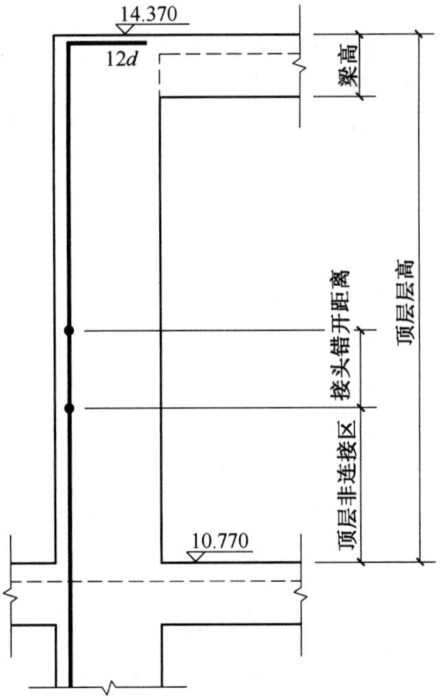

(b)④号短纵筋(外侧)

图 3-18　顶层柱④号纵筋计算示意图

下料长度： $2\ 547-2.93\times22=2\ 843\ \mathrm{mm}$

2Φ20 为长纵筋，如图 3-18(a)所示。

$$3\ 600-\max\left(\frac{3\ 600-500}{6},450,500\right)-500+(500-30)+12\times20\approx3\ 293\ \mathrm{mm}$$

简图如下所示：

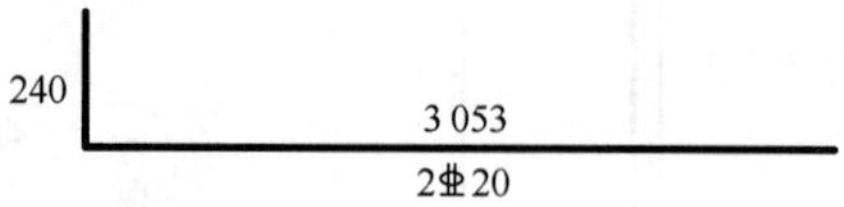

下料长度： $3\ 293-2.93\times20=3\ 234\ \mathrm{mm}$

3.3.2 柱箍筋计算

从柱平法施工图中可知，一～四层柱截面尺寸均为 450 mm×450 mm，箍筋为Φ8@100。为了讲解柱加密区和非加密区箍筋根数的计算方法，将第二层柱的箍筋改为Φ8@100/200。

1. 基础层箍筋计算

基础层箍筋按照 22G101-3 第 2-10 页设置，间距 ≤500 mm，且不少于两道矩形封闭箍筋（非复合箍筋）。

$$根数=\frac{基础高度-保护层厚度}{间距}+1=\frac{600-40}{500}+1=2.12，取 3 根$$

按外包尺寸计算：长度 $=2\times(b+h)-8\times c+2\times1.9d+2\times\max(10d,75\ \mathrm{mm})$

当 $10d>75$ mm 时，公式可简化为：

$$2\times(b+h)-8\times c+23.8d=2\times(450+450)-8\times25+23.8\times8\approx1\ 790\ \mathrm{mm}$$

简图如下所示：

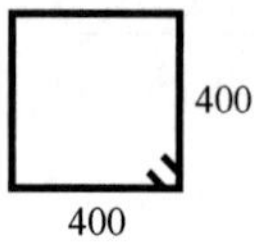

下料长度为： $1\ 790-3\times1.75\times8=1\ 748\ \mathrm{mm}$

2. 一层柱箍筋计算

大箍筋长度： $2\times(450+450)-8\times25+23.8\times8\approx1\ 790\ \mathrm{mm}$

下料长度： $1\ 790-3\times1.75\times8=1\ 748\ \mathrm{mm}$

拉筋长度，按同时钩住主筋和箍筋计算。

$$长度=柱宽-2\times保护层厚度+2d+2\times1.9d+2\times\max(10d,75\ \mathrm{mm})$$

当 $10d>75$ mm 时，公式可简化为：

$$柱宽-2\times保护层厚度+2d+23.8d=450-2\times25+2\times8+23.8\times8\approx606\ \mathrm{mm}$$

简图如下所示：

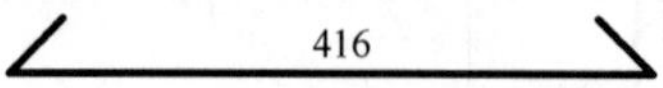

根数： $\dfrac{3\ 570+1\ 050-50}{100}+1=46.7$，取 47 根

则箍筋 47 根，拉筋 94 根。

3. 二层柱箍筋计算

(1)长度计算

箍筋和拉筋的长度同第一层,拉筋长度为 606 mm。

大箍筋长度：　$2\times(450+450)-8\times25+23.8\times8\approx1\ 790$ mm

下料长度：　$1\ 790-3\times1.75\times8=1\ 748$ mm

(2)根数计算

加密区：

①非连接区　$\max\left(\dfrac{3\ 600-440}{6},450,500\right)\approx527$ mm,$\dfrac{527-50}{100}+1=5.77$ 根, 取 6 根

②梁下部位　$\max\left(\dfrac{3\ 600-440}{6},450,500\right)\approx527$ mm,$\dfrac{527}{100}+1=6.27$ 根, 取 7 根

③梁高范围内　$\dfrac{440}{100}=4.4$ 根, 取 5 根

非加密区　$\dfrac{3\ 600-527-527-440}{200}-1=9.53$ 根,取 10 根

共 6 +7 +5 +10 =28 根,取 28 根。

4. 三层、四层柱箍筋计算

(1)三层箍筋长度计算：

箍筋和拉筋的长度同第一层,拉筋长度为 606 mm。

大箍筋长度：　$2\times(450+450)-8\times25+23.8\times8\approx1\ 790$ mm

下料长度：　$1\ 790-3\times1.75\times8=1\ 748$ mm

(2)四层箍筋长度计算：

大箍筋长度：　$2\times(450+450)-8\times30+23.8\times8\approx1\ 750$ mm

下料长度：　$1\ 790-3\times1.75\times8=1\ 748$ mm

拉筋长度：　$450-2\times30+2\times8+23.8\times8\approx596$ mm

根数：

三层大箍筋：　$\dfrac{3\ 600-50-50}{100}+1=36$,取 36 根,拉结筋:72 根

四层大箍筋：　$\dfrac{3600-50-50}{100}+1=36$,取 36 根,拉结筋:72 根

一 ~ 四层轴线①/轴线ⒶAKZ1 柱钢筋见表 3-2。

表 3-2　某中学致知楼框架柱 KZ1 钢筋明细表

工程名称:某中学致知楼							
序号	级别 直径	简图	单长/mm	总数 /根	总长 /m	总质 /kg	备注
构件信息:0 层(基础层)\柱\KZ1_① ~ ②/Ⓐ ~ Ⓑ 个数:1,构件单质(kg):67. 243,构件总质(kg):67. 243							
1	Φ22	2 723 330	3 053	4	12. 212	36. 44	基础插筋

续表

工程名称:某中学致知楼							
序号	级别 直径	简图	单长/mm	总数 /根	总长 /m	总质 /kg	备注
构件信息:0层(基础层)\柱\KZ1_①~②/Ⓐ~Ⓑ 个数:1,构件单质(kg):67.243,构件总质(kg):67.243							
2	⌀22	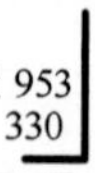	2 283	4	9.132	27.248	基础插筋
3	⌀8	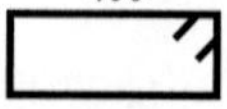	1 790	3	5.37	2.121	箍筋
4	⌀8	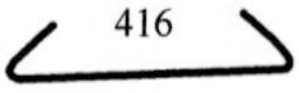	606	6	3.636	1.434	拉筋
构件信息:一层(首层)\\柱\\KZ1_①~②/Ⓐ~Ⓑ 个数:1,构件单质(kg):145.311,构件总质(kg):145.311							
5	⌀22	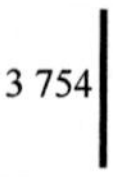	3 754	8	30.032	89.616	中间层主筋
6	⌀8	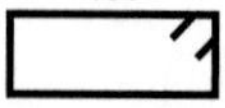	1 790	47	84.13	33.229	箍筋
7	⌀8		606	94	56.964	22.466	拉筋
构件信息:二层(普通层)\\柱\\KZ1_①~②/Ⓐ~Ⓑ 个数:1,构件单质(kg):118.161,构件总质(kg):118.161							
8	⌀22	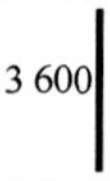	3 600	8	28.8	85.936	中间层主筋
9	⌀8	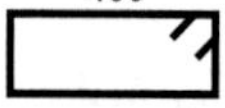	1 790	28	50.12	19.797	箍筋
10	⌀8		606	52	31.512	12.428	拉筋
构件信息:三层(普通层)\\柱\\KZ1_①~②/Ⓐ~Ⓑ 个数:1,构件单质(kg):128.364,构件总质(kg):118.161							
11	⌀22	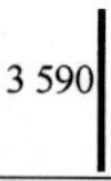	3 590	8	28.72	85.704	中间层主筋
12	⌀8	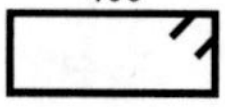	1 790	36	64.44	25.452	箍筋

续表

序号	级别直径	简图	单长/mm	总数/根	总长/m	总质/kg	备注
工程名称:某中学致知楼							
构件信息:三层(普通层)\\柱\\KZ1_①～②/Ⓐ～Ⓑ 个数:1,构件单质(kg):128.364,构件总质(kg):128.364							
13	⌀8		606	72	43.632	17.208	拉筋
构件信息:四层(普通层)\\柱\\KZ1_①～②/Ⓐ～Ⓑ 个数:1,构件单质(kg):137.86,构件总质(kg):109.519							
14	⌀22		3 133	2	6.332	18.894	外侧①号钢筋
15	⌀20	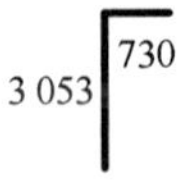	3 783	2	7.626	18.806	外侧①号钢筋
16	⌀20	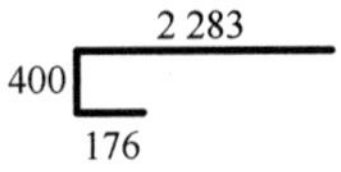	2 859	1	2.859	8.531	外侧②号钢筋
17	⌀22	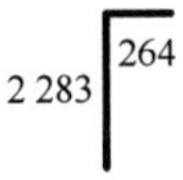	2 547	1	2.547	7.6	内侧③号钢筋
18	⌀20	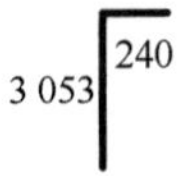	3 293	2	6.586	16.242	内侧③号钢筋
19	⌀8	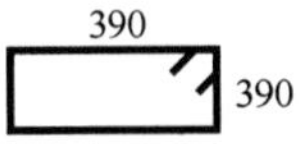	1 750	36	63	24.876	箍筋
20	⌀8		596	62	36.952	14.57	拉筋

注:表中数据来源于鲁班钢筋 2019V31 版的计算结果,与手工计算结果略有偏差。

3.4　顶层柱纵筋计算(案例二)

3.4.1　顶层边柱纵筋长度计算

以某中学致知楼框架柱为例,讲解柱钢筋的翻样方法,认真阅读柱结构施工图后,完成计算第四层轴线②/轴线ⒶKZ-4 柱的纵筋翻样,配筋示意图如图 3-19 所示。

柱环境描述,同案例一。

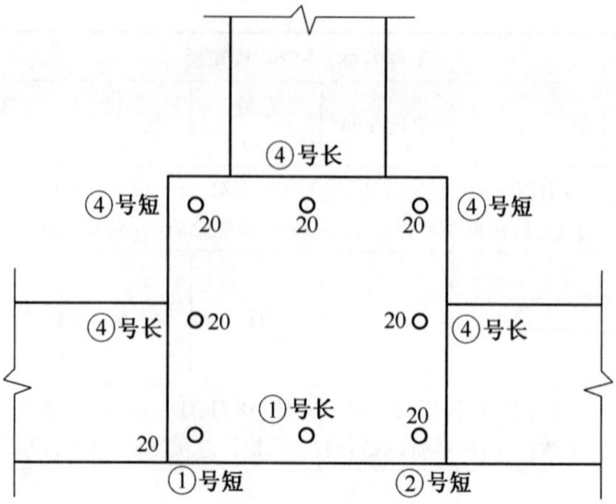

图 3-19　KZ-4 柱(轴线②/Ⓐ)配筋示意图

外侧共有 3⌀20,3×65%=1.95,取 2 根,1 根采用①号,1 根采用②号。

内侧 5⌀20 均采用④号,其中 3⌀20 为长纵筋,2⌀20 为短纵筋。

1. 外侧纵筋计算

①号长纵筋:长度 = 顶层层高 − 顶层非连接区 − 梁高 + $1.5l_{aE}$

$$= 3\,600 - \max\left(\frac{3\,600-500}{6},450,500\right) - 500 + 1.5\times40\times20 \approx 3\,783\ \text{mm}$$

简图如下所示:

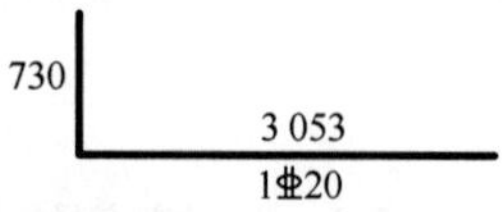

①号短纵筋:长度 = 长纵筋长度 − 接头错开距离 = 3 783 − max(35×20,500) = 3 083 mm

简图如下所示:

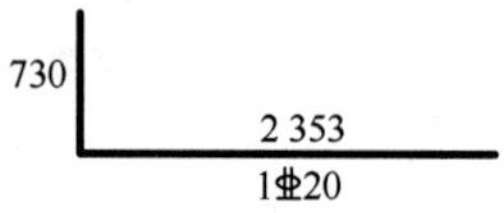

②号短纵筋:

长度 = 顶层层高 − 顶层非连接区 − 梁高 + 锚固长度 − 接头错开距离

$$=3\,600-\max\left(\frac{3\,600-500}{6},450,500\right)-500+(500-30+450-2\times25)+8\times20-\max(35\times20,500)$$

$$=3\,600-517-500+470+400+160-700=2\,913\ \text{mm}$$

注:锚固长度 = 梁高 − 保护层厚度 + 柱宽 − 2 × 保护层厚度 + $8d$。

简图如下所示:

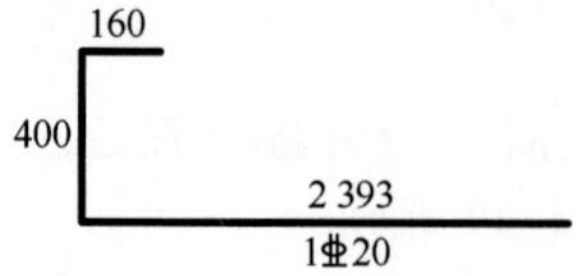

2. 内侧纵筋计算

④号长纵筋：

长度 = 顶层层高 − 顶层非连接区 − 梁高 + 锚固长度

$$=3\,600-\max\left(\frac{3\,600-500}{6},450,500\right)-500+(500-30)+12\times 20$$

$$\approx 3\,600-517-500+470+240=3\,293\text{ mm}$$

注：锚固长度 = 梁高 − 保护层厚度 + $12d$。

简图如下所示：

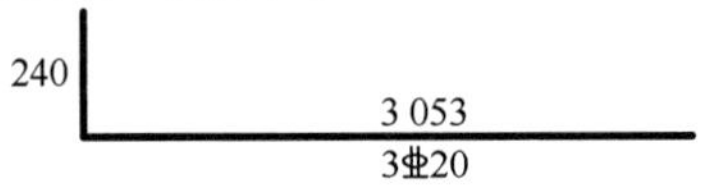

④号短纵筋：

长度 = 长纵筋长度 − 接头错开距离 = 3 293 − max(35 × 20,500) = 3 293 − 700 = 2 593 mm

简图如下所示：

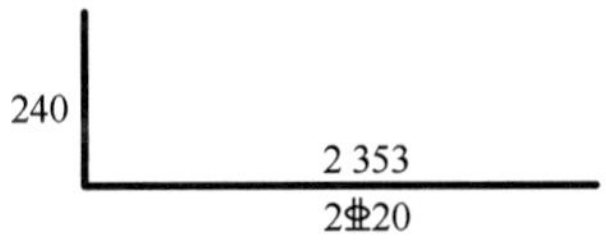

3.4.2　顶层中柱纵筋长度计算

以某中学致知楼框架柱为例，讲解柱钢筋的翻样方法，认真阅读柱结构施工图后，计算第 4 层轴线⑤/轴线Ⓑ KZ-5 的钢筋长度，配筋示意图如图 3-20 和图 3-21 所示。柱环境描述，同案例一。

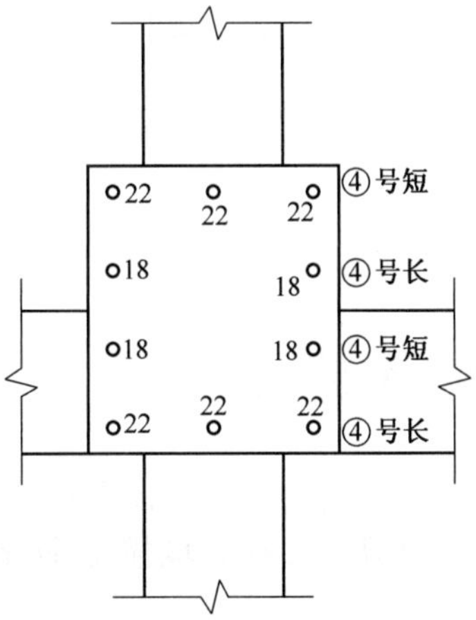

图 3-20　KZ-5（轴线⑤/Ⓑ）配筋示意图

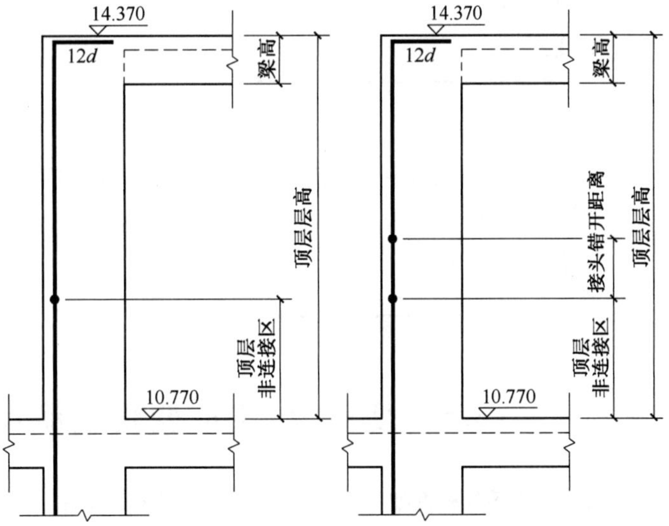

（a）内侧④号长纵筋　　（b）内侧④号短纵筋

图 3-21　KZ-5（轴线⑤/Ⓑ）纵筋示意图

内侧 6⌀22 采用④号，其中 3⌀22 长纵筋，3⌀22 为短纵筋；4⌀184 号，其中 2⌀18 长纵筋，2⌀18 为短纵筋。

(1)3Φ22 长纵筋

长度 = 顶层层高 − 顶层非连接区 − 梁高 + 锚固长度

$$=3\ 600-\max\left(\frac{3\ 600-600}{6},500,500\right)-600+(600-30)+12\times 22$$

$$=3\ 600-500-600+570+264=3\ 334\ \text{mm}$$

注:锚固长度 = 梁高 − 保护层厚度 + 12d。

简图如下所示:

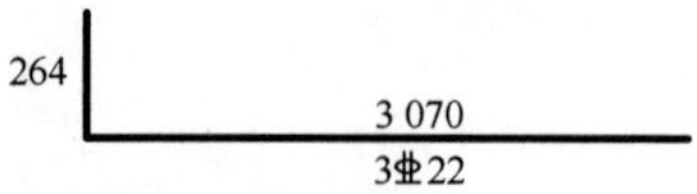

(2)3Φ22 为短纵筋

长度 = 长纵筋长度 − 接头错开距离 = 3 334 − max(35 × 22,500) = 3 334 − 770 = 2 564 mm

简图如下所示:

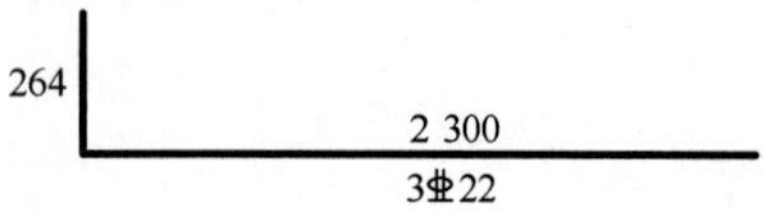

(3)2Φ18 长纵筋

长度 = 顶层层高 − 顶层非连接区 − 梁高 + 锚固长度

$$=3\ 600-\max\left(\frac{3\ 600-600}{6},500,500\right)-600+(600-30)+12\times 18$$

$$=3\ 600-500-600+570+216=3\ 286\ \text{mm}$$

注:锚固长度 = 梁高 − 保护层厚度 + 12d。

简图如下所示:

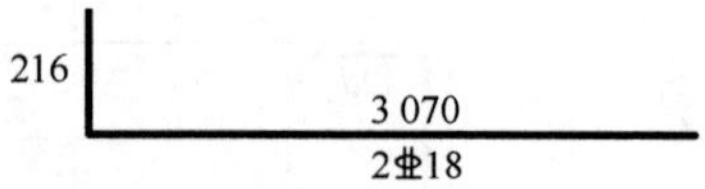

(4)2Φ18 为短纵筋

长度 = 长纵筋长度 − 接头错开距离 = 3 286 − max(35 × 22,500) = 3 286 − 770 = 2 516 mm

简图如下所示:

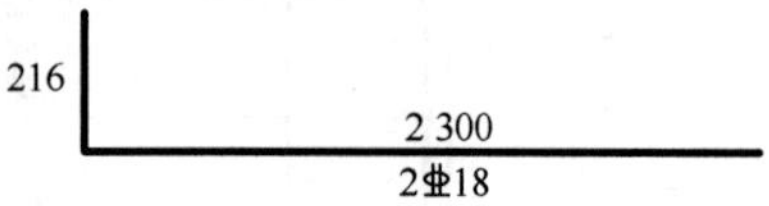

3.5 变截面、主筋变化纵筋计算(案例三)

以某中学致知楼框架柱为例,讲解柱钢筋的翻样方法,认真阅读柱结构施工图后,计算第一 ~ 四层轴线③/轴线ⒸKZ-9 柱的钢筋长度,配筋示意图如图 3-22 所示。柱环境描述,同案例一。

1. 基础层插筋计算

轴线③/轴线ⒸKZ1 柱下的基础为 J-3,插筋构造依据 22G101-3 第 2-10 页。

插筋保护层厚度为 40 mm,插筋直径与 KZ9 纵筋相同,为 4Φ22 + 8Φ20 mm。

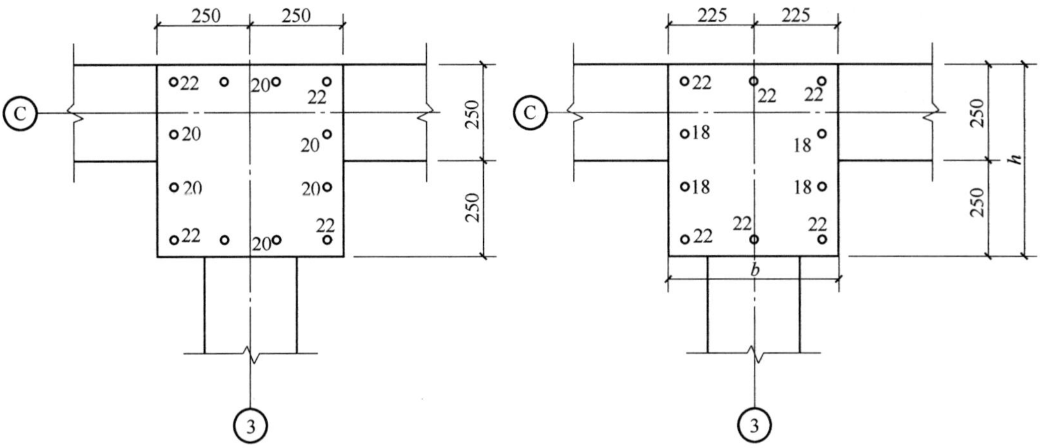

（a）KZ-9一层配筋图　　（b）KZ-9二层配筋图

图 3-22　KZ-9 配筋图

由于插筋保护层厚度 $<5d=5\times22=110$ mm；$h_j<l_{aE}=40\times22=880$ mm，故应选择构造(d)。

(1)4Φ22 插筋

$$\text{短插筋长度}=\text{弯折长度}+\text{基础内长度}+\text{非连接区长度}$$
$$=15\times22+700-40+\frac{3\ 570+950-700}{3}\approx2\ 263\ \text{mm}$$

简图如下所示：

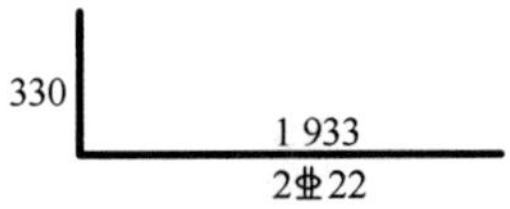

长插筋长度 = 短插筋长度 + 接头错开距离 = $2\ 263+\max(35\times22,500)=2\ 263+770=3\ 033$ mm

简图如下所示：

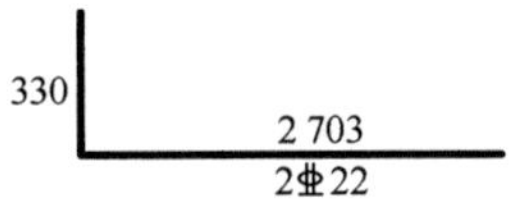

(2)8Φ20 插筋

$$\text{短插筋长度}=\text{弯折长度}+\text{基础内长度}+\text{非连接区长度}$$
$$=15\times20+700-40+\frac{3\ 570+950-700}{3}\approx2\ 233\ \text{mm}$$

简图如下所示：

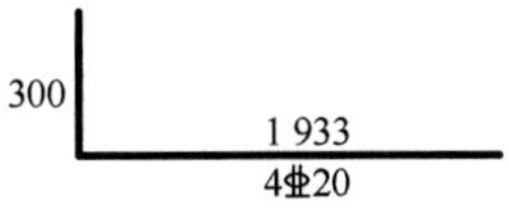

$$\text{长插筋长度}=\text{短插筋长度}+\text{接头错开距离}$$
$$=2\ 233+\max(35\times22,500)=2\ 233+770=3\ 003\ \text{mm}$$

简图如下所示：

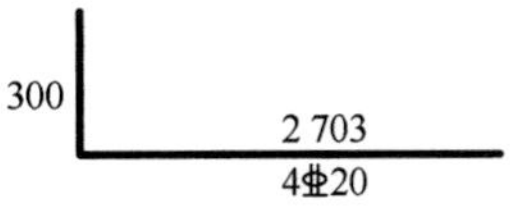

2. 一层纵筋计算

由图 3-22 KZ-9 配筋图可知，二层与一层相比，角筋为 4Φ22 不变，b 边由 2Φ20 变为 1Φ22，h 边由 2Φ20 变为 2Φ18。b 边截面尺寸由 500 mm 变为 450 mm，变截面纵筋构造采用 22G101-1 第 2-16 页（$\Delta/h_b \leqslant 1/6$ 构造）。主筋变化采用 22G101-1 第 2-9 页图 3 构造。h 边纵筋如图 3-23 所示。

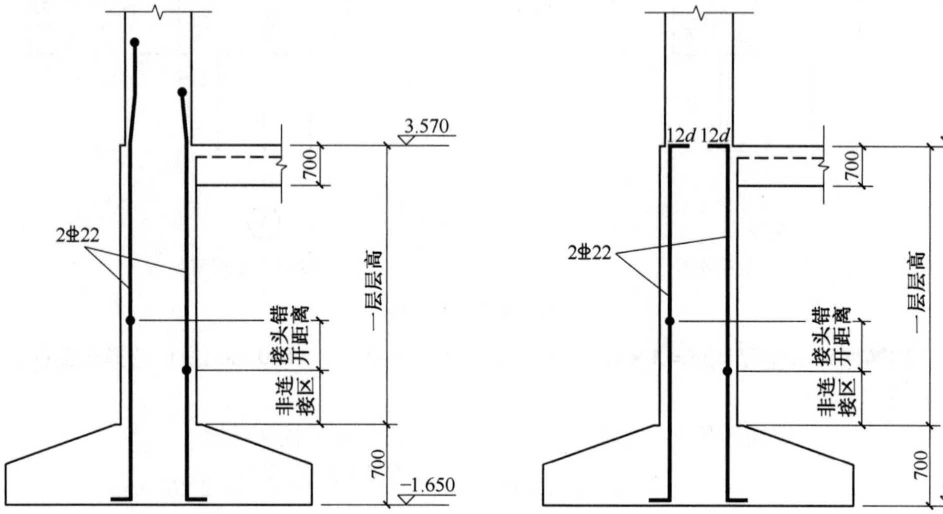

（a）首层柱角筋　　（b）首层柱 b 边和 h 边中部筋

图 3-23　首层柱长度示意图

(1) 角筋 4Φ22

计算公式：一层层高 - 一层非连接区长度 + 二层非连接区

$$= 3\ 570 + 950 - \frac{3\ 570 + 950 - 700}{3} + \max\left(\frac{3\ 600 - 700}{6}, 500, 500\right) = 3\ 747\ \text{mm}$$

简图如下所示：

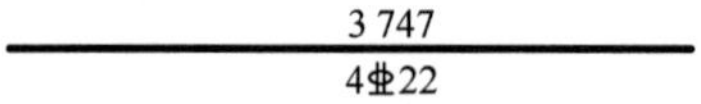

(2) b 边、h 边中部筋

计算公式：　　长纵筋 = 一层层高 - 一层非连接区长度 + 弯折

短纵筋 = 长纵筋 - 接头错开距离

$$长纵筋长度 = 3\ 600 + 920 - \frac{3\ 600 + 920 - 700}{3} + 12 \times 20 \approx 3\ 487\ \text{mm}$$

简图如下所示：

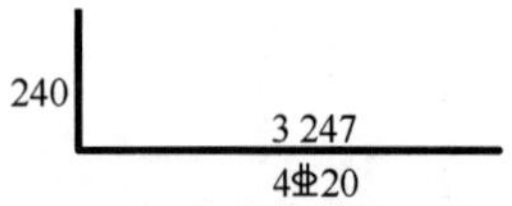

$$短纵筋长度 = 3\ 487 - \max(35 \times 22, 500) = 3\ 487 - 770 = 2\ 717\ \text{mm}$$

简图如下所示：

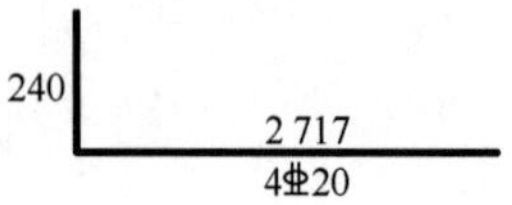

3. 二层纵筋计算

二层柱子配筋示意图如图 3-24 所示。

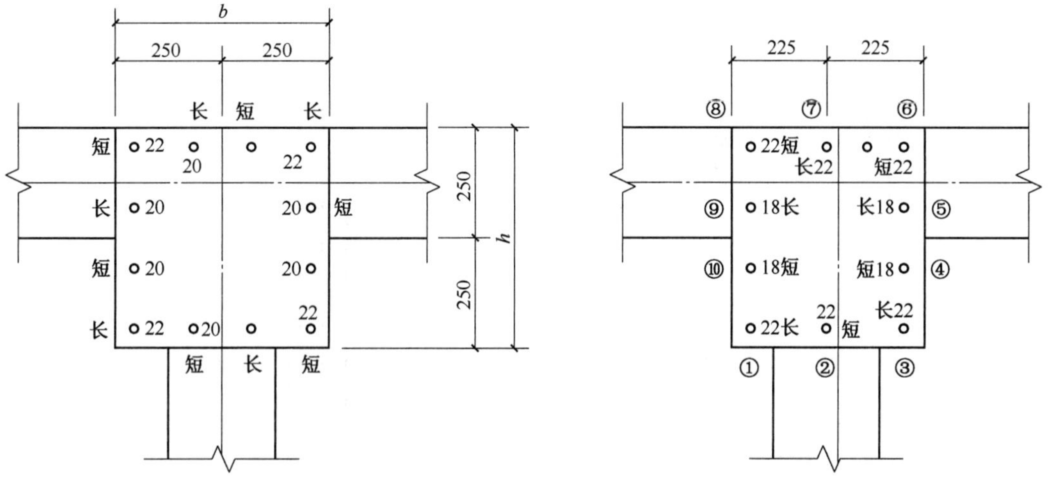

（a）KZ-9一层配筋图　　（b）KZ-9二层配筋图

图 3-24　KZ-9 配筋构造

(1)角筋

①号钢筋：

长度 = 二层层高 - 二层非连接区长度 + 三层非连接区

$$=3\ 600-\max\left(\frac{3\ 600-700}{6},500,500\right)+\max\left(\frac{3\ 600-700}{6},500,500\right)=3\ 600\ \text{mm}$$

简图如下所示：

3 600

1⌀22

③号钢筋：

$$长度=3\ 600+\max(35\times22,500)=4\ 370\ \text{mm}$$

简图如下所示：

4 370

1⌀22

⑥号钢筋：

$$长度=3\ 600-\max(35\times22,500)=2\ 830\ \text{mm}$$

简图如下所示：

2 830

1⌀22

⑧号钢筋：

$$长度=3\ 600-\max\left(\frac{3\ 600-700}{6},500,500\right)+\max\left(\frac{3\ 600-700}{6},500,500\right)=3\ 600\ \text{mm}$$

简图如下所示：

3 600

1⌀22

(2)b 边中部筋

b 边中部筋示意图如图 3-25 所示。

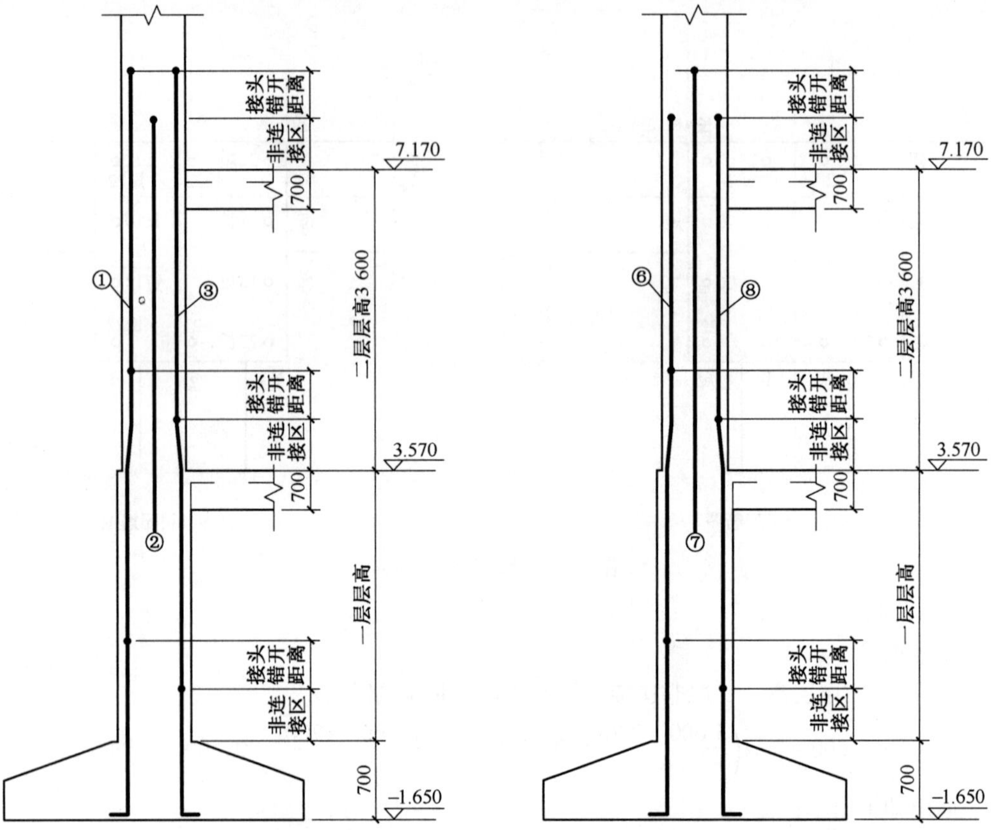

（a）b边①、②、③号纵筋　　（b）b边⑥、⑦、⑧号纵筋

图 3-25　b 边纵筋长度计算示意图

②号钢筋：

$$长度=二层层高+三层非连接区+1.2l_{aE}=3\ 600+\max\left(\frac{3\ 600-700}{6},500,500\right)+1.2\times40\times22$$

$=5\ 156$ mm

简图如下所示：

5 156

1⌀22

⑦号钢筋：

$$长度=5\ 156+\max(35\times22,500)=5\ 926\ \text{mm}$$

简图如下所示：

5 926

1⌀22

(3)h 边中部筋

h 边中部钢筋示意图如图 3-26 所示。

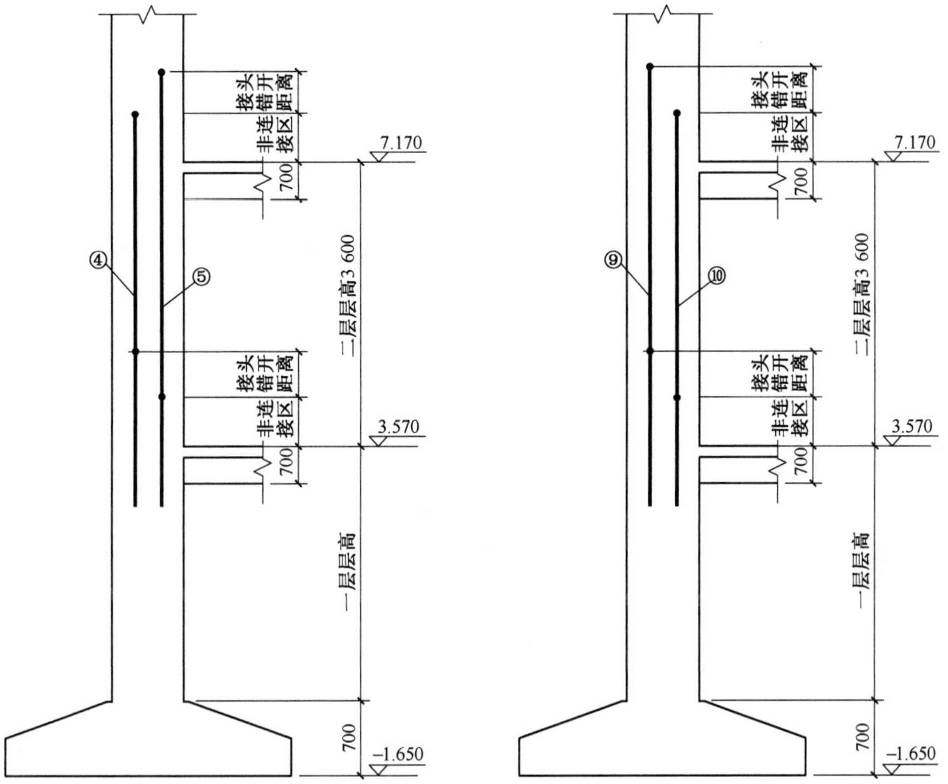

（a）*h*边④、⑤号纵筋　　　　（b）*b*边⑨、⑩号纵筋

图 3-26　*h* 边纵筋长度计算示意图

④号、⑩号钢筋：

$$长度=二层层高+三层非连接区+1.2l_{aE}=3\ 600+\max\left(\frac{3\ 600-700}{6},500,500\right)+1.2\times40\times18=4\ 964\ \text{mm}$$

简图如下所示：

4 964
———————
2⌀18

⑤号、⑨号钢筋：

$$长度=4\ 964+\max(35\times18,500)=5\ 594\ \text{mm}$$

简图如下所示：

5 594
———————
2⌀18

4. 三层纵筋

(1)6⌀22

长度 = 三层层高 − 三层非连接区长度 + 四层非连接区

$$=3\ 600-\max\left(\frac{3\ 600-700}{6},500,500\right)+\max\left(\frac{3\ 600-600}{6},500,500\right)=3\ 600\ \text{mm}$$

简图如下所示：

3 600
———————
6⌀22

(2)4Φ18

长度＝三层层高－三层非连接区长度＋四层非连接区

$$=3\,600-\max\left(\frac{3\,600-700}{6},500,500\right)+\max\left(\frac{3\,600-600}{6},500,500\right)=3\,600\ \text{mm}$$

简图如下所示：

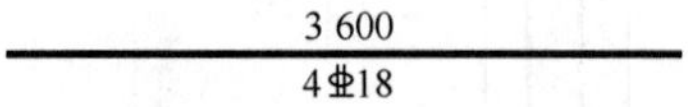

5. 四层纵筋

(1)锚固长度判断

由图3-24所示，KZ9边柱外侧共有3根主筋，其中65%($3\times65\%=1.95$，取2根，2Φ22)按照①号钢筋计算，锚固长度为$1.5l_{aE}$，剩余钢筋按照②号钢筋计算，如图3-27所示。

内侧：$l_{aE}=40\times20=800$ mm＞梁高－保护层厚度＝600－30＝570 mm，内侧均按照④号钢筋计算。

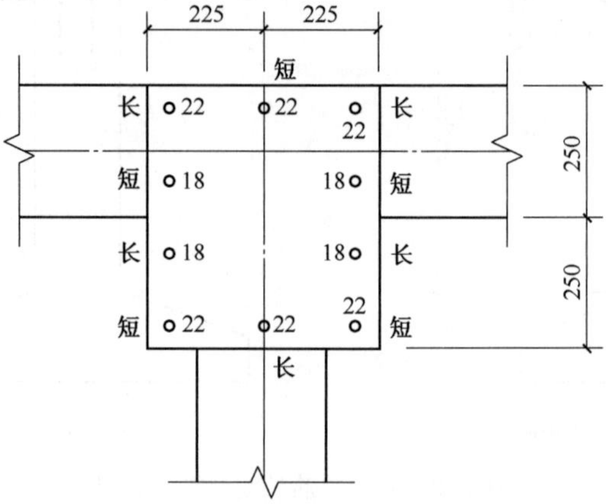

图3-27 顶层柱KZ-9配筋示意图

(2)外侧纵筋计算(b边纵筋3Φ22)

①号长纵筋：

长度＝顶层层高－顶层非连接区－梁高$+1.5l_{aE}$

$$=3\,600-\max\left(\frac{3\,600-600}{6},500,500\right)-600+1.5\times40\times22=3\,820\ \text{mm}$$

简图如下所示：

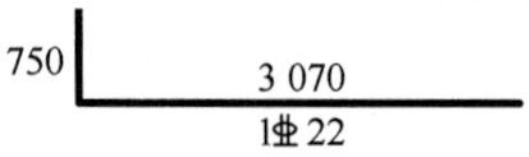

①号短纵筋：

$$长度=3\,820-\max(35\times22,500)=3\,050\ \text{mm}$$

简图如下所示：

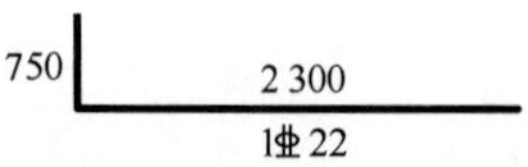

②号长纵筋

长度＝顶层层高－顶层非连接区－梁高＋锚固长度

$$=3\,600-\max\left(\frac{3\,600-600}{6},500,500\right)-600+(600-30+500-2\times25-2\times8)+8\times22=3\,680\ \text{mm}$$

注：锚固长度 = 梁高 − 保护层厚度 + 柱宽 − 2 × 保护层厚度 − 2 × 箍筋直径 + $8d$。

简图如下所示：

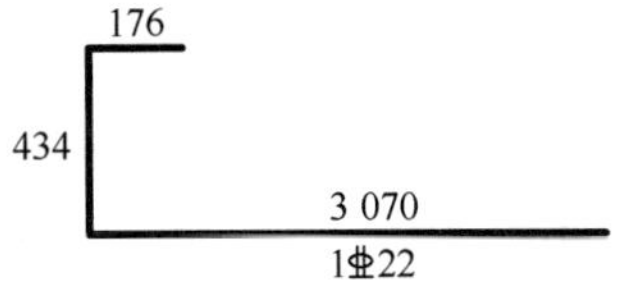

(3) 内侧纵筋计算

4Φ18，其中长短各两根，3Φ22 其中 1 根长，2 根短。

2Φ18 长纵筋：

$$\begin{aligned}\text{长度} &= \text{顶层层高} - \text{顶层非连接区} - \text{梁高} + \text{锚固长度}\\ &= 3\ 600 - \max\left(\frac{3\ 600-600}{6}, 500, 500\right) - 600 + (600-30) + 12\times 18\\ &= 3\ 600 - 500 - 600 + 570 + 216 = 3\ 286\ \text{mm}\end{aligned}$$

注：锚固长度 = 梁高 − 保护层厚度 + $12d$。

简图如下所示：

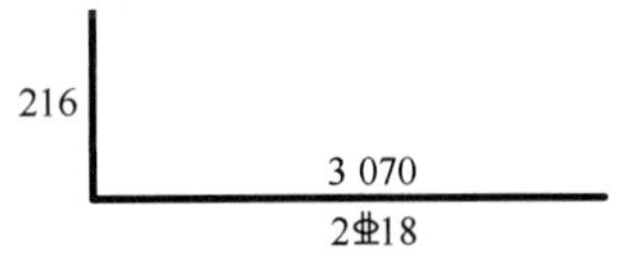

2Φ18 短纵筋：

$$\text{长度} = \text{长纵筋} - \text{接头错开距离} = 3\ 286 - \max(35\times 22, 500) = 2\ 516\ \text{mm}$$

简图如下所示：

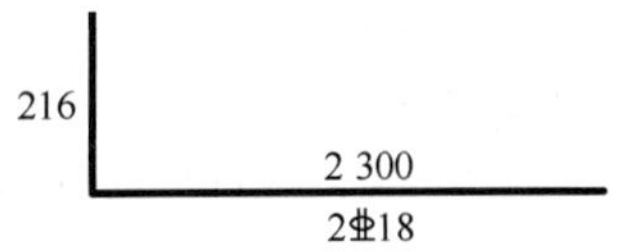

1Φ22 长纵筋

$$\begin{aligned}\text{长度} &= 3\ 600 - \max\left(\frac{3\ 600-600}{6}, 500, 500\right) - 600 + (600-30) + 12\times 22\\ &= 3\ 600 - 500 - 600 + 570 + 264 = 3\ 334\ \text{mm}\end{aligned}$$

简图如下所示：

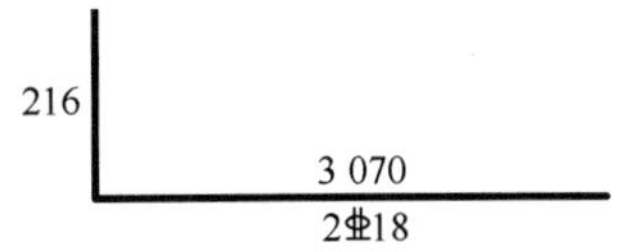

2Φ22 短纵筋：

$$\text{长度} = \text{长纵筋} - \text{接头错开距离} = 3\ 334 - \max(35\times 22, 500) = 2\ 564\ \text{mm}$$

简图如下所示：

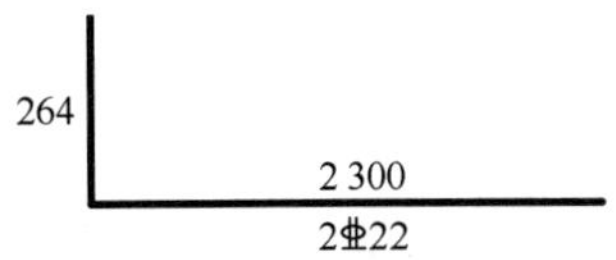

3.6 变截面、主筋变化纵筋计算（案例四）

以某中学致知楼框架柱为例，讲解柱钢筋的翻样方法，认真阅读柱结构施工图后，完成第一～四层轴线③/轴线ⒶKZ-7 柱的纵筋翻样，配筋示意图如图 3-28 所示。柱环境描述，同案例一。

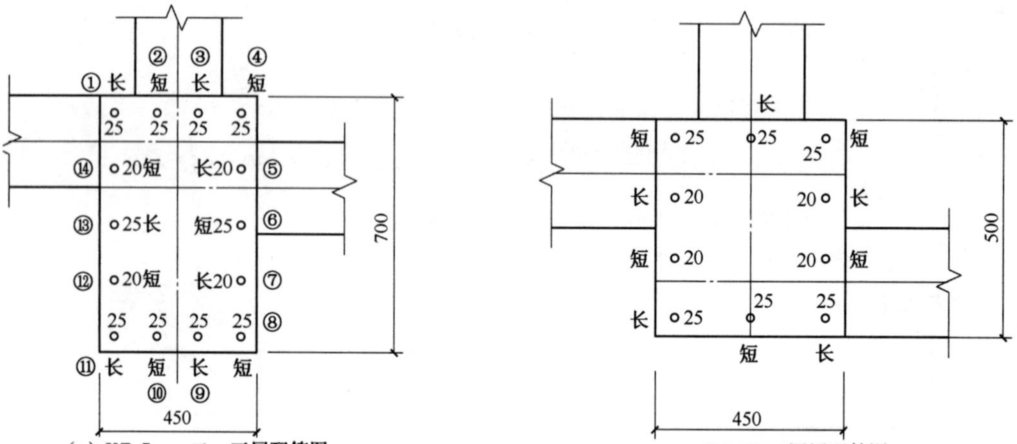

（a）KZ-7一、二、三层配筋图　（b）KZ-7四层配筋图

图 3-28　KZ-7 配筋图

1. 基础层插筋计算

轴线③/轴线ⒶKZ1 柱下的基础为 J－7，插筋构造依据 22G101-3 第 2-10 页。

插筋保护层厚度为 40 mm，插筋直径与 KZ-7 纵筋相同，为 10⏀25＋4⏀20 mm。

由于插筋保护层厚度 $<5d=5\times22=110$ mm；$h_j<l_{aE}=40\times22=880$ mm，故应选择构造（d）。

（1）10⏀25 插筋

$$\text{短插筋长度}=\text{弯折长度}+\text{基础内长度}+\text{非连接区长度}$$

$$\text{短插筋长度}=15\times25+900-40+\frac{3\ 570+750-440}{3}\approx2\ 528\ \text{mm}$$

简图如下所示：

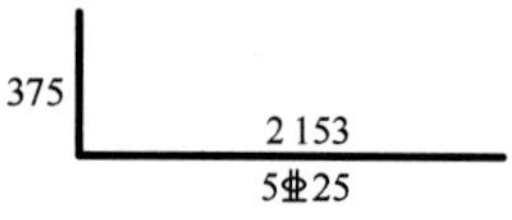

$$\text{长插筋长度}=\text{短插筋长度}+\text{接头错开距离}$$
$$=2\ 528+\max(35\times25,500)=2\ 528+875=3\ 403\ \text{mm}$$

简图如下所示：

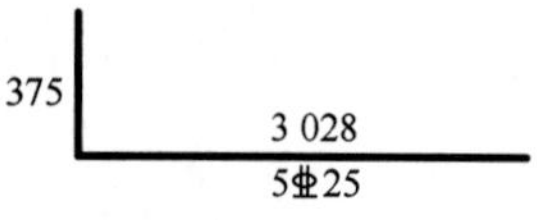

（2）8⏀20 插筋

$$\text{短插筋长度}=\text{弯折长度}+\text{基础内长度}+\text{非连接区长度}$$

$$短插筋长度 = 15 \times 20 + 900 - 40 + \frac{3\ 570 + 750 - 440}{3} \approx 2\ 453\ \text{mm}$$

简图如下所示：

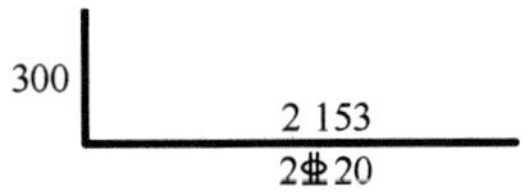

$$长插筋长度 = 短插筋长度 + 接头错开距离$$
$$= 2\ 453 + \max(35 \times 25, 500) = 2\ 453 + 875 = 3\ 328\ \text{mm}$$

简图如下所示：

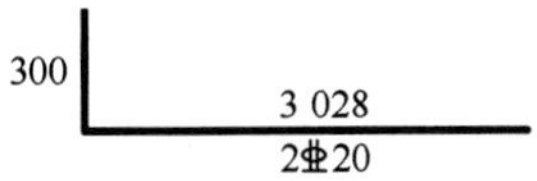

2. 首层纵筋计算

10Φ25 + 4Φ20 mm

$$长度 = 3\ 570 + 750 - \frac{3\ 570 + 750 - 440}{3} + \max\left(\frac{3\ 600 - 440}{6}, 700, 500\right) \approx 3\ 727\ \text{mm}$$

简图如下所示：

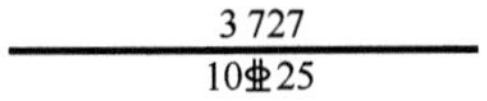

，
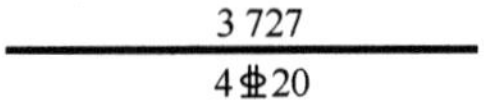

3. 二层纵筋计算

10Φ25 + 4Φ20 mm

$$长度 = 3\ 600 - \max\left(\frac{3\ 600 - 440}{6}, 700, 500\right) + \max\left(\frac{3\ 600 - 440}{6}, 700, 500\right) = 3\ 600\ \text{mm}$$

简图如下所示：

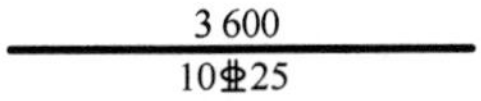

，
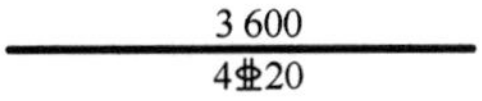

4. 三层纵筋计算

由图 3-28 KZ-7 配筋图可知，三层与四层相比，角筋 4Φ25 直径不变，b 边由 2Φ25 变为 1Φ25，h 边由 2Φ20 + 1Φ25 变为 2Φ20。h 边截面尺寸由 700 mm 变为 500 mm，变截面纵筋构造采用 22G101-1 第 2-16 页（$\Delta/h_b > 1/6$ 构造）。主筋变化采用 22G101-1 第 2-9 页图 3 构造。①号、②号、③号、④号在四层楼面处收头弯折 $12d$，b、h 边纵筋如图 3-29 和图 3-30 所示。

（1）①号钢筋

$$长度 = 3\ 600 - \max\left(\frac{3\ 600 - 440}{6}, 700, 500\right) + 12 \times 25 - 35 \times 25 = 2\ 325\ \text{mm}$$

简图如下所示：

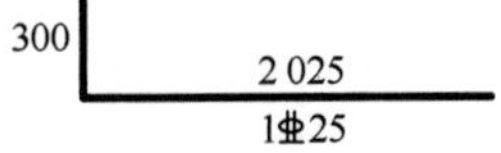

（2）②号钢筋

$$长度 = 3\ 600 - \max\left(\frac{3\ 600 - 440}{6}, 700, 500\right) + 12 \times 25 = 3\ 200\ \text{mm}$$

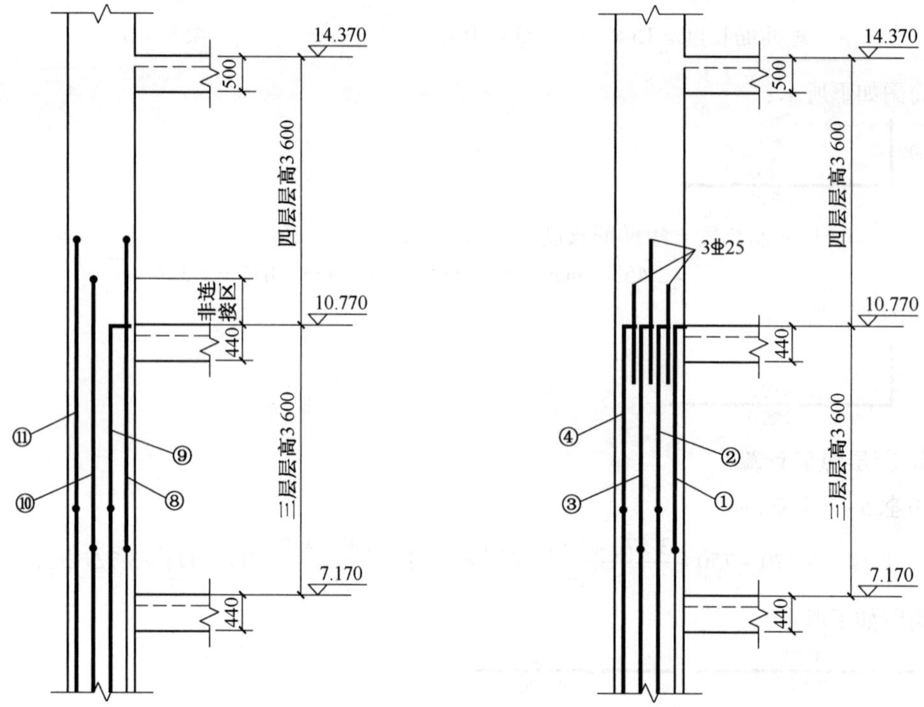

（a）*b*边⑧、⑨、⑩、⑪号纵筋　　（b）*b*边①、②、③、④号纵筋

图 3-29　*b* 边纵筋长度计算示意图

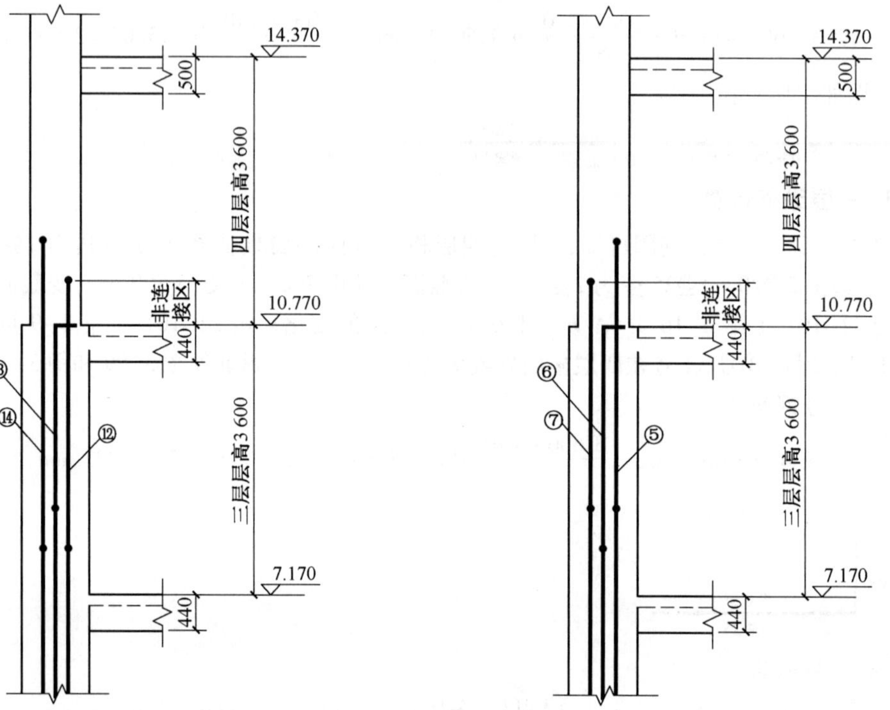

（a）*h*边⑫、⑬、⑭号纵筋　　（b）*b*边⑤、⑥、⑦号纵筋

图 3-30　*h* 边纵筋长度计算示意图

简图如下所示：

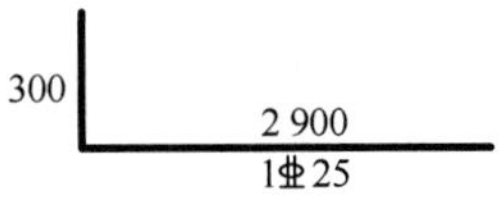

(3)③号钢筋

$$长度=3\ 600-\max\left(\frac{3\ 600-440}{6},700,500\right)+12\times25-35\times25=2\ 325\ \text{mm}$$

简图如下所示：

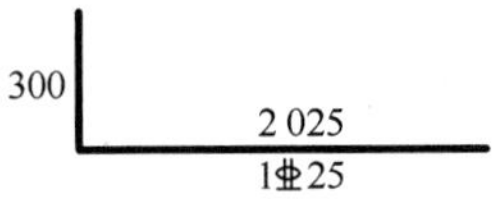

(4)②号钢筋

$$长度=3\ 600-\max\left(\frac{3\ 600-440}{6},700,500\right)+12\times25=3\ 200\ \text{mm}$$

简图如下所示：

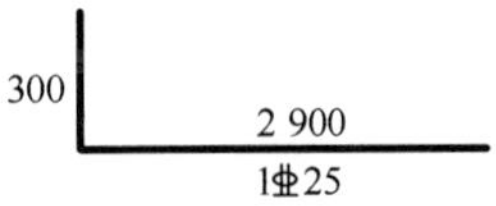

(5)⑤号钢筋

$$长度=3\ 600-\max\left(\frac{3\ 600-440}{6},700,500\right)+\max\left(\frac{3\ 600-500}{6},500,500\right)\approx3\ 417\ \text{mm}$$

简图如下所示：

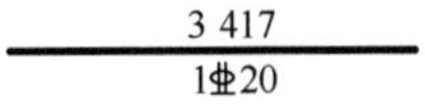

(6)⑥号钢筋

$$长度=3\ 600-\max\left(\frac{3\ 600-440}{6},700,500\right)+12\times25=3\ 200\ \text{mm}$$

简图如下所示：

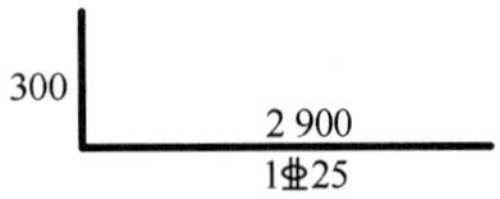

(7)⑦号钢筋

$$长度=3\ 600-\max\left(\frac{3\ 600-440}{6},700,500\right)+\max\left(\frac{3\ 600-500}{6},500,500\right)-35\times25\approx2\ 542\ \text{mm}$$

简图如下所示：

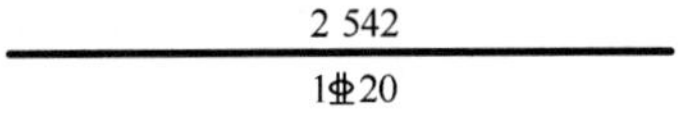

(8)⑧号钢筋

$$长度=3\ 600-\max\left(\frac{3\ 600-440}{6},700,500\right)+\max\left(\frac{3\ 600-500}{6},500,500\right)+35\times25\approx4\ 292\ \text{mm}$$

简图如下所示：

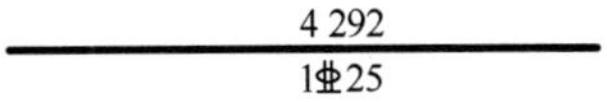

(9)⑨号钢筋

$$长度=3\ 600-\max\left(\frac{3\ 600-440}{6},700,500\right)+12\times25-35\times25=2\ 325\ \text{mm}$$

简图如下所示：

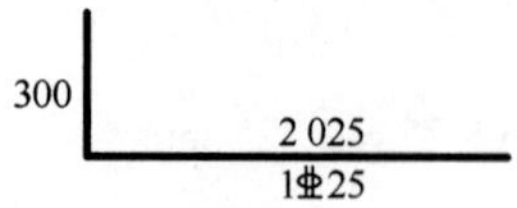

(10)⑩号钢筋

$$长度=3\ 600-\max\left(\frac{3\ 600-440}{6},700,500\right)+\max\left(\frac{3\ 600-500}{6},500,500\right)\approx3\ 417\ \text{mm}$$

简图如下所示：

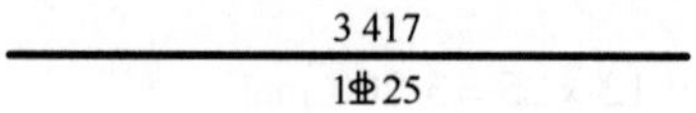

(11)⑪号钢筋

$$长度=3\ 600-\max\left(\frac{3\ 600-440}{6},700,500\right)+\max\left(\frac{3\ 600-500}{6},500,500\right)\approx3\ 417\ \text{mm}$$

简图如下所示：

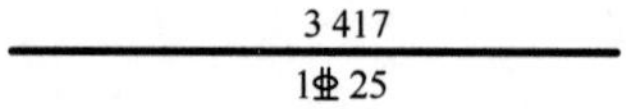

(12)⑫号钢筋

$$长度=3\ 600-\max\left(\frac{3\ 600-440}{6},700,500\right)+\max\left(\frac{3\ 600-500}{6},500,500\right)\approx3\ 417\ \text{mm}$$

简图如下所示：

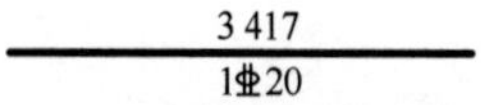

(13)⑬号钢筋

$$长度=3\ 600-\max\left(\frac{3\ 600-440}{6},700,500\right)+12\times25-35\times25=2\ 325\ \text{mm}$$

简图如下所示：

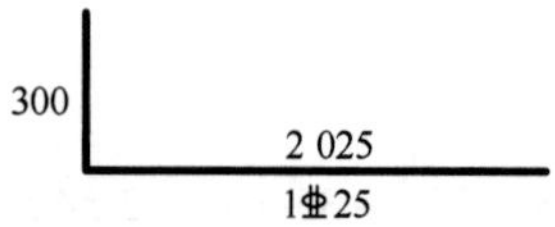

(14)⑭号钢筋

$$长度=3\ 600-\max\left(\frac{3\ 600-440}{6},700,500\right)+\max\left(\frac{3\ 600-500}{6},500,500\right)+35\times25\approx4\ 292\ \text{mm}$$

简图如下所示：

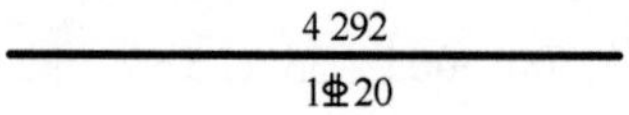

(15)2Φ25 短插筋

$$长度=1.2\times40\times25+\max\left(\frac{3\ 600-500}{6},500,500\right)=1\ 717\ \text{mm}$$

简图如下所示：

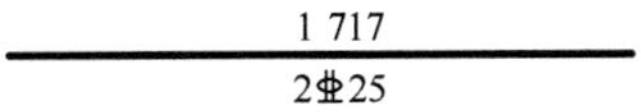

（16）1Φ25 长插筋

$$长度 = 1.2 \times 40 \times 25 + \max\left(\frac{3\ 600 - 500}{6}, 500, 500\right) + 35 \times 25 \approx 2\ 592\ \text{mm}$$

简图如下所示：

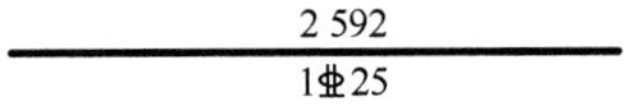

3.7　框架柱钢筋翻样（案例五）

以钢筋翻样实训室中框架柱为例，认真阅读柱结构施工图后，计算轴线③/ⒷKZ1 柱的钢筋长度。

抗震等级：二级；混凝土强度：C30；保护层厚度：25 mm；筏板基础厚度：600 mm；柱纵筋接头：电渣压力焊；柱纵筋强度等级：HRB400，箍筋强度等级：HPB300。

框架柱主筋直径≤25 mm，钢筋弯曲内径 $R = 4d$，弯曲角度 90°时的弯曲调整值为 2.93d；箍筋弯曲内径为 1.25 倍的箍筋直径且大于主筋直径/2，弯曲角度 90°时的弯曲调整值为 1.75d。

3.7.1　柱纵筋长度计算

1. 基础层插筋计算

轴线③/Ⓑ柱下的基础 600 mm 厚筏板，插筋构造依据 22G001-3 第 2-10 页。

插筋保护层厚度为 40 mm，插筋直径与 KZ1 纵筋相同，为 22 mm。

由于插筋保护层厚度 $< 5d = 5 \times 22 = 110$ mm；$h_j < l_{aE} = 40 \times 22 = 880$ mm，故应选择构造（四）。

$$短插筋长度 = 弯折长度 + 基础内长度 + 非连接区长度$$

$$短插筋长度 = 15 \times 22 + 600 - 40 + \frac{3\ 000 + 600 - 600}{3} = 1\ 890\ \text{mm}$$

简图如下所示：

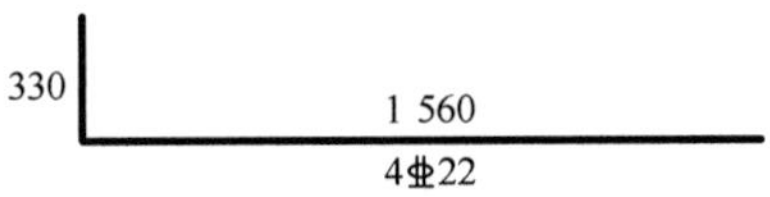

$$短插筋下料长度 = 1\ 890 - 2.93 \times 22 \approx 1\ 826\ \text{mm}$$

$$长插筋长度 = 1\ 890 + \max(500, 35 \times 22) = 2\ 660\ \text{mm}$$

简图如下所示：

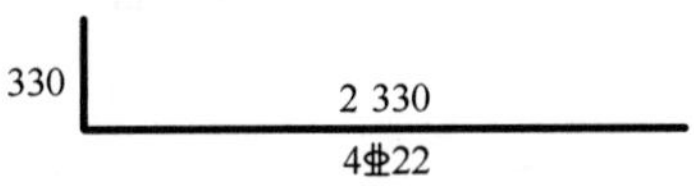

$$长插筋下料长度 = 2\ 660 - 2.93 \times 22 \approx 2\ 596\ \text{mm}$$

2. 一层纵筋计算

计算公式：长度 = 一层层高 - 一层非连接区长度 + 二层非连接区

$$=3\ 000+600-\frac{3\ 000+600-600}{3}+\max\left(\frac{3\ 000-400}{6},600,500\right)=3\ 200\ \text{mm}$$

简图如下所示：

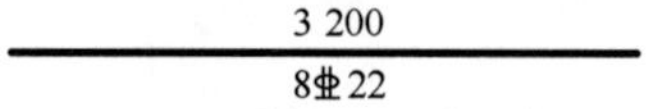

3. 顶层纵筋计算

该顶层柱 KZ1 按中柱设置纵筋。

4Φ22 为短纵筋：

短纵筋长度 = 顶层层高 − 顶层非连接区 − 梁高 + 锚固长度（梁高 − 保护层厚度 + 12d）− 接头错开距离

$$=3\ 000-\max\left(\frac{3\ 000-400}{6},600,500\right)-400+(400-30)+12\times 22-\max(35\times 22,500)$$

$$=1\ 864\ \text{mm}$$

简图如下所示：

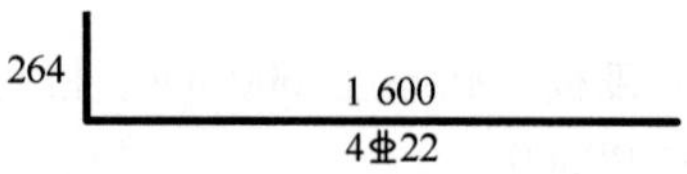

短纵筋下料长度：　　　　$1\ 864-2.93\times 22\approx 1\ 800\ \text{mm}$

4Φ22 为长纵筋：

$$长纵筋长度=3\ 000-\max\left(\frac{3\ 000-400}{6},600,500\right)-400+(400-30)+12\times 22=2\ 634\ \text{mm}$$

简图如下所示：

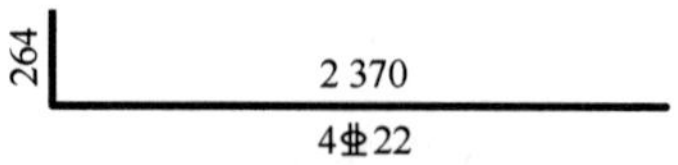

长纵筋下料长度：　　　　$2\ 634-2.93\times 22\approx 2\ 570\ \text{mm}$

3.7.2　柱箍筋计算

1. 基础层箍筋计算

基础层箍筋按照 22G101-3 第 2-10 页构造设置，间距≤500 mm，且不少于两道矩形封闭箍筋（非复合箍筋）。

$$根数=\frac{基础高度-保护层厚度}{间距}+1=\frac{600-40}{500}+1\approx 2，取 2 根$$

长度计算：

按外包尺寸计算：长度 $=2\times(b+h)-8\times c+2\times 1.9d+2\max(10d,75\ \text{mm})$

当 $10d>75$ mm 时，公式可简化为：

$$2\times(b+h)-8\times c+23.8d=2\times(600+600)-8\times 25+23.8\times 10=2\ 438\ \text{mm}$$

简图如下所示：

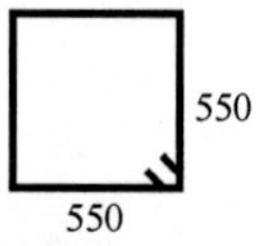

下料长度：　　　　$2\ 438-3\times 1.75\times 10\approx 2\ 386\ \text{mm}$

2. 一层柱箍筋计算

长度计算：　　长度 $=2\times(600+600)-8\times25+23.8\times10=2\ 438$ mm

下料长度：　　　　　$2\ 438-3\times1.75\times10\approx2\ 386$ mm

拉筋长度，按同时钩住主筋和箍筋计算：

$$长度=柱宽-2\times保护层厚度+2d+2\times1.9d+2\times\max(10d,75\ \text{mm})$$

当 $10d>75$ mm 时，公式可简化为：

$$柱宽-2\times保护层厚度+2d+23.8d=600-2\times25+2\times10+23.8\times10=808\ \text{mm}$$

简图如下所示：

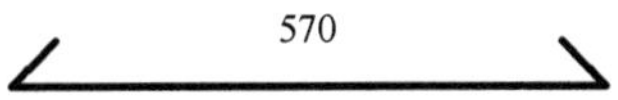

根数计算：

①加密区：

非连接区　$\max\left(\frac{3\ 600-600}{6},600,500\right)=600\ \text{mm},\frac{600-50}{100}+1=6.5$ 根，取 7 根

梁下部位　$\max\left(\frac{3\ 600-600}{6},600,500\right)=600\ \text{mm},\frac{600}{100}+1=7$ 根

梁高范围内　$\frac{600}{100}=6$ 根

②非加密区

$$根数=\frac{3\ 600-600-600-600}{200}-1=8\ 根$$

共 $7+7+6+8=28$ 根，取 28 根，则拉筋总数为 56 根。

3. 顶层柱箍筋计算

长度同第一层。

根数计算：

①加密区：

非连接区　$\max\left(\frac{3\ 000-600}{6},600,500\right)=600\ \text{mm},\frac{600-50}{100}+1=6.5$ 根

梁下部位　$\max\left(\frac{3\ 000-600}{6},600,500\right)=600\ \text{mm},\frac{600}{100}+1=7$ 根

梁高范围内　$\frac{400}{100}=4$ 根

②非加密区：

$$根数=\frac{3\ 000-600-600-600}{200}-1=5\ 根$$

共 $6.5+7+4+5=22.5$ 根，取 23 根，则拉筋总数为 46 根。

轴线③/Ⓑ框架柱 KZ1 钢筋见表 3-3。

表 3-3　钢筋翻样实训室框架柱 KZ1 钢筋明细表

工程名称:钢筋翻样实训室							
序号	级别直径	简图	单长/mm	总数/根	总长/m	总质/kg	备注
构件信息:0 层(基础层)\\柱\\KZ1_③~②/Ⓑ~ 个数:1,构件单质(kg):59.26,构件总质(kg):59.26							
1	Φ22	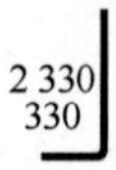 2 330 330	2 660	4	10.64	31.748	基础插筋
2	Φ22	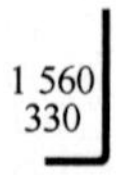 1 560 330	1 890	4	7.560	22.560	基础插筋
3	Φ10	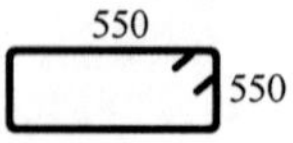 550 550	2 438	4	4.876	3.008	箍筋
4	Φ10	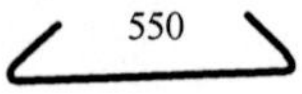 550	788	8	3.152	1.944	箍筋
构件信息:一层(首层)\\柱\\KZ1_③~②/Ⓑ~ 个数:1,构件单质(kg):150.672,构件总质(kg):150.672							
5	Φ22	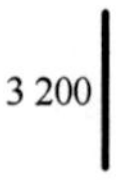 3 200	3 200	8	25.6	76.392	中间层主筋
6	Φ10	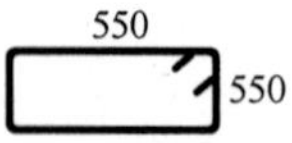 550 550	2 438	30	73.14	45.12	箍筋
7	Φ10	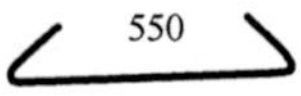 550	788	60	47.28	29.16	箍筋
构件信息:二层(顶层)\\柱\\KZ1_③~②/Ⓑ~ 个数:1,构件单质(kg):113.112,构件总质(kg):113.112							
8	Φ22	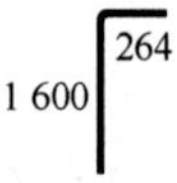 1 600 264	1 864	4	7.456	22.248	本层收头弯折
9	Φ22	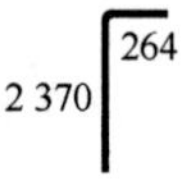 2 370 264	2 634	4	10.536	31.44	本层收头弯折
10	Φ10	 550 550	2 438	28	68.264	42.119	箍筋
11	Φ10	 550	788	48	37.824	23.328	箍筋

习　题

一、名词解释

1. 墙上柱　　2. 梁上柱　　3. 基础插筋

4. 非连接区　　5. 排架柱

二、简答题

1. 如何确定框架柱的箍筋加密区长度取值范围？
2. 框架柱纵筋的连接方式有哪几种？
3. 如何确定抗震框架柱纵筋的非连接区长度？
4. 钢筋直螺纹接头一级接头与二级接头有何区别？
5. 简述电渣压力焊的原理。
6. 简述电渣压力焊的适用范围、强度检验方法。
7. 钢筋闪光对焊、电渣压力焊等焊接接头适用于什么构件？如何取样复试？
8. 钢筋电渣压力焊施工注意事项有哪些？

三、填空题

1. 在柱平法施工图中，应按规定注明各结构层的楼面标高、结构层标高及相应的结构层号，尚应注明________。

2. 某柱箍筋为Φ10@100/200 表示箍筋采用钢筋等级为________，直径为________，加密区间距________ mm，非加密区间距为________ mm。

3. 在平法图集 16G101-1 中，抗震框架柱的纵筋接头位置应相互错开，在同一截面接头面积百分率不得大于________，两批焊接接头的距离不小于________，且不小于________。

4. 已知某框架抗震设防等级为三级，当框架柱截面高度为 700 mm，柱净高 H_n = 3 600 mm 时，柱在楼面梁底部位的箍筋加密区长度不小于________。

5. 在框架柱的平法图中，柱井字箍筋的肢数注写为 $m \times n$ 表示________。

6. 抗震 KZ 中柱柱顶纵向钢筋可以直锚时，钢筋需要________截断。

四、选择题

1. 某框架三层柱截面尺寸 300 mm×600 mm，柱净高 3.6 m，该柱在楼面处的箍筋加密区高度应为(　　)mm。

(A)400　　(B)500　　(C) 600　　(D)700

2. 上层柱和下层柱纵向钢筋根数相同，当上层柱配置的钢筋直径比下层柱钢筋直径粗时，柱的纵筋搭接区域应在(　　)。

(A)上层柱　　(B)柱和梁的相交处

(C)下层柱　　(D)不受限制

3. 抗震框架边柱顶部的外侧钢筋采用不少于 65%锚入顶层梁中的连接方式时，该 65%的钢筋自梁底起锚入顶层梁中的长度应不少于(　　)。

(A)$0.4l_{aE}$　　(B)l_{aE}　　(C)$1.5l_{aE}$　　(D)$2l_{aE}$

4. 下列关于柱平法施工图制图规则论述中错误的是(　　)。

(A)柱平法施工图系在柱平面布置图上采用列表注写方式或截面注写方式

(B)柱平法施工图中应按规定注明各结构层的楼面标高、结构层高及相应的结构层号

(C)注写各段柱的起止标高，自柱根部往上以变截面位置为界分段注写，截面未变但配筋改变处无须分界

(D)柱编号由类型代号和序号组成

5. 当纵向钢筋搭接接头面积百分率为50%时，纵向受拉钢筋的修正系数为(　　)。

(A)1.2　(B)1.4　(C) 1.6　(D)1.8

6. 抗震中柱顶层节点构造，当不能直锚时需要伸到节点顶后弯折，其弯折长度为(　　)。

(A)15d　(B)12d　(C)150　(D)250

7. 梁上起柱时，在梁内设几道箍筋(　　)。

(A)两道　(B)三道　(C)一道　(D)四道

8. 梁上起柱时，柱纵筋从梁顶向下插入梁内长度不得小于(　　)。

(A)1.6l_{aE}　(B)1.5l_{aE}　(C)1.2l_{aE}　(D)0.5l_{aE}

9. 当柱变截面需要设置插筋时，插筋应该从变截面处节点顶向下插入的长度为(　　)。

(A)1.6l_{aE}　(B)1.5l_{aE}　(C)1.2l_{aE}　(D)0.5l_{aE}

10. 上柱钢筋比下柱钢筋多时，上柱比下柱多出的钢筋如何构造(　　)。

(A)从楼面直接向下插1.5l_{aE}

(B)从楼面直接向下插1.6l_{aE}

(C)从楼面直接向下插1.2l_{aE}

(D)单独设置插筋，从楼面向下插1.2l_a，和上柱多出钢筋搭接

五、计算题

1. 某建筑地下一层，设计嵌固部位在地下室顶面，地下室层高5 m、一层层高4.8 m，地下室顶梁高800 mm、板厚度200 mm，一层梁高600 mm、板厚150 mm，地下室KZ1截面尺寸为800 mm×750 mm，一层KZ2截面尺寸d=750 mm，分别计算出两个KZ在基础顶面及一层底部箍筋加密区高度(要求有计算及分析过程)。

2. 图3-31为柱的平面布置图，各层号、楼面标高、层高见表3-4，KZ1配筋见图3-31，抗震等级为三级抗震，柱混凝土强度等级为C35，保护层厚度c=30 mm，基础的厚度为1.0 m，和柱相连的梁高为600 mm，基础的保护层厚度为40 mm。

请计算KZ1(角柱)0层、-1层、4层柱纵向钢筋，1层箍筋的长度与根数，要求有计算过程及钢筋明细表。

表3-4　楼层信息表

层号	楼面标高	层高 m	节点高
4	10.470	3.3	450
3	7.170	3.3	450
2	3.870	3.3	450
1	-0.030	3.9	450
-1	-3.630	3.6	450
0	-4.630	1.0	

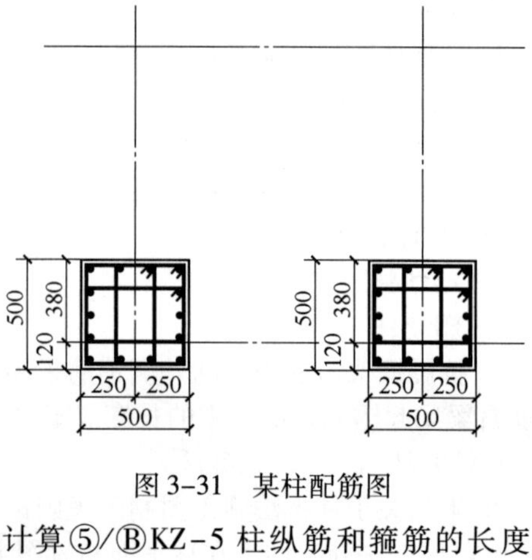

图3-31　某柱配筋图

3. 请阅读某中学致知楼一层、二层柱配筋图，计算⑤/ⒷKZ-5柱纵筋和箍筋的长度及根数。

第 4 章

板钢筋翻样与下料

素质目标：结合分布筋的构造做法和作用分析，引导学生建立自信，鼓励学生融入到集体，才能发挥最大的能量。

预期成效：培养学生干一行，爱一行，钻一行，发扬雷锋的螺丝钉精神。

阅读导入

钢筋混凝土板中的配筋按其作用可分为受力筋、分布筋和构造筋等。受力筋主要用来承受拉力。分布钢筋主要用来使作用在板面荷载能均匀地传递给受力钢筋；抵抗温度变化和混凝土收缩在垂直于板跨方向所产生的拉应力；同时还与受力钢筋绑扎在一起组合成骨架，防止受力钢筋在混凝土浇捣时的位移。构造钢筋主要是指板简支边的上部构造负筋；单向板的受力钢筋与梁平行时，沿梁方向布置的与梁垂直的上部构造负筋；控制板温度、收缩裂缝的构造钢筋。每种钢筋都能各司其职，发挥各自的作用，形成一个整体来满足板的功能需求。对于一个社会来说，各司其职，各尽其责，社会这台大机器才能正常运转。清洁工保证着社会的清洁卫生，法官保证着社会的公平正义，教师保证着社会的知识传播，军队保证着国家的安全。每个岗位都有每个岗位的重要性，只要我们用心劳动，各司其职，我们每个人都是最好的劳动者，我们要保证自己做最好的那颗螺丝钉。

文本

拓展材料

视频

单层配筋有梁楼盖钢筋翻样

4.1 板钢筋翻样的基本方法

4.1.1 板中钢筋量计算

板中要计算的钢筋量见表 4-1。

表 4-1 板中要计算的钢筋量

钢筋名称	钢筋位置	钢筋名称	钢筋位置
(1)受力筋	面筋	(4)温度筋	为防止在温度收缩应力作用下产生裂缝
	底筋		
(2)负筋	边支座负筋	(5)附加钢筋	角部放射筋
	中间支座负筋		洞口附加钢筋
(3)负筋分布筋	边支座分布筋	(6)措施钢筋	撑脚钢筋
	中间支座分布筋		板垫筋

4.1.2 板钢筋计算公式

1. 板底筋

图 4-1 为板底筋长度计算图。

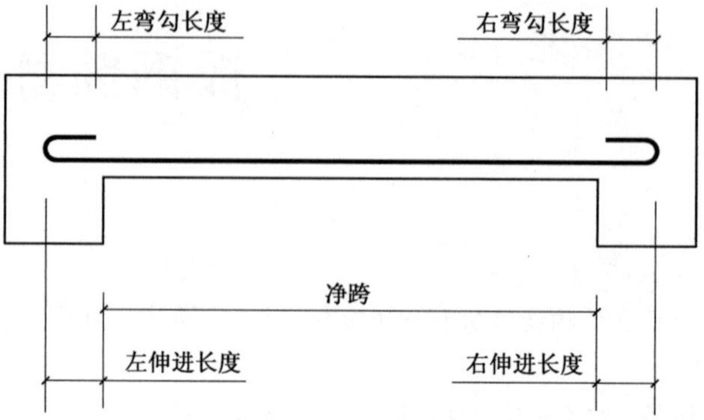

图 4-1　板底筋长度计算图

板底筋长度 = 净跨 + 伸进长度 ×2 + 6.25d ×2　（底筋为一级钢时，末端需设 180°弯钩）

板在端支座的锚固情况见 22G101-1 第 2-50 和 2-51 页，有四种情况，如图 4-2 所示。

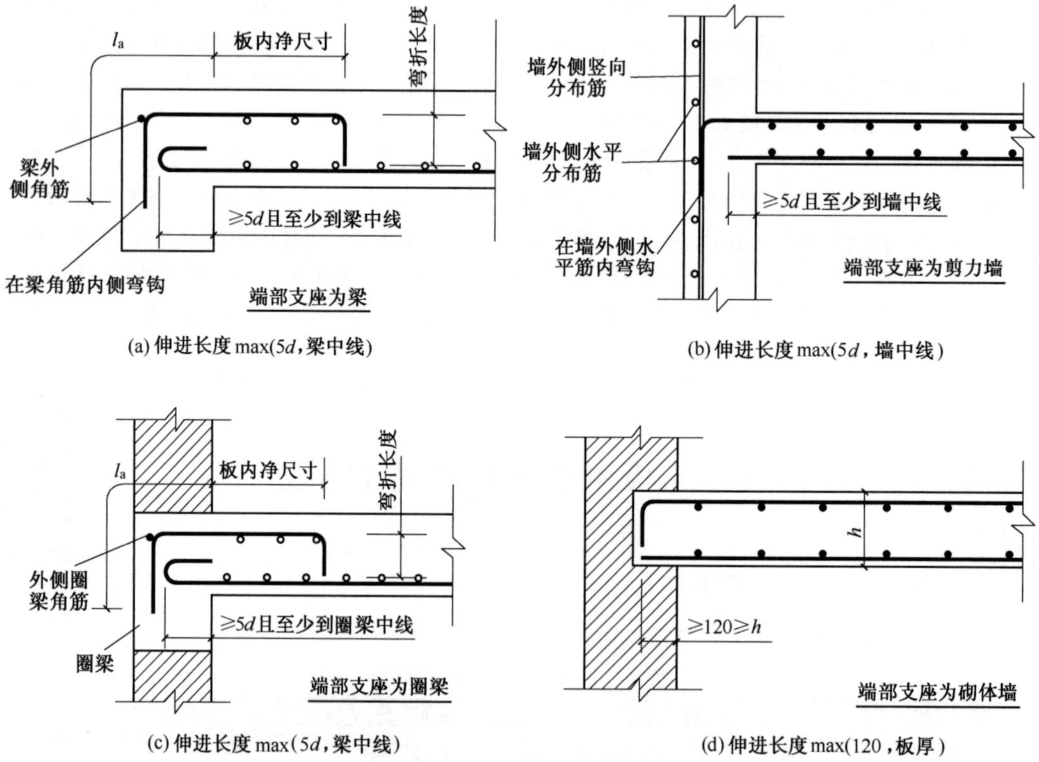

图 4-2　板在端支座的锚固构造

图 4-3 为板底钢筋根数计算图，第一根钢筋的起布距离通常有三种：

①第一根钢筋距梁或墙边 50 mm，布筋范围 = 净跨 - 50 ×2；

②第一根钢筋距梁或墙边一个保护层厚度，布筋范围 = 净跨 − 2 × 保护层厚度；

③第一根钢筋距梁角筋为 1/2 板筋间距。

布筋范围 = 净跨 − 保护层厚度 × 2 − 起布距离 × 2

$$根数 = \frac{布筋范围}{间距} + 1$$

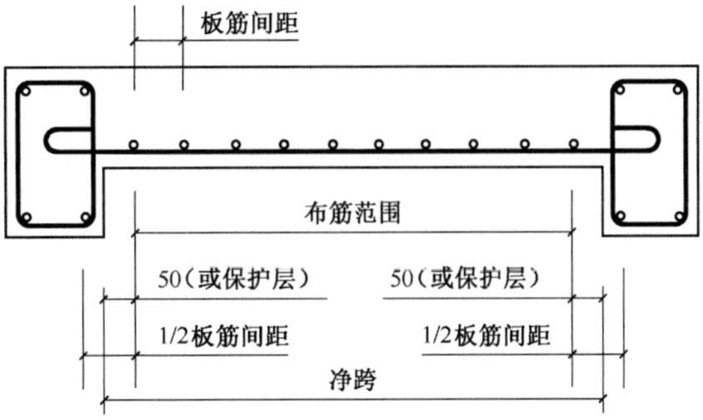

图 4-3　板底钢筋根数计算图

2. 板支座负筋（面筋）

（1）边支座负筋

图 4-4 为板负筋长度计算图，边支座负筋长度 = 锚入长度 + 板内净尺寸 + 弯折长度。

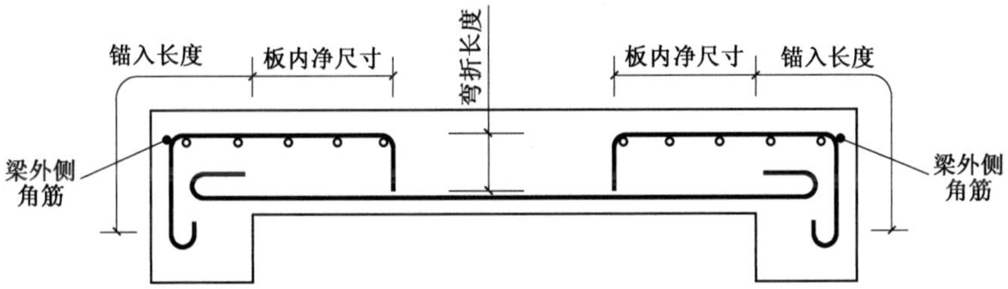

图 4-4　板负筋长度计算图

$$板负筋根数 = \frac{布筋范围}{间距} + 1$$

布筋范围如下：

①第一根钢筋距梁或墙边 50 mm；

②第一根钢筋距梁或墙边一个保护层厚度；

③第一根钢筋距梁角筋为 1/2 板筋间距。

（2）中间支座负筋计算

图 4-5 为中间支座负筋计算图，中间支座负筋长度 = 水平长度 + 左板内弯折长度 + 右板内弯折长度。

$$中间支座负筋根数 = \frac{布筋范围}{间距} + 1$$

布筋范围如下：

第一根钢筋距梁或墙边 50 mm；第一根钢筋距梁或墙边一个保护层厚度；第一根钢筋距梁角筋为 1/2 板筋间距。

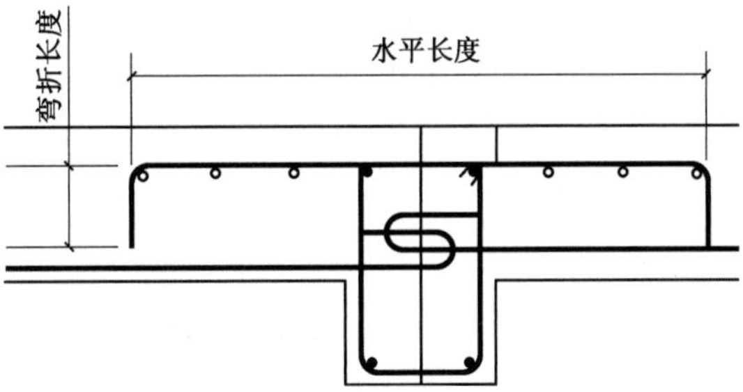

图 4-5　中间支座负筋计算图

3. 负筋分布筋

（1）边支座负筋分布筋

图 4-6 为板负筋分布钢筋长度计算图，长度计算有如下三种：

方式一：　　　　　　　　　分布筋和负筋搭接 150 mm

长度：　分布筋长度 = 轴线（净跨）长度 − 负筋标注长度 × 2 + 搭接长度 × 2 + 弯勾 × 2

方式二：　　　　　　　　分布筋长度＝轴线长度

方式三：　　　　　　分布筋长度＝按照负筋布置范围计算

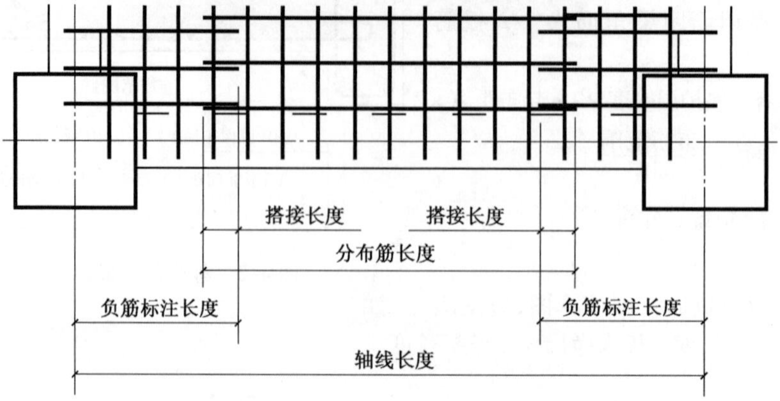

图 4-6　板负筋分布钢筋长度计算图

图 4-7 板负筋分布钢筋根数计算图，通常有两种计算方法：

方式一：　　　分布筋根数＝负筋板内净长/分布筋间距（向上取整）

方式二：　　分布筋根数＝负筋板内净长/分布筋间距＋1（向上取整）

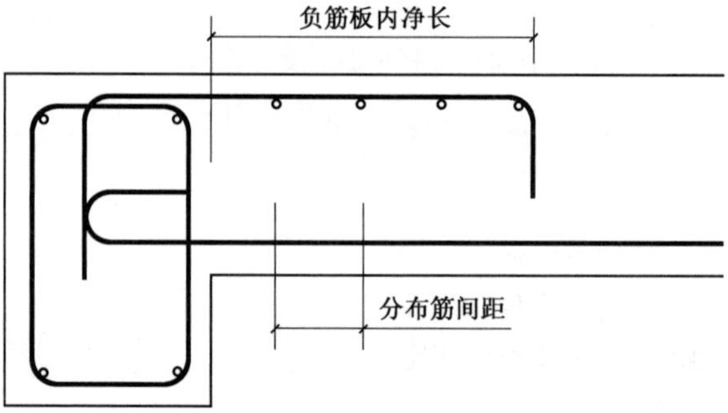

图 4-7　板负筋分布钢筋根数计算图

（2）中间支座负筋分布筋计算

图 4-8 为中间支座负筋分布筋根数计算图，长度和根数计算公式如下：

长度＝轴线（净跨）长度－负筋标注长度×2＋搭接长度×2＋弯勾×2

根数＝布筋范围 1/间距（向上取整）＋布筋范围 2/间距（向上取整）

根数＝布筋范围 1/间距（向上取整）＋布筋范围 2/间距（向上取整）＋1

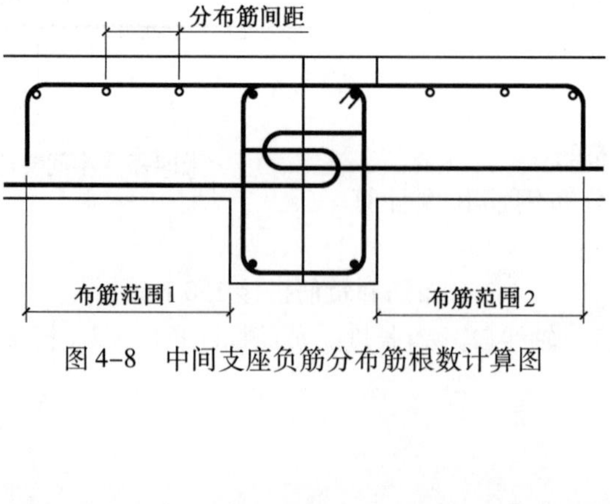

图 4-8　中间支座负筋分布筋根数计算图

4. 温度筋计算

(1)温度筋设置

在温度收缩应力较大的现浇板内,应在板的未配筋表面布置温度筋。

(2)温度筋的作用

抵抗温度变化在现浇板内引起的约束拉应力和混凝土收缩应力,有助于减少板内裂缝。结构在温度变化或混凝土收缩下的内力不一定是简单的拉力,而是压力、弯矩和剪力或复杂的组合应力。按照《混凝土结构设计规范》(GB 50010—2010)第 9.1.8 条:在温度、收缩应力较大的现浇板区域,应在板的表面双向配置防裂构造钢筋。配筋率均不宜小于 0.1%,间距不宜大于 200 mm,防裂构造钢筋可利用原有钢筋贯通布置,也可以另行设置钢筋并与原有钢筋按受拉钢筋的要求搭接或在周边构件中锚固。图 4-9 为温度筋长度计算图。

长度 = 轴线长度 - 负筋标注长度 ×2 + 搭接长度 ×2

根数 = (净跨长度 - 负筋标注长)/温度筋间距 - 1

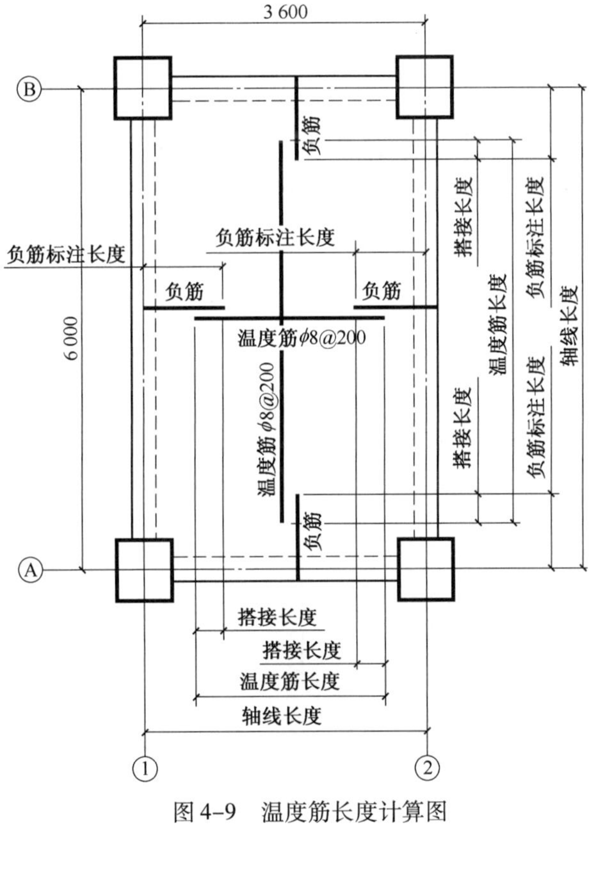

图 4-9　温度筋长度计算图

视 频

双层配筋有梁楼盖钢筋翻样

4.2　板钢筋翻样案例

4.2.1　楼面板钢筋翻样

阅读某钢筋翻样实训室施工图,其板钢筋示意图如图 4-10 所示。完成二层板中各种钢筋翻样。

板的环境描述如下：

抗震等级：非抗震；混凝土强度：C30；板中钢筋强度等级：HRB400；保护层厚度：15 mm；板中纵筋弯曲内径：2.5d，弯曲角度 90°时，弯曲调整值为 2.29d；锚固长度：35d。

说明：端支座负筋和中间支座负筋遇支座时，单边标注的长度为支座中心线。根据 22G101-1 第 2-50 页，端支座为梁时，设计按铰接时，端支座负筋锚固长度为≥0.35l_{ab}+15d；充分利用钢筋的抗拉强度，锚固长度为≥0.6l_{ab}+15d。本案例中，锚固长度取 max(0.6l_{ab}+15d，支座宽－保护层厚度+15d)，满足规范要求。底筋锚固长度为 max(5d，支座宽一半)，由于支座宽>5d，故锚固长度取支座宽的一半。

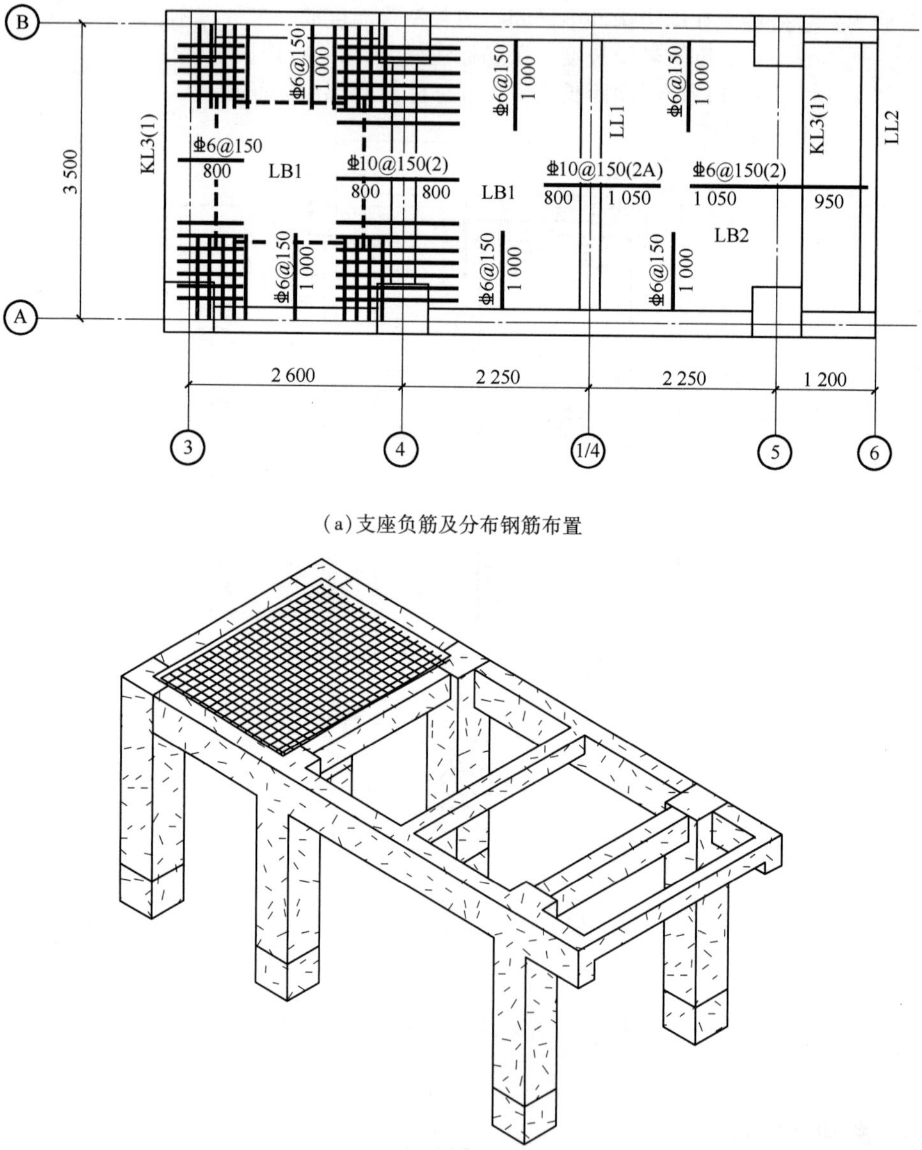

(a) 支座负筋及分布钢筋布置

(b) 板 LB1 底筋布置

图 4-10 板钢筋示意图

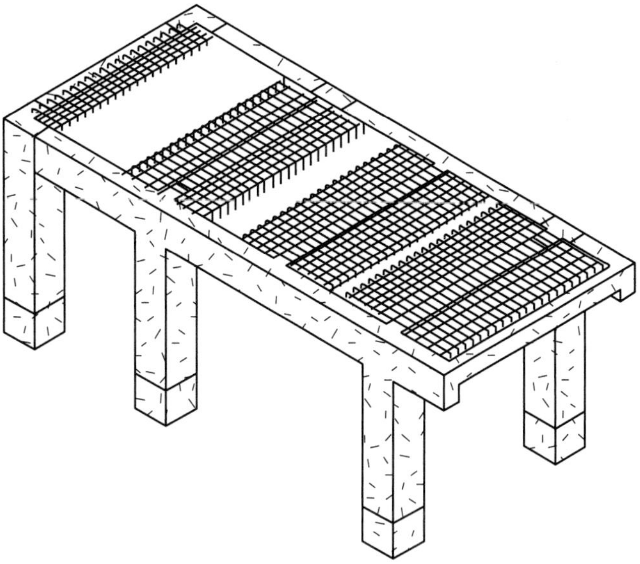

(c)顶层支座负筋布置(③～⑤轴)

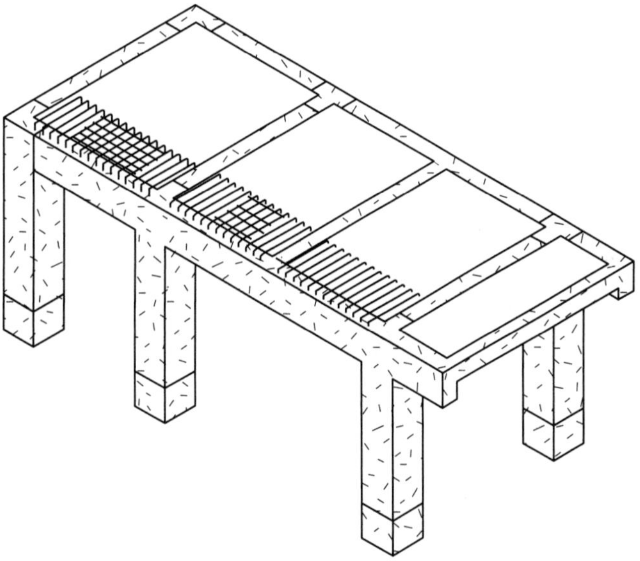

(d)顶层支座负筋布置(Ⓐ轴)

图 4-10　板钢筋示意图(续)

1. LB1

楼面板 LB1 位于轴线Ⓐ～Ⓑ/③～④,LB1 板中的钢筋翻样如下:

(1)底筋

X 和 Y 方向底筋计算示意图如图 4-11 和图 4-12 所示。

X 方向:　　　　长度 = 2 600 - 150 + 150 × 2 = 2 750 mm

$$根数 = \frac{3\,500 - 150 \times 2 - 50 \times 2}{150} + 1 = 21.67,\ 取 22 根$$

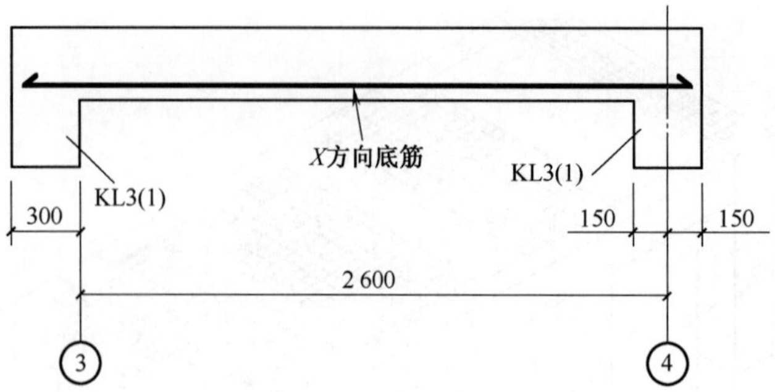

图 4-11　X 方向底筋

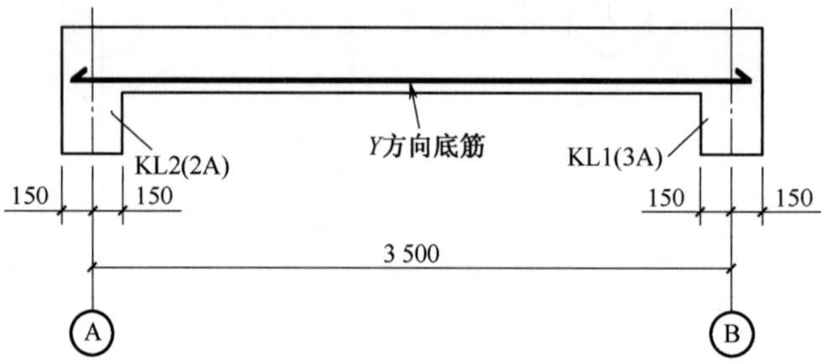

图 4-12　Y 方向底筋

简图如下所示：

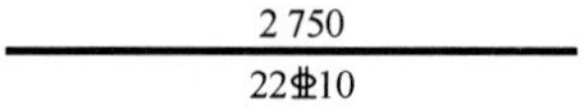

Y 方向：　　　　长度 = 3 500 − 150 × 2 + 150 × 2 = 3 500 mm

$$根数 = \frac{2\,600 - 150 - 50 \times 2}{150} + 1 = 16.67，取 17 根$$

简图如下所示：

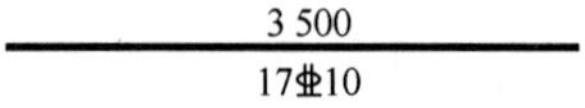

(2)端支座负筋

X 方向：轴线③/Ⓐ ~ Ⓑ有端支座负筋，其示意图如图 4-13 所示。

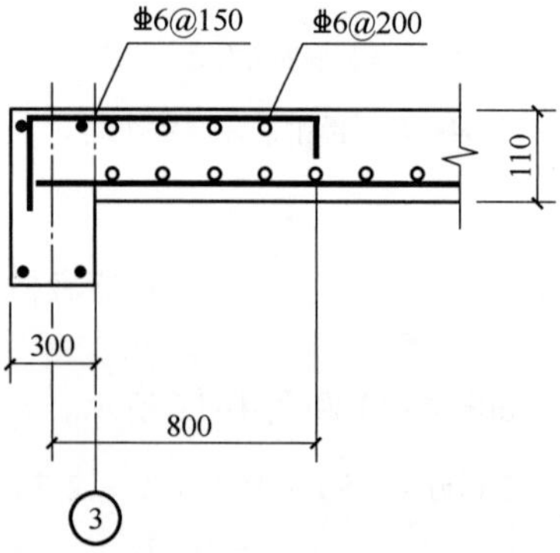

图 4-13　端支座负筋(轴线③/Ⓐ − Ⓑ)

长度 = 板内净尺寸 + 锚固长度 + 弯折长度

$= 800 - 150 + \max(0.6 \times 35 \times 6 + 15 \times 6, 300 - 15 + 15 \times 6) + 110 - 2 \times 15 = 1\ 105\ \text{mm}$

下料长度：　$1\ 105 - 2.29 \times 6 \times 2 \approx 1\ 078\ \text{mm}$

根数：　$\dfrac{3\ 500 - 150 \times 2 - 50 \times 2}{150} + 1 = 21.67$，取 22 根

简图如下所示：

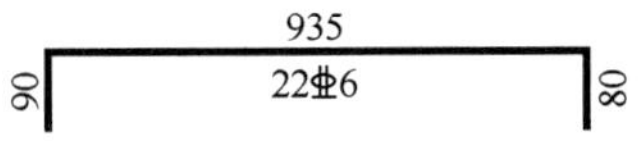

分布筋：　长度 $= 3\ 500 - 1\ 000 \times 2 + 150 \times 2 = 1\ 800\ \text{mm}$

根数：　$\dfrac{800 - 150 - 50}{200} + 1 = 4$ 根

简图如下所示：

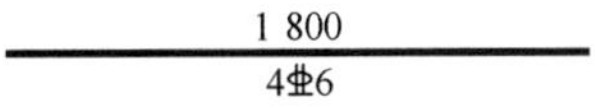

其中，分布筋布置如图 4-10 所示。

Y 方向：轴线Ⓑ/③～④和Ⓐ/③～④均有端支座负筋，其示意图如图 4-14 所示。

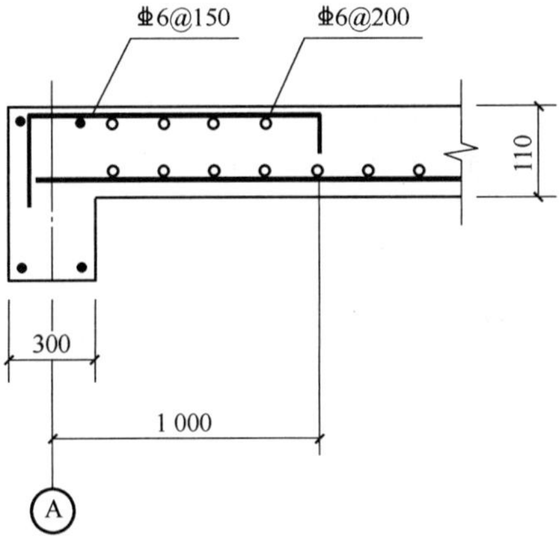

图 4-14　端支座负筋（轴线Ⓑ/③-④）

长度 = 板内净尺寸 + 锚固长度 + 弯折长度

$= 1\ 000 - 150 + \max(0.6 \times 35 \times 6 + 15 \times 6, 300 - 15 + 15 \times 6) + 110 - 2 \times 15$

$= 1\ 000 - 150 + \max(216, 375) + 110 - 2 \times 15$

$= 1\ 000 - 150 + 375 + 80 = 1\ 305\ \text{mm}$

下料长度：　$1\ 305 - 2.29 \times 6 \times 2 \approx 1\ 278\ \text{mm}$

根数：　$2 \times \left(\dfrac{2\ 600 - 150 - 50 \times 2}{150} + 1\right) = 2 \times 16.67 = 33.34$，取 34 根

简图如下所示：

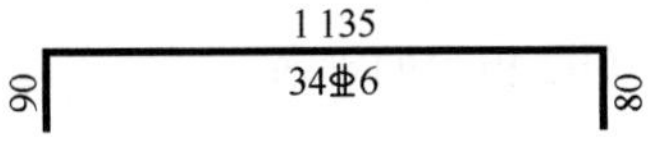

分布筋：　长度 $= 2\ 600 - (800 - 150) - 800 + 150 \times 2 = 1\ 450\ \text{mm}$

根数：　　$2\times\left(\frac{1\,000-150-50}{200}+1\right)=2\times5=10$ 根

简图如下所示：

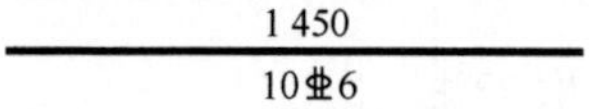

(3)中间支座负筋(位于轴线④轴/Ⓐ~Ⓑ)

中间支座负筋布置(轴线④/Ⓐ~Ⓑ)示意图如图 4-15 所示。

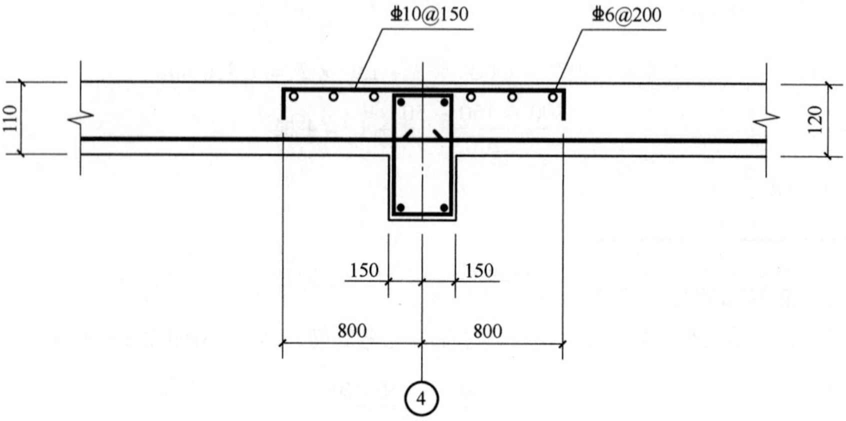

图 4-15　中间支座负筋(轴线④/Ⓐ~Ⓑ)

长度 = 水平长度 + 弯折长度 ×2 = 800 ×2 + 110 − 2 ×15 + 120 − 2 ×15 = 1 770 mm

根数：　　$\frac{3\,500-150\times2-50\times2}{150}+1=21.67$，取 22 根

下料长度为：　　$1\,770-2.29\times6\times2\approx1\,743$ mm

简图如下所示：

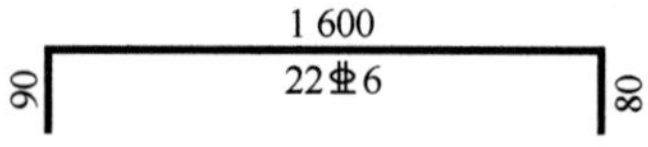

分布筋：　　长度 = 3 500 − 1 000 × 2 + 150 × 2 = 1 800 mm

根数：　　$2\times\left(\frac{800-150-50}{200}+1\right)=2\times4=8$ 根

简图如下所示：

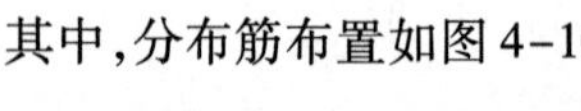

其中，分布筋布置如图 4-10 所示。

2. LB2

楼面板位于 LB2 轴线Ⓐ~轴线Ⓑ/轴线④−轴线⑭之间，LB2 板中的钢筋翻样如下：

(1)底筋

X 方向：　　长度 = 2 250 − 150 − 125 + 150 + 125 = 2 250 mm

$$根数 = \frac{3\ 500 - 150 \times 2 - 50 \times 2}{150} + 1 = 21.67，取 22 根$$

简图如下所示：

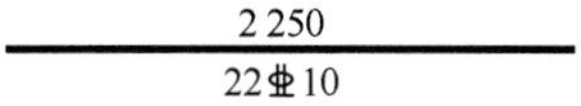

Y 方向：　　　　长度 = 3 500 − 150 × 2 + 150 × 2 = 3 500 mm

根数：$\frac{2\ 250 - 150 - 125 - 50 \times 2}{150} + 1 = 13.5$，取 14 根

简图如下所示：

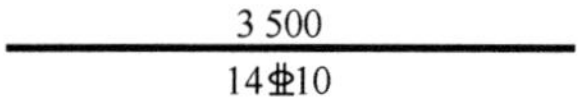

(2)端支座负筋

Y 方向：轴线Ⓑ/④ ~ (1/4)和Ⓐ/④ ~ (1/4)均有端支座负筋。

长度 = 板内净尺寸 + 锚固长度 + 弯折长度

$= 1\ 000 - 150 + \max(0.6 \times 35 \times 6 + 15 \times 6, 300 - 15 + 15 \times 6) + 120 - 2 \times 15 = 1\ 315$ mm

下料长度：　　　　$1\ 315 - 2.29 \times 6 \times 2 \approx 1\ 288$ mm

$$根数 = \frac{2\ 250 - 150 - 125 - 50 \times 2}{150} + 1 = 13.5，取 14 根，共 28 根$$

简图如下所示：

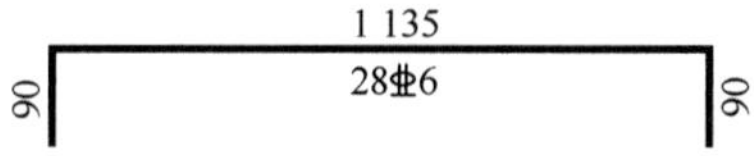

分布筋：　　　　长度 = 2 250 − 800 − 800 + 150 × 2 = 950 mm

根数：　　　　$2 \times \left(\frac{1\ 000 - 150 - 50}{200} + 1\right) = 2 \times 5 = 10$ 根

简图如下所示：

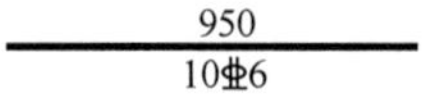

(3)中间支座负筋(位于轴线Ⓑ/④ ~ (1/4))

中间支座负筋(轴线Ⓑ/④ ~ (1/4))示意图如图 4–16 所示。

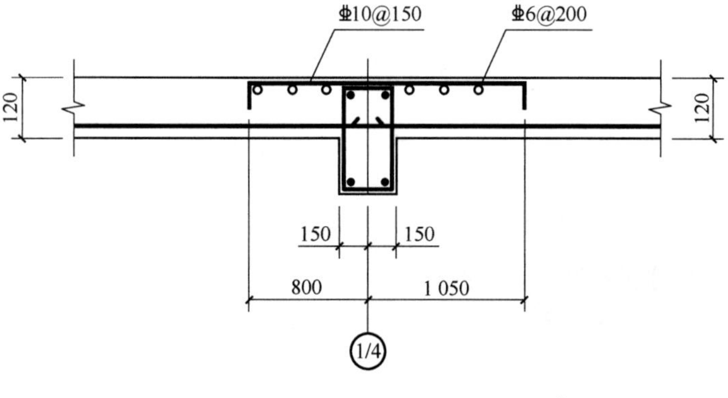

图 4–16　中间支座负筋(轴线Ⓑ/④ ~ (1/4))

$$长度=水平长度+左弯折长度+右弯折长度$$
$$=800+1\,050+120-2\times15+120-2\times15=2\,030\ \text{mm}$$

根数：$\dfrac{3\,500-150\times2-50\times2}{150}+1=21.67$，取 22 根

下料长度：$2\,030-2.29\times6\times2=2\,003\ \text{mm}$

简图如下所示：

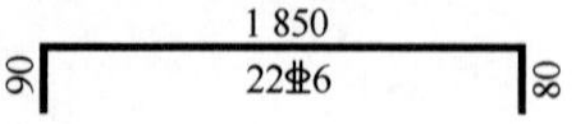

分布筋：长度 $=3\,500-1\,000\times2+150\times2=1\,800\ \text{mm}$

根数：
$$左侧=\frac{800-125-50}{200}+1=4.13，取 5 根$$
$$右侧=\frac{1\,050-125-50}{200}+1=5.38，取 6 根$$

简图如下所示：

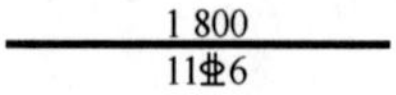

3. LB3

楼面板位于 LB3 轴线Ⓐ～轴线(1/4)～轴线⑤之间，LB3 板中的钢筋翻样如下：

（1）底筋

同 LB2。

（2）端支座负筋

Y 方向：轴线Ⓑ/③～④和Ⓐ/③～④均有端支座负筋，同 LB2。

（3）中间支座负筋（位于轴线⑤/Ⓐ～Ⓑ）

中间支座负筋（轴线⑤/Ⓐ～Ⓑ）示意图如图 4-17 所示。

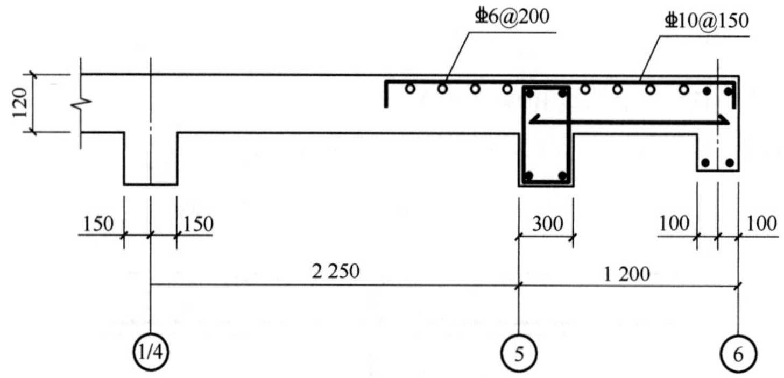

图 4-17　跨板负筋（轴线⑤/Ⓐ～Ⓑ）

$$长度=水平长度+左弯折长度+右弯折长度$$
$$=1\,050+950-100+(120-2\times15)+\max(0.6\times35\times6+15\times6,200-15+15\times6)$$
$$=2\,265\ \text{mm}$$

根数：$\dfrac{3\,500-150\times2-50\times2}{150}+1=21.67$，取 22 根

简图如下所示：

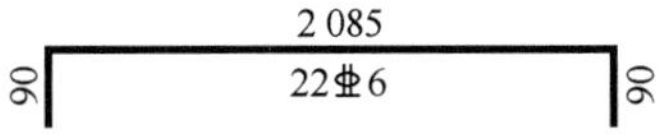

下料长度：$2\ 265 - 2.29 \times 6 \times 2 = 2\ 238$ mm

分布筋：　左侧长度 $= 3\ 500 - 1\ 000 \times 2 + 150 \times 2 = 1\ 800$ mm

右侧长度：Y 方向分布筋长度取Ⓐ～Ⓑ轴线长，即 3 500 mm。

根数：

$$左侧 = \frac{1\ 050 - 150 - 50}{200} + 1 = 5.25，取 6 根$$

简图如下所示：

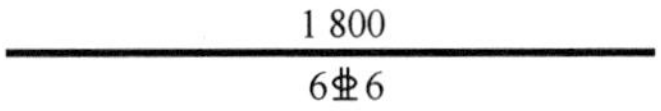

$$右侧 = \frac{1\ 200 - 300 - 200 - 50}{200} + 1 = 4.25，取 5 根$$

简图如下所示：

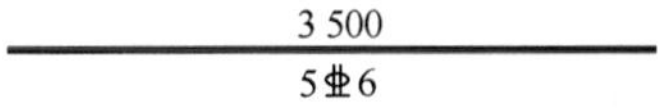

4. 悬挑板

位于轴线Ⓐ～Ⓑ/轴线⑤～⑥之间，悬挑板中的钢筋翻样如下：

底筋

X 方向：　长度 $= 1\ 200 - 300 - 200 + 150 + 100 = 950$ mm

$$根数 = \frac{3\ 500 - 150 \times 2 - 50 \times 2}{150} + 1 = 21.67，取 22 根$$

简图如下所示：

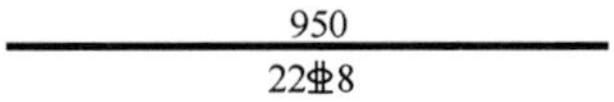

Y 方向：　长度 $= 3\ 500 - 150 \times 2 + 150 \times 2 = 3\ 500$ mm

$$根数 = \frac{1\ 200 - 300 - 200 - 50 \times 2}{150} + 1 = 5 根$$

简图如下所示：

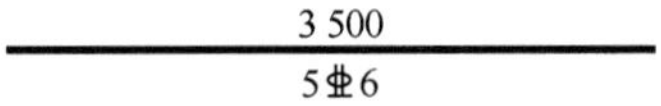

钢筋翻样实训室二层板钢筋明细表见表 4-2。

表 4-2　钢筋翻样实训室框楼面板钢筋明细表

工程名称：钢筋翻样实训室							
序号	级别直径	简图	单长/mm	总数/根	总长/m	总质/kg	备注
构件信息：一层（首层）\\板筋\\XC10@150_④～/Ⓐ～Ⓑ 个数：1，构件单质（kg）：7.235，构件总质（kg）：7.235							
1	Φ10	2 750	2 750	22	60.5	37.334	LB1 板 X 方向底筋
2	Φ10	3 500	3 500	17	59.5	36.72	LB1 板 Y 方向底筋

续表

工程名称:钢筋翻样实训室							
序号	级别直径	简图	单长/mm	总数/根	总长/m	总质/kg	备注
构件信息:一层(首层)\\板筋\\C6@150_③~②/Ⓐ~Ⓑ 个数:1,构件单质(kg):7.235,构件总质(kg):7.235							
3	Φ6	90 ┌ 935 ┐ 80	1 105	23	25.415	5.635	LB1 板 *Y* 方向负筋
4	Φ6	1 800	1 800	4	7.2	1.6	分布筋 @200
构件信息:一层(首层)\\板筋\\C6@150_Ⓐ~Ⓑ/④ 个数:1,构件单质(kg):11.846,构件总质(kg):11.846							
5	Φ6	90 ┌ 1 600 ┐ 80	1 770	22	38.94	8.646	4 轴 *Y* 方向负筋 @150
6	Φ6	1 800	1 800	4	7.2	1.6	分布筋 @200
7	Φ6	1 800	1 800	4	7.2	1.6	4 轴 *Y* 方向负筋 @150
构件信息:一层(首层)\\板筋\\C6@150_③~④/Ⓑ(③~④/Ⓐ) 个数:2,构件单质(kg):6.54,构件总质(kg):13.08							
8	Φ6	90 ┌ 1 135 ┐ 80	1 305	34	44.37	9.86	负筋 @150
9	Φ6	1 450	1 450	10	14.5	3.22	分布筋 @200
构件信息:一层(首层)\\板筋\\YC10@150_④~(1/4)/Ⓐ~Ⓑ(LB2 板) 个数:1,构件单质(kg):30.536,构件总质(kg):30.536(*X* 方向) 个数:1,构件单质(kg):30.24,构件总质(kg):30.24(*Y* 方向)							
10	Φ10	2 250	2 250	22	49.5	30.536	LB2 板 *X* 方向底筋
11	Φ10	3 500	3 500	14	49	30.24	LB2 板 *Y* 方向底筋
构件信息:一层(首层)\\板筋\\C6@150_④~/Ⓐ、一层(首层)\\板筋\\C6@150_④~/Ⓑ 个数:2,构件单质(kg):5.143,构件总质(kg):10.286							
12	Φ6	90 ┌ 1 135 ┐ 90	1 315	28	36.82	8.176	受力筋 @150
13	Φ6	950	950	10	9.5	2.11	分布筋 @200
构件信息:一层(首层)\\板筋\\C6@150_Ⓐ~Ⓑ/(1/4)(位于④轴~⑤轴之间的中间支座负筋) 个数:1,构件单质(kg):14.322,构件总质(kg):14.322							
14	Φ6	90 ┌ 1 850 ┐ 90	2 030	22	44.66	9.922	受力筋 @150
15	Φ6	1 800	1 800	6	10.8	2.4	分布筋 @200
16	Φ6	1 800	1 800	5	9	2	分布筋 @200

续表

工程名称:钢筋翻样实训室							
序号	级别直径	简图	单长/mm	总数/根	总长/m	总质/kg	备注
构件信息:一层(首层)\\板筋\\XC10@150_⑤~⑭/Ⓐ~Ⓑ 个数:1,构件单质(kg):32.582,构件总质(kg):32.582(*X* 方向) 个数:1,构件单质(kg):30.24,构件总质(kg):30.24(*Y* 方向)							
17	⌀10	2 400	2 400	22	52.8	32.582	LB3 板 *X* 方向底筋
18	⌀10	3 500	3 500	14	49	30.24	LB3 板 *X* 方向底筋
构件信息:一层(首层)\\板筋\\C6@150_⑤~⑭/Ⓐ、构件信息:一层(首层)\\板筋\\C6@150_⑤~⑭/Ⓑ 个数:2,构件单质(kg):4.88,构件总质(kg):9.76							
19	⌀6	90 1 135 90	1 315	30	39.45	8.76	受力筋@150
20	⌀6	450	450	10	4.5	1	分布筋@200
构件信息:一层(首层)\\板筋\\C6@150_Ⓐ~Ⓑ/⑥ 个数:1,构件单质(kg):17.351,构件总质(kg):17.351							
21	⌀6	90 2 085 90	2 265	22	49.83	11.066	受力筋@150
22	⌀6	3 500	3 500	5	17.5	3.885	分布筋@200
23	⌀6	1 800	1 800	6	10.8	2.4	分布筋@200
构件信息:一层(首层)\\板筋\\YC8@150_⑤~⑥/Ⓐ~Ⓑ(悬挑板 LB1) 个数:1,构件单质(kg):8.25,构件总质(kg):8.25(*X* 方向) 个数:1,构件单质(kg):6.915,构件总质(kg):6.915(*Y* 方向)							
24	⌀8	950	950	22	20.9	8.25	(悬挑板 LB1) *X* 方向底筋
25	⌀8	3 500	3 500	5	17.5	6.915	(悬挑板 LB1) *Y* 方向底筋

注:表中数据来源于鲁班钢筋 2019V31 版的计算结果,与手工计算结果略有偏差。

4.2.2　屋面板钢筋翻样

阅读某中学致知楼结构施工图,完成板(①~②轴/Ⓑ~Ⓒ轴)中各种钢筋翻样。图 4-18 所示为屋面板顶层支座负筋布置。

板的环境描述如下:

抗震等级:非抗震;混凝土强度:C30;板中钢筋强度等级:HRB400;保护层厚度:15 mm;锚固长度:35*d*。

说明：端支座负筋和中间支座负筋遇支座时，单边标注的长度为支座中心线。根据22G101-1第2-50页，端支座为梁时，设计按铰接时，端支座负筋锚固长度为$\geq 0.35l_{ab}+15d$；充分利用钢筋的抗拉强度，锚固长度为$\geq 0.6l_{ab}+15d$。锚固长度取max($0.6l_{ab}+15d$，支座宽 - 保护层厚度 + $15d$)，满足规范要求。底筋锚固长度为max($5d$，支座宽的一半)。

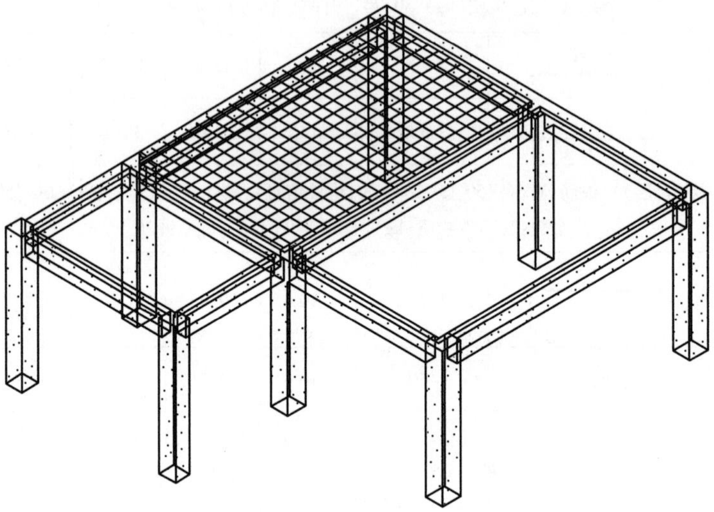

(a) 屋面板底筋布置

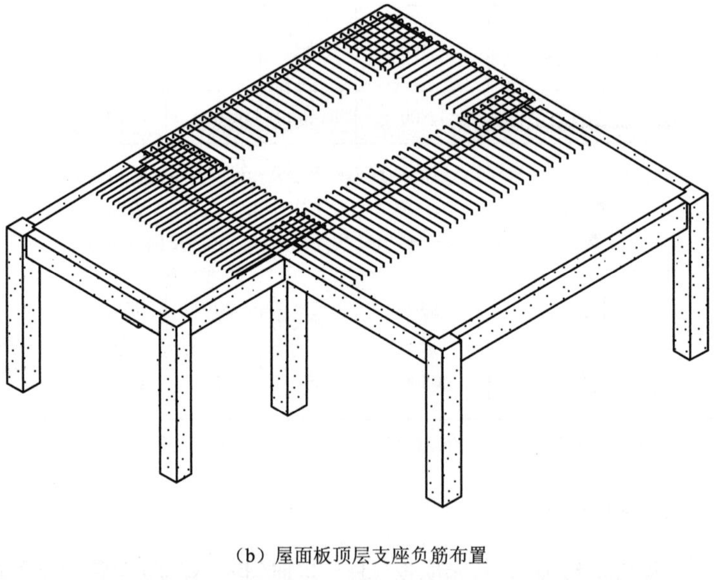

(b) 屋面板顶层支座负筋布置

图4-18　屋面板配筋示意图

1. 底筋

(1) X方向

X向底筋布置图如图4-19所示。

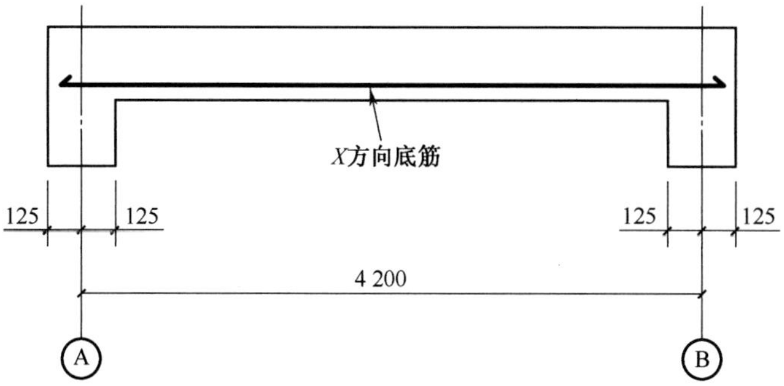

图 4-19　X 向底筋

$$长度 = 4\,200 - 125 \times 2 + \max(5 \times 10, 125) \times 2 = 4\,200\ \text{mm}$$

$$根数 = \frac{7\,000 - 125 \times 2 - 50 \times 2}{150} + 1 = 45.33，取 46 根$$

简图如下所示：

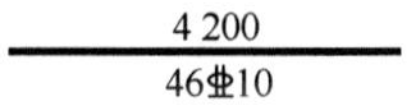

(2) Y 方向

Y 向底筋布置图如图 4-20 所示。

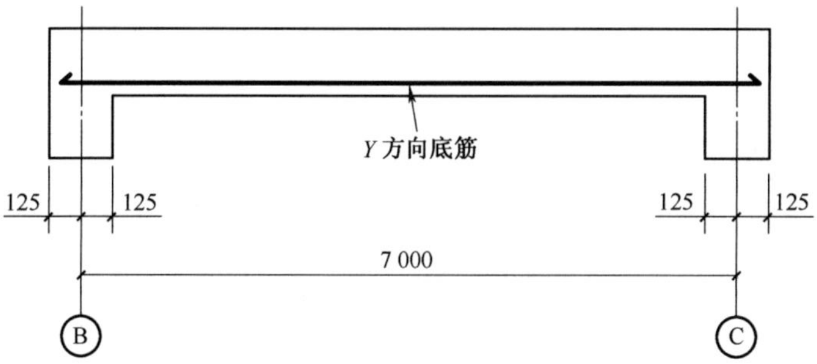

图 4-20　Y 向底筋

$$长度 = 7\,000 - 125 \times 2 + \max(5 \times 8, 125) \times 2 = 7\,000\ \text{mm}$$

$$根数 = \frac{4\,200 - 125 \times 2 - 50 \times 2}{125} + 1 = 31.8，取 32 根$$

简图如下所示：

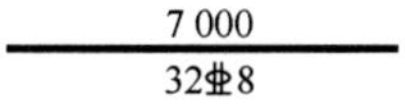

2. 支座负筋

(1) ①/Ⓑ ~ Ⓒ轴

轴线①/Ⓑ ~ Ⓒ支座负筋如图 4-21 所示。

$$\begin{aligned}长度 &= \max(0.6 \times 35 \times 8 + 15 \times 8, 250 - 15 + 15 \times 8) + 1\,280 - 125 + 130 - 15 \times 2 \\ &= \max(288, 355) + 1\,280 - 125 + 130 - 15 \times 2 \\ &= 355 + 1\,280 - 125 + 130 - 15 \times 2 \\ &= 1\,610\ \text{mm}\end{aligned}$$

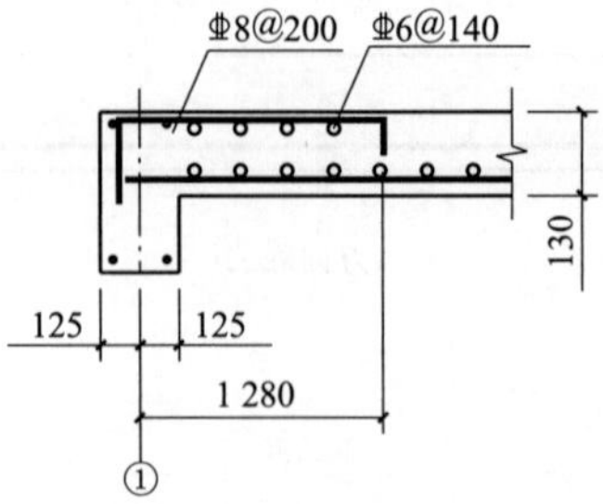

图 4-21　支座负筋(轴线①/Ⓑ ~ Ⓒ)

$$根数 = \frac{7\,000 - 125 \times 2 - 50 \times 2}{200} + 1 = 34.25，取 35 根$$

简图如下所示：

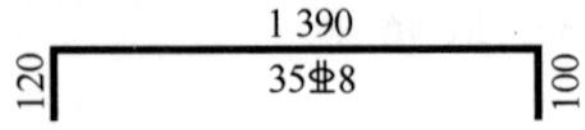

分布筋：

$$长度 = 7\,000 - 1\,280 - 1\,180 + 150 \times 2 = 4\,840 \text{ mm}$$

$$根数 = \frac{1\,280 - 125 - 50}{140} + 1 \approx 8.89，取 9 根$$

简图如下所示：

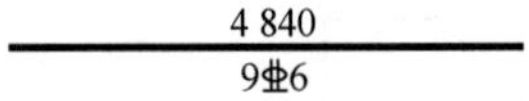

(2)②/Ⓑ ~ Ⓒ轴

轴线②/Ⓑ ~ Ⓒ支座负筋如图 4-22 所示。

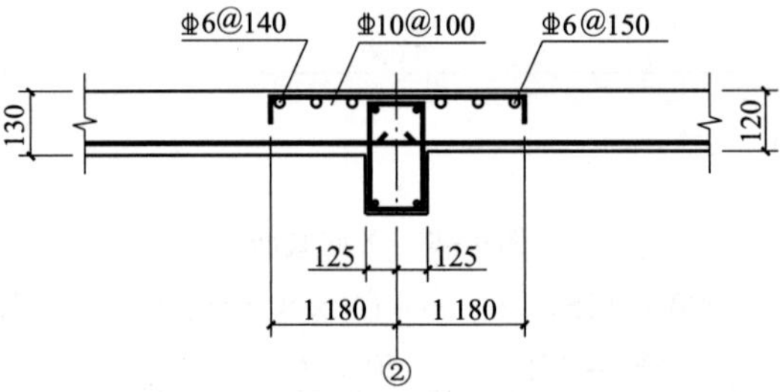

图 4-22　支座负筋(轴线②/Ⓑ ~ Ⓒ)

$$长度 = 1\,180 \times 2 + 130 - 15 \times 2 + 120 - 15 \times 2 = 2\,550 \text{ mm}$$

$$根数 = \frac{7\,000 - 125 \times 2 - 50 \times 2}{100} + 1 = 67.5，取 68 根$$

简图如下所示：

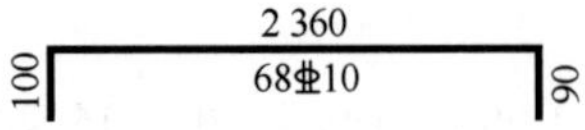

分布筋：

$$长度 = 7\,000 - 1\,280 - 1\,180 + 150 \times 2 = 4\,840 \text{ mm}$$

根数：　　　　　左侧 $= \dfrac{1\ 180 - 125 - 50}{140} + 1 \approx 8.18$，取 9 根

简图如下所示：

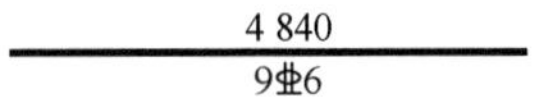

右侧 $= \dfrac{1\ 180 - 125 - 50}{150} + 1 = 7.7$，取 8 根

简图如下所示：

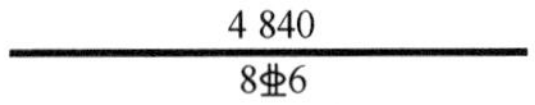

(3)Ⓑ/①～②轴

轴线Ⓑ/①～②支座负筋如图 4-23 所示。

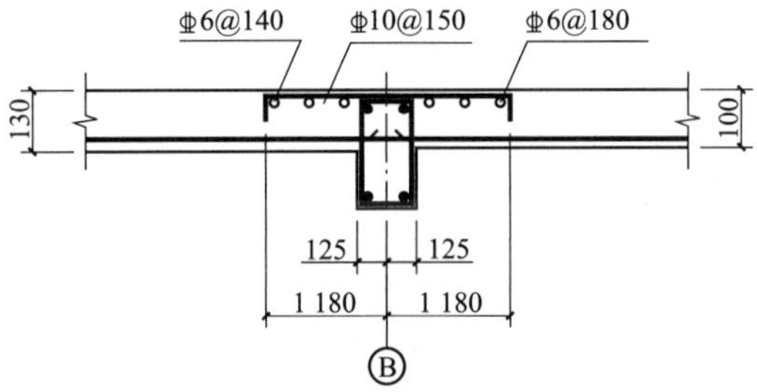

图 4-23　支座负筋(轴线Ⓑ/①～②)

$$长度 = 1\ 180 \times 2 + 130 - 15 \times 2 + 100 - 15 \times 2 = 2\ 530\ \text{mm}$$

$$根数 = \frac{4\ 200 - 125 \times 2 - 50 \times 2}{150} + 1 \approx 26.67，取 27 根$$

简图如下所示：

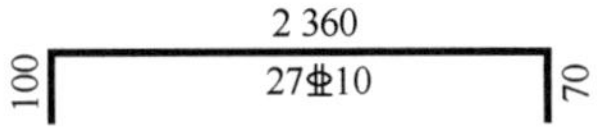

分布筋：

$$上端长度 = 4\ 200 - 1\ 280 - 1\ 180 + 150 \times 2 = 2\ 040\ \text{mm}$$

$$上端根数 = \frac{1\ 180 - 125 - 50}{140} + 1 \approx 8.18，取 9 根$$

简图如下所示：

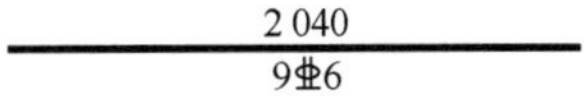

$$下端长度 = 4\ 200 - 980 - 880 + 150 \times 2 = 2\ 640\ \text{mm}$$

$$下端根数 = \frac{1\ 180 - 125 - 50}{180} + 1 \approx 6.58，取 7 根$$

简图如下所示：

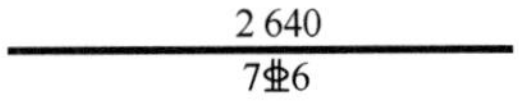

(4)Ⓒ/①～②轴

轴线Ⓒ/①～②支座负筋如图 4-24 所示。

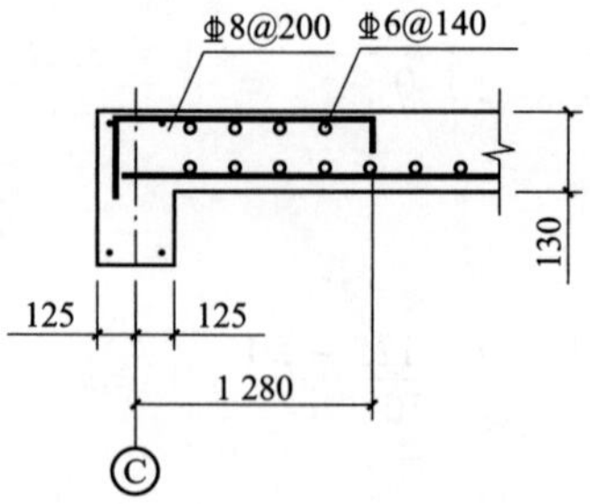

图 4-24　支座负筋(轴线Ⓒ/①～②)

$$长度 = 1\ 280 - 125 + 130 - 15 \times 2 + \max(0.6 \times 35 \times 8 + 15 \times 8, 250 - 15 + 15 \times 8)$$
$$= 1\ 280 - 125 + 130 - 15 \times 2 + \max(288, 355) = 1\ 610\ \text{mm}$$

$$根数 = \frac{4\ 200 - 125 \times 2 - 50 \times 2}{200} + 1 = 20.25，取 21 根$$

简图如下所示：

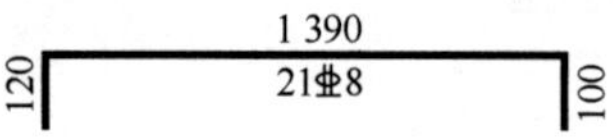

分布筋：

$$长度 = 4\ 200 - 1\ 280 - 1\ 180 + 150 \times 2 = 2\ 040\ \text{mm}$$

$$根数 = \frac{1\ 280 - 125 - 50}{140} + 1 \approx 8.89，取 9 根$$

简图如下所示：

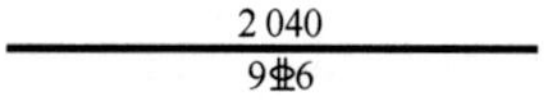

3. 温度筋

(1)*X* 方向

X 方向温度筋布置图如图 4-25 所示。

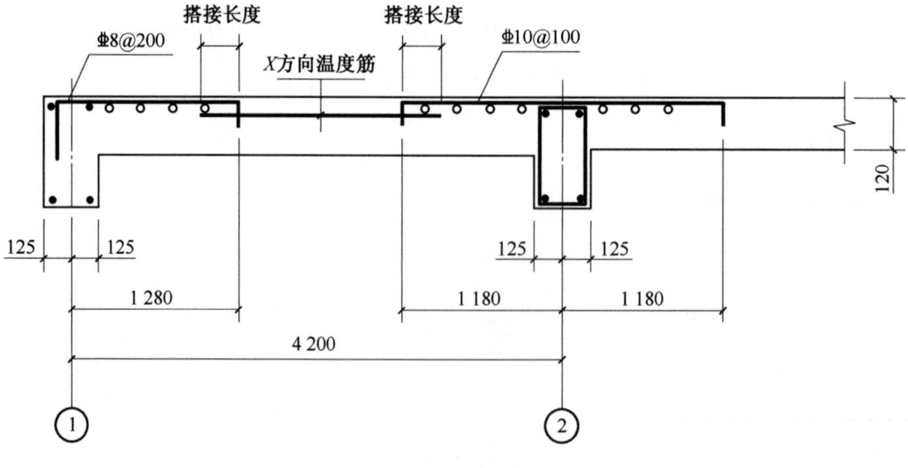

图 4-25　*X* 方向温度筋

$$长度 = 4\ 200 - 1\ 280 - 1\ 180 + 300 \times 2 = 2\ 340\ \text{mm}$$

$$根数 = \frac{7\ 000 - 1\ 280 - 1\ 180 - 50 \times 2}{200} + 1 = 23.2，取 24 根$$

简图如下所示：

2 340
24Φ8

(2) *Y* 方向

Y 方向温度筋布置图如图 4-26 所示。

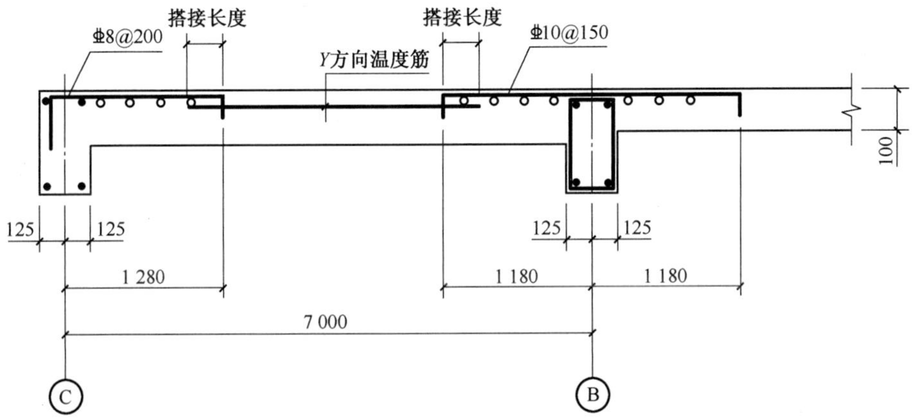

图 4-26　*Y* 方向温度筋

$$长度 = 7\ 000 - 1\ 280 - 1\ 180 + 300 \times 2 = 5\ 140\ \text{mm}$$

$$根数 = \frac{4\ 200 - 1\ 280 - 1\ 180 - 50 \times 2}{200} + 1 = 9.2，取 10 根$$

简图如下所示：

5 140
10Φ8

某中学致知楼屋面板(①～②/Ⓑ～Ⓒ)钢筋见表 4-3。

表 4-3　某中学致知楼屋面板(①～②/Ⓑ～Ⓒ)钢筋明细表

工程名称:某中学致知楼							
序号	级别直径	简图	单长/mm	总数/根	总长/m	总质/kg	备注
构件信息:四层(普通层)\\板筋\\DJ2C8@125_①～②/Ⓑ～Ⓒ 个数:1,构件单质(kg):119.186,构件总质(kg):119.186							
1	Φ10	4 200	4 200	46	193.2	119.186	*X* 向底筋
构件信息:四层(普通层)\\板筋\\DJ2C8@125_①～②/Ⓑ～Ⓒ 个数:1,构件单质(kg):88.48,构件总质(kg):88.48							
2	Φ8	7 000	7 000	32	224	88.48	*Y* 向底筋

续表

工程名称:某中学致知楼							
序号	级别直径	简图	单长/mm	总数/根	总长/m	总质/kg	备注
构件信息:四层(普通层)\\板筋\\ZZGJ1c8@200_Ⓑ~Ⓒ/① 个数:1,构件单质(kg):31.926,构件总质(kg):31.926							
3	⌀8	1 390 120　100	1 610	35	56.35	22.26	①/Ⓑ~Ⓒ 支座负筋
4	⌀6	4 840	4 840	9	43.56	9.666	①/Ⓑ~Ⓒ 负筋分布筋
构件信息:四层(普通层)\\板筋\\ZZGJ2c10@100_Ⓑ~Ⓒ/② 个数:1,构件单质(kg):126.296,构件总质(kg):126.296							
5	⌀8	2 360 100　90	2 550	68	173.4	106.964	②/Ⓑ~Ⓒ 支座负筋
6	⌀6	4 840	4 840	9	43.56	9.666	②/Ⓑ~Ⓒ 负筋分布筋
	⌀6	4 840	4 840	9	43.56	9.666	②/Ⓑ~Ⓒ 负筋分布筋
构件信息:四层(普通层)\\板筋\\ZZGJ3c10@150_①~②/Ⓑ 个数:1,构件单质(kg):51.498,构件总质(kg):51.498							
7	⌀8	2 360 100　70	2 530	27	68.31	42.147	Ⓑ/①~② 支座负筋
	⌀6	2 040	2 040	9	18.36	4.077	Ⓑ/①~② 负筋分布筋
	⌀6	2 640	2 640	9	23.76	5.274	Ⓑ/①~② 负筋分布筋
构件信息:四层(普通层)\\板筋\\ZZGJ1c8@200_①~②/Ⓒ 个数:1,构件单质(kg):17.433,构件总质(kg):17.433							
8	⌀8	1 390 120　100	1 610	21	33.81	13.356	Ⓒ/①~② 支座负筋
	⌀6	2 040	2 040	9	18.36	4.077	Ⓒ/①~② 负筋分布筋
构件信息:4层(普通层)\\板筋\\WDJC8@200_①~②/Ⓑ~Ⓒ 个数:2,构件总质(kg):39.522							
9	⌀8	2 340	2 340	23	53.820	21.252	顶层 *X* 方向温度筋
10	⌀8	5 140	5 140	9	46.260	18.270	顶层 *Y* 方向温度筋

注:表中数据来源于鲁班钢筋2019V31版的计算结果,与手工计算结果略有偏差。

习　　题

一、名词解释

1. 温度钢筋　　2. 跨板负筋　　3. 屋面板
4. 阳角放射钢筋　　5. 措施钢筋

二、简答题

1. 如何区分板的受力筋和分布筋?
2. 钢筋混凝土楼板中分布钢筋有什么作用?
3. 钢筋混凝土现浇楼板中通常要布置哪些钢筋?
4. 什么是单向板和双向板? 如何判断?
5. 现浇钢筋混凝土楼板中 B:X&Y:A8－200 代表什么?
6. 按照结构形式,楼盖可以分为哪几种?

三、填空题

1. 当楼面板集中标注中有 B:YΦ22@200;T:Φ20@200;(5B),表示基础平板 Y 向顶部配置________,底部配置________,纵向总长度为________跨________端有外伸。

2. 单向板肋形楼盖一般由板、________和________组成,板的四边支撑在________,次梁支撑在________。

3. 板块编号中 LB 表示________,WB 表示________,XB 表示________。

4. 板支座原位标注的内容为板支座上部________和悬挑板________。

5. 楼面板端支座为梁时,底筋锚固长度为________。

6. 在温度收缩应力较大的现浇板内,应在板的未配筋表面布置________。

四、选择题

1. 当钢筋在混凝土施工过程中易受扰动时,其锚固长度应乘以修正系数(　　)。

(A)1.1　　(B) 1.2　　(C) 1.3　　(D)1.4

2. 板块编号中 XB 表示(　　)。

(A)现浇板　　(B)悬挑板　　(C)延伸悬挑板　　(D)屋面现浇板

3. 相邻等跨板带的上部贯通纵筋应在跨中(　　)跨长范围内连接。

(A)1/2　　(B)1/3　　(C)1/4　　(D)1/5

4. 柱上板带暗梁箍筋加密区是自支座边缘向内(　　)。

(A)3h(h 为板厚)　　(B)100　　(C)l_{aE}　　(D)250

5. 板 LB1 厚 100 mm,底筋为 X&Y8@150,轴线与轴线之间的尺寸为 7 200 mm×6 900 mm,X 方向的梁宽度为 300 mm,Y 方向为 300 mm,均为正中轴线,X 方向底筋根数为(　　)。

(A)44 根　　(B)45 根　　(C)46 根　　(D)47 根

6. 当板的端支座为砌体墙时,底筋伸进支座的长度为(　　)。

(A)板厚　　(B)支座宽/2＋5d

(C)max(支座宽/2,5d)　　(D)max(板厚,120,墙厚/2)

7. 16G101-1 注明板支座负筋弯折长度为(　　)。

(A)板厚　　(B)板厚 - 保护层厚度

(C)板厚 - 保护层厚度 ×2　　(D)10d

8. 16G101-1 注明板端部为梁时,上部受力筋伸入支座的长度为(　　)。

(A)支座宽 - 保护层厚度 + 15d　　(B)支座宽/2 + 5d + 15d

(C)支座宽/2 + 5d　　(D)l_a

9. 16G101-1 注明有梁楼面板和屋面板下部受力筋伸入支座的长度为(　　)。

(A)支座宽 - 保护层厚度　　(B)5d

(C)支座宽/2 + 5d　　(D)max(支座宽/2,5d)

10. 板块编号中 XJB 表示(　　)。

(A)箱基板　　(B)悬挑板　　(C)现浇板　　(D)屋面现浇板

五、计算题

1. 阅读某中学致知楼三、四层板配筋图,计算④ ~ ⑤/Ⓐ ~ Ⓒ板中所有钢筋的长度及数量。

2. 阅读某中学致知楼屋面板配筋图,计算③ ~ ④/Ⓐ ~ Ⓒ板中温度钢筋的长度及数量。

第 5 章
剪力墙钢筋翻样与下料

素质目标：结合混凝土墙边缘构件的设置和作用，引导学生规则意识、纪律意识，鼓励同学将遵纪守法作为一种习惯，内化成一种性格。

预期成效：培养学生规则意识、纪律意识，发扬认真履行好职责，全心全意为人民服务中国传统美德。

阅读导入

墙体主要包括承重墙与非承重墙，主要起围护、分隔空间的作用。墙承重结构建筑的墙体，承重与围护合一，骨架结构体系建筑墙体的作用是围护与分隔空间。墙体要有足够的强度和稳定性，具有保温、隔热、隔声、防火、防水的能力。剪力墙又称抗风墙、抗震墙或结构墙。房屋或构筑物中主要承受风荷载或地震作用引起的水平荷载和竖向荷载（重力）的墙体，防止结构剪切（受剪）破坏，一般用钢筋混凝土做成。剪力墙及其边缘构件的布置和配筋都应遵守相关的规范要求。在现实生活中，纪律意识、规矩意识尤为重要。《孟子·离娄上》中说："公输子之巧，不以规矩，不能成方圆。"

文本

拓展材料

视频

剪力墙身垂直分布钢筋翻样

5.1 剪力墙钢筋翻样的基本方法

5.1.1 剪力墙计算项目

剪力墙中需要计算的钢筋见表 5-1。

表 5-1 剪力墙中需要计算的钢筋

构件名称	钢筋名称	
墙柱	纵筋	基础插筋
		中间层纵筋
		顶层纵筋
	箍筋	
	拉筋	
墙身	竖向筋	基础插筋
		中间层纵筋

续表

构件名称	钢筋名称	
墙身	竖向筋	变截面纵筋
		顶层纵筋
	水平筋	外侧面筋
		内侧面筋
	拉筋	
墙梁	连梁	楼层连梁
	暗梁	屋面连梁
	边框梁	

5.1.2 计算说明

(1)剪力墙墙柱包括约束边缘构件和构造边缘构件。约束边缘构件包括约束边缘暗柱 YAZ、约束边缘端柱 YDZ、约束边缘翼柱 YYZ、约束边缘转角柱 YJZ;构造边缘构件包括构造边缘暗柱 GAZ、构造边缘端柱 GDZ、构造边缘翼柱 GYZ、构造边缘转角柱 GJZ、扶壁柱 FBZ、非边缘暗柱 AZ。

(2)端柱、小墙肢的竖向钢筋与箍筋构造和算法与框架柱相同,算法参考框架柱。小墙肢是指截面高度大于截面厚度 3 倍的矩形独立墙肢。独立的 T 形翼柱、L 形转角柱和十字形柱属于异形柱,按异形柱构造计算。其他类型的墙柱竖向纵筋同墙身竖向分布钢筋连接构造。所有墙柱纵向钢筋绑扎搭接范围内的箍筋间距 max($5d$,100),d 为墙柱纵筋中的小者。

(3)端柱可视为墙身的支座,墙水平分布筋伸入端柱内满足直锚时,进入端柱一个锚固长度,不能满足直锚时,墙水平筋伸到端柱对边弯折 $15d$。水平分布筋伸入端柱不小于 $0.4l_{aE}$,端柱位于转角部位时,与墙身相平一侧的剪力墙水平分布筋通过端柱阳角,与另一方向墙的水平分布筋连接,或者两个方向墙水平分布筋伸至端柱角筋内侧弯折。

(4)墙身竖向分布筋第一根距暗柱 1/2 墙竖向间距。墙水平筋距基础面和楼面 1/2 墙水平间距。

(5)在进行钢筋下料时,基础外墙一般有止水带,外墙墙身和墙柱竖向插筋长度要考虑止水带的高度。

5.1.3 墙柱钢筋计算公式

1. 基础层墙柱钢筋计算

(1)当墙柱采用绑扎连接接头时(见图 5-1)

$$长插筋长度 = 弯折长度\ a + (基础厚度\ h - 基础底保护层厚度\ c) - \sum 基础底部钢筋直径 + 纵筋基础露出长度 \times (2.4l_{aE} + 500)$$

$$短插筋长度 = 弯折长度\ a + (基础厚度\ h - 基础底保护层厚度\ c) - \sum 基础底部钢筋直径 + 纵筋基础露出长度 \times (1.4l_{aE} + 500)$$

$$基础内箍筋 = \max[(基础高度\ h - 基础底保护层厚度\ c)/500, 2]$$

(2)当墙柱采用电渣压力焊或机械连接接头时(见图 5-2)

$$长插筋长度 = 基础厚度\ h - 基础底保护层厚度\ c - \sum 基础底部钢筋直径 + 弯折长度\ a + 500 + 35d$$

$$短插筋长度 = 基础厚度 - 基础底保护层厚度\ c - \sum 基础底部钢筋直径 + 弯折长度\ a + 500$$

$$基础内箍筋 = \max[(基础高度\ h - 基础底保护层厚度\ c)/500, 2]$$

2. 中间层层墙柱钢筋计算

(1)当墙柱采用绑扎连接接头时(见图 5-3)

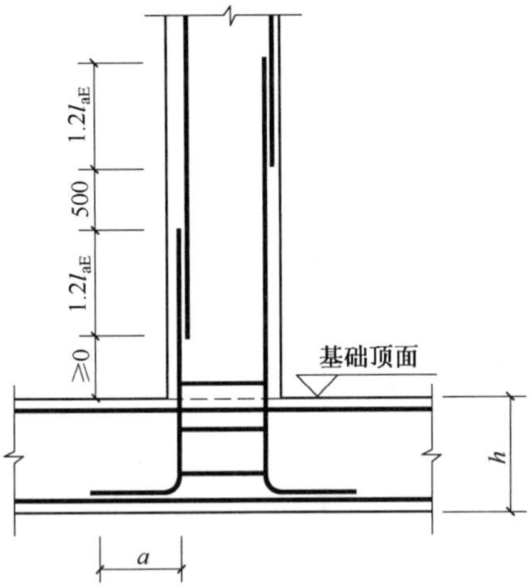

图 5-1　墙柱基础插筋构造(绑扎搭接连接)

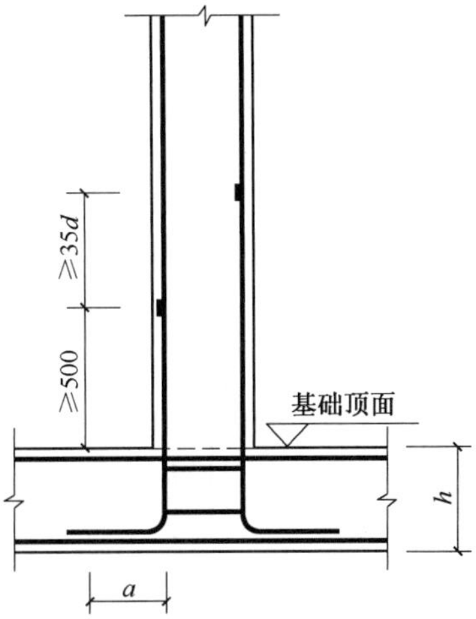

图 5-2　墙柱基础插筋构造(机械连接)

纵筋长度 = 中间层层高 $H + 1.2l_{aE}$

中间层箍筋数量 = $(2.4l_{aE}+500)/\min(5d,100)+1+$(层高 $H-2.4l_{aE}-500$)/ 箍筋间距

中间层拉筋数量 = 中间层箍筋数量 × 拉筋水平排数

(2)当墙柱采用电渣压力焊或机械连接接头时(见图 5-4)

纵筋长度 = 中间层层高 H

中间层箍筋数量 = 中间层层高 H/箍筋间距 + 1

中间层拉筋数量 = 中间层箍筋数量 × 拉筋水平排数

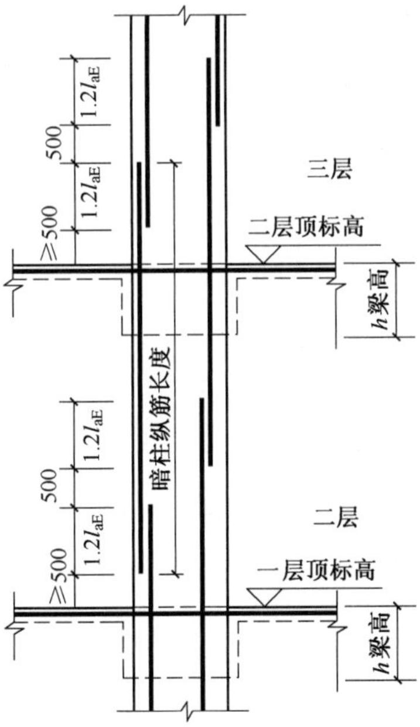

图 5-3　中间层暗柱(绑扎搭接连接)

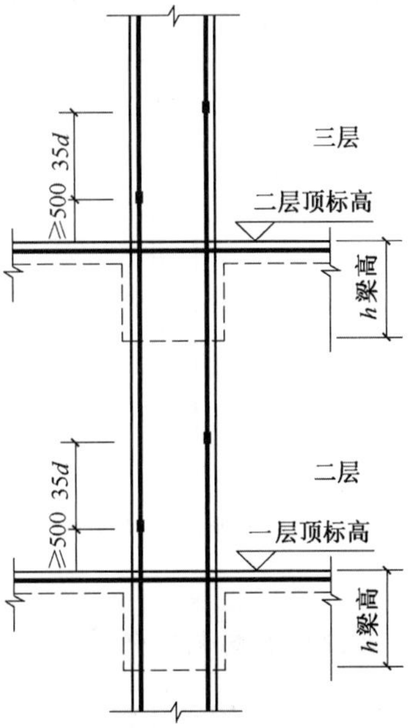

图 5-4　中间层暗柱(机械连接)

3. 顶层暗柱钢筋计算

图 5-5 为顶层暗柱（绑扎搭接构造）。

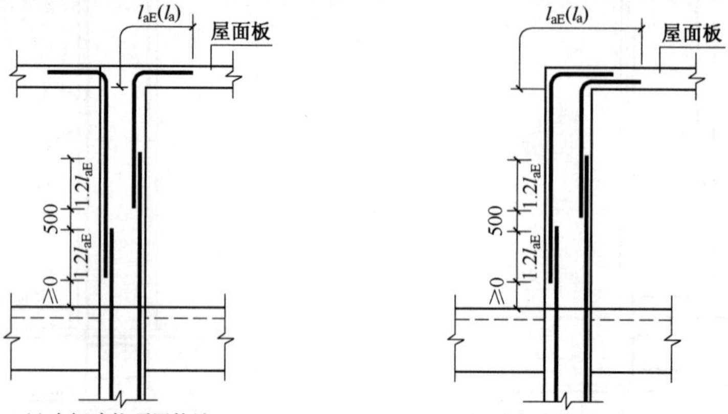

(a) 中间暗柱顶层构造　　(b) 边角暗柱顶层构造

图 5-5　顶层暗柱（绑扎搭接构造）

$$\text{长纵筋长度} = \text{顶层高}\ H + l_{aE} - \text{板厚}$$

$$\text{短纵筋长度} = \text{顶层高}\ H - 1.2l_{aE} - 500 + l_{aE} - \text{板厚}$$

$$\text{顶层箍筋} = (2.4l_{aE} + 500)/\min(5d, 100) + 1 + (\text{层高} - 2.4l_{aE} - 500)/\text{箍筋间距}$$

$$\text{顶层拉筋数量} = \text{顶层箍筋数量} \times \text{拉筋水平排数}$$

当墙柱采用电渣压力焊或机械连接接头时（见图 5-6）。

$$\text{长纵筋长度} = \text{顶层高}\ H - 500 + l_{aE} - \text{板厚}$$

$$\text{短纵筋长度} = \text{顶层高}\ H - 500 - 35d + l_{aE} - \text{板厚}$$

$$\text{顶层箍筋} = \text{顶层高}\ H/\text{箍筋间距} + 1$$

$$\text{顶层拉筋} = \text{顶层箍筋} \times \text{拉筋水平排数}$$

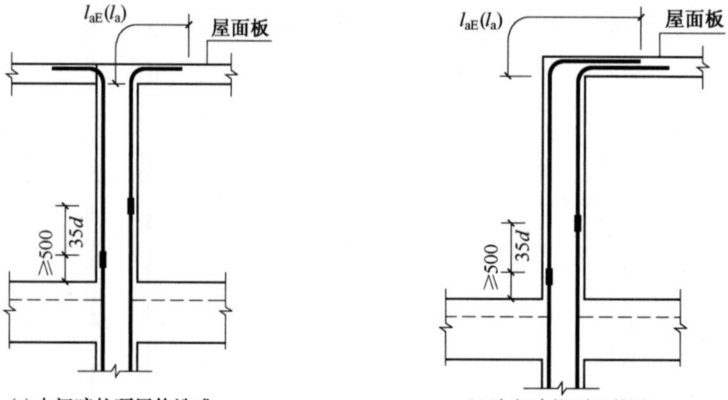

(a) 中间暗柱顶层构造成　　(b) 边角暗柱顶层构造

图 5-6　顶层暗柱（机械连接）

5.1.4　剪力墙竖向钢筋计算

1. 基础层竖向钢筋计算

$$\text{长插筋根数} = [(\text{墙长} - \sum \text{墙柱长} - \text{墙竖向筋间距})/\text{墙竖向筋间距} + 1]/2 \times \text{排数}$$

短插筋根数 = [(墙长 − $\sum$ 墙柱长 − 墙竖向筋间距)/墙竖向筋间距 + 1]/2 × 排数

(1)当墙筋采用绑扎连接接头时(见图 5-7)

长插筋长度 = 基础厚度 h − 基础底保护层厚度 c + 弯折长度 a + $2.4l_{aE}$ + 500

短插筋长度 = 基础厚度 h − 基础底保护层厚度 c + 弯折长度 a + $1.2l_{aE}$

(2)当墙竖向筋采用电渣压力焊或机械连接接头时(见图 5-8)

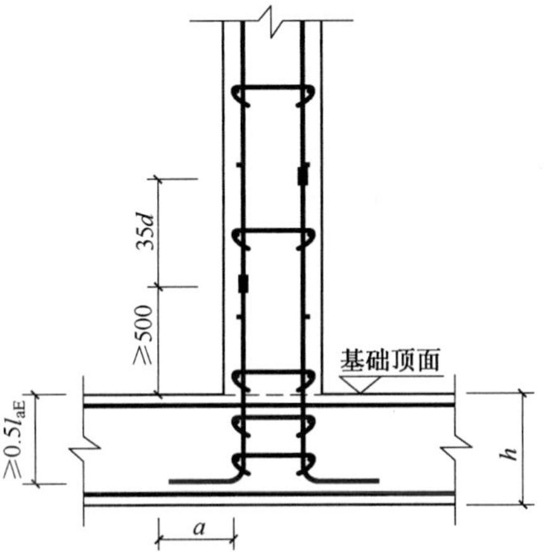

图 5-7　剪力墙基础插筋构造(绑扎连接)

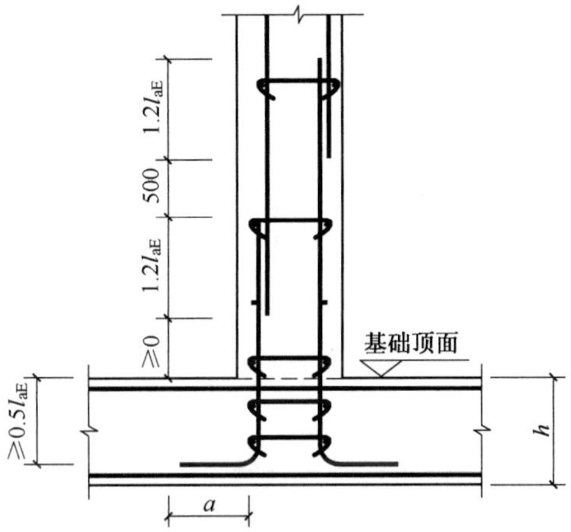

图 5-8　剪力墙基础插筋构造(机械连接)

长插筋长度 = 基础厚度 h − 基础底保护层厚度 c − $\sum$ 基础底部钢筋直径 + 弯折长度 a + 500 + $35d$

短插筋长度 = 基础厚度 h − 基础底保护层厚度 c − $\sum$ 基础底部钢筋直径 + 弯折长度 a + 500

2. 中间层竖向钢筋计算

纵筋根数 = 排数 × [(墙长 − $\sum$ 墙柱长 − 墙竖向筋间距)/墙竖向筋间距 + 1]

(1)当墙采用绑扎连接接头时(见图 5-9)

纵筋长度 = 中间层层高 H + $1.2l_{aE}$

(2)当墙采用电渣压力焊或机械连接接头时

纵筋长度 = 中间层层高 H

3. 顶层竖向钢筋计算

纵筋根数同中间层。

(1)当墙竖向钢筋采用绑扎连接接头时(见图 5-10)

长纵筋长度 = 顶层高 H + l_{aE} − 板厚

短纵筋长度 = 顶层高 H − $1.2l_{aE}$ − 500 + l_{aE} − 板厚

(2)当墙身采用电渣压力焊或机械连接接头时

长纵筋长度 = 顶层高 H − 500 + l_{aE} − 板厚

短纵筋长度 = 顶层高 H − 500 − $35d$ + l_{aE} − 板厚

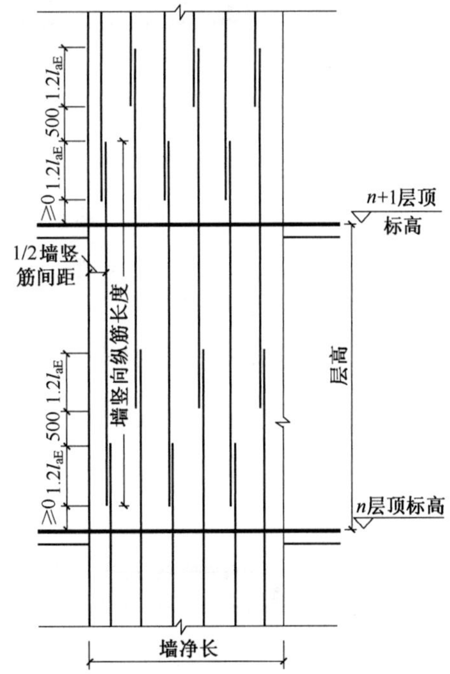

图 5-9　中间层墙(绑扎连接)

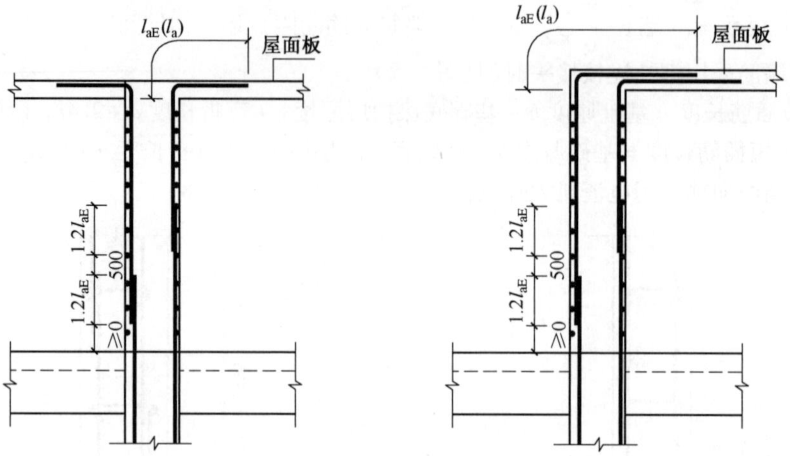

图 5-10　墙顶层构造(绑扎连接)

5.1.5　墙身水平分布钢筋计算

1. 墙水平筋长度计算

(1)当墙两端为一字形或 T 形墙(见图 5-11)

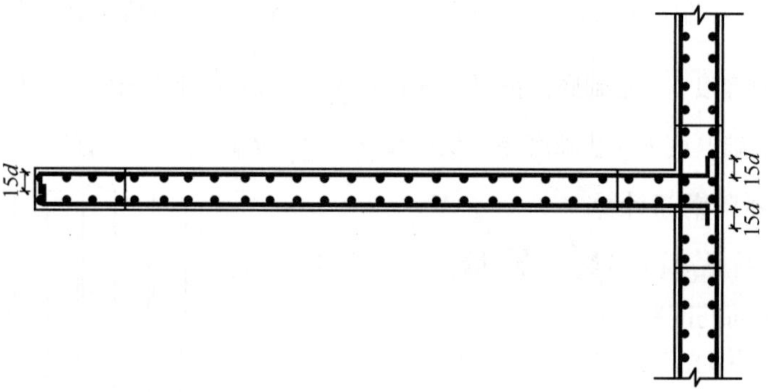

图 5-11　剪力墙水平筋构造(一)

$$墙水平筋长度 = 墙长度\ L - 2 \times 墙柱保护层厚度 - 2 \times d + 2 \times 15d$$

其中,d 为墙柱外侧钢筋直径。

(2)当墙一端为一字形或 T 形墙,另一端为 L 形墙时(见图 5-12)

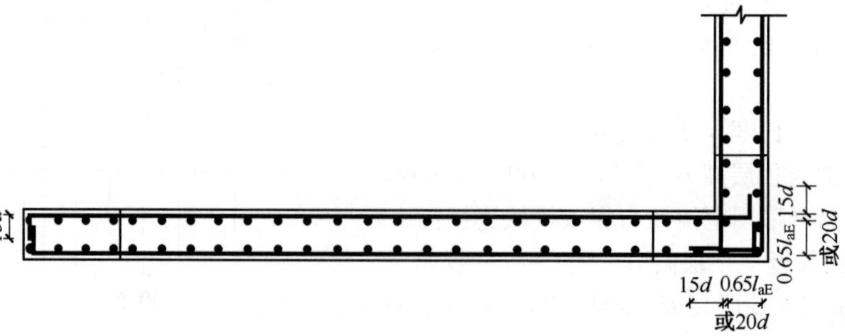

图 5-12　剪力墙水平筋构造(二)

墙外侧水平筋长度 = 墙长度 $L-2\times$ 墙柱保护层厚度 $-2\times d+15d+0.65l_{aE}$

墙内侧水平筋长度 = 墙长度 $L-2\times$ 墙柱保护层厚度 $-2\times d+15d\times2$

(3)当墙两端为 L 形时(见图 5-13)

墙外侧水平筋长度 = 墙长度 $L-2\times$ 墙柱保护层厚度 $-2\times d+2\times0.65l_{aE}$

墙内侧水平筋长度 = 墙长度 $L-2\times$ 墙柱保护层厚度 $-2\times d+15d\times2$

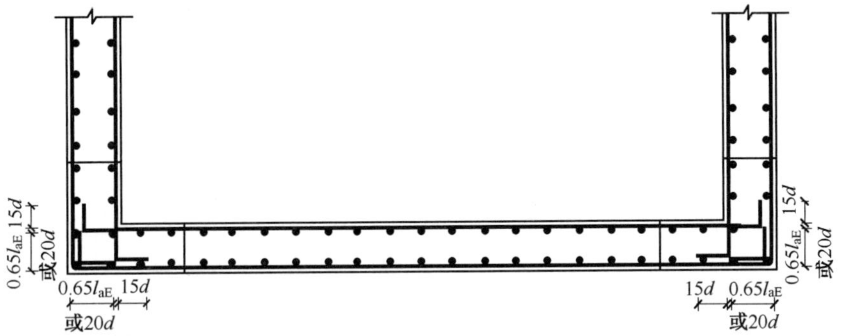

图 5-13　剪力墙水平筋构造(三)

(4)当墙两端为端柱时

①当柱宽 - 保护层厚度 $\geq l_{aE}$ 时(见图 5-14)。

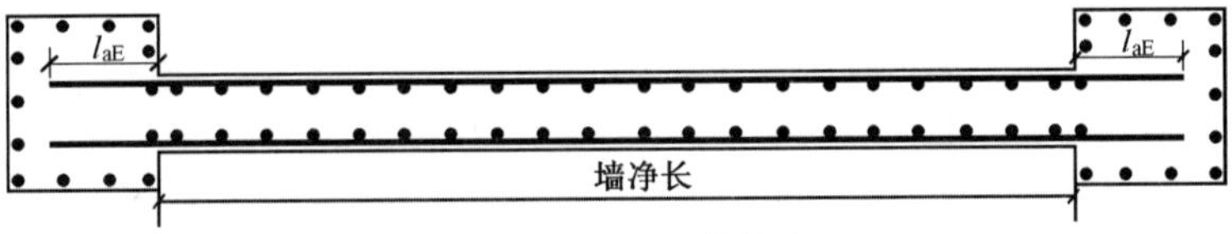

图 5-14　剪力墙水平筋构造(四)

墙水平筋长度 = 墙净长 $+2\times l_{aE}$

②当柱宽 - 保护层厚度 $< l_{aE}$ 时(见图 5-15)。

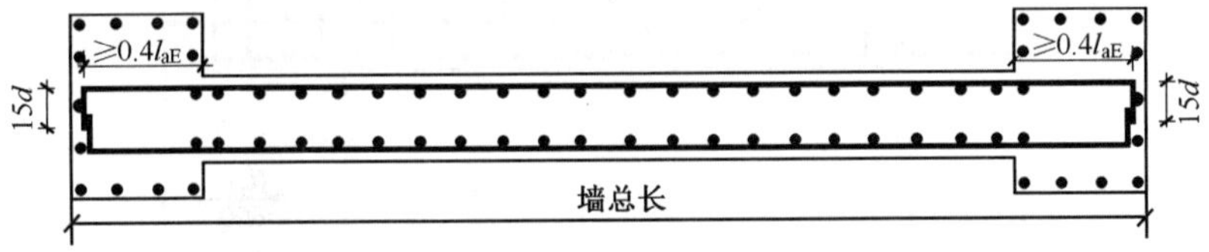

图 5-15　剪力墙水平筋构造(五)

墙水平筋长度 = 墙总长 $-2\times$ 保护层厚度 $+15d\times2$

③当墙斜交时(见图 5-16)。

墙内侧水平筋长度 = 墙长度 - 墙柱保护层厚度 $-d+15d+l_{aE}$

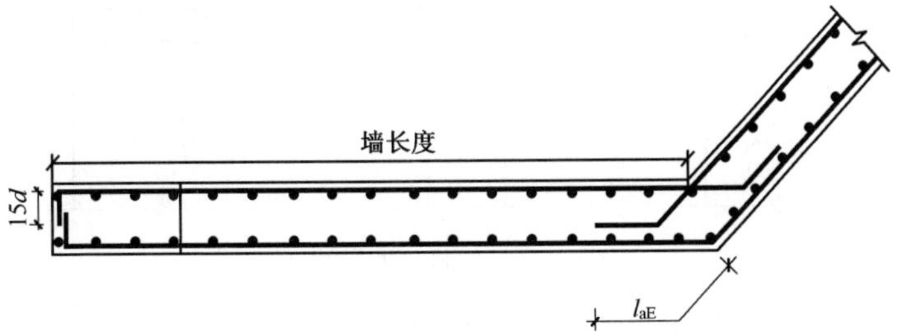

图 5-16　剪力墙水平筋构造(六)

2. 墙水平筋根数计算

基础墙水平筋根数 = max[(基础高度 - 基础保护层厚度)/500,2] × 排数 n

中间层水平筋根数 = [(层高 - 水平筋间距)/水平筋间距 + 1] × 排数 n

顶层水平筋根数 = [(层高 - 水平筋间距)/水平筋间距 + 1] × 排数 n

3. 墙拉筋根数计算

基础层拉筋根数 = [(墙净长 - 剪力墙竖向间距)/拉筋间距 + 1] × 基础水平筋排数

中间层拉筋:

拉筋矩形布置　　　　拉筋根数 = 墙净面积/(间距 × 间距)

拉筋梅花形布置　　　拉筋根数 = 2 × 墙净面积(间距 × 间距)

5.1.6 连梁钢筋计算

1. 中间层连梁

连梁侧面筋由墙水平筋连续通过,但在实际施工中往往各做各的,即墙水平筋全部在洞口边截断,连梁水平筋另外设置,这种方法虽然非常方便施工但浪费钢筋,且不符合规范。

当连梁截面高度大于 700 mm 时,其两侧面沿梁高范围设置的纵向构造钢筋(腰筋)的直径不应小于 10 mm,间距不应大于 200 mm;当连梁侧面纵筋与墙水平分布筋不同时,连梁侧面纵筋伸入墙内 l_{aE},墙内水平分布筋在洞口边弯折 $15d$。

双洞口连梁按图 5-17 计算,双洞口连梁纵筋贯穿中间支座。

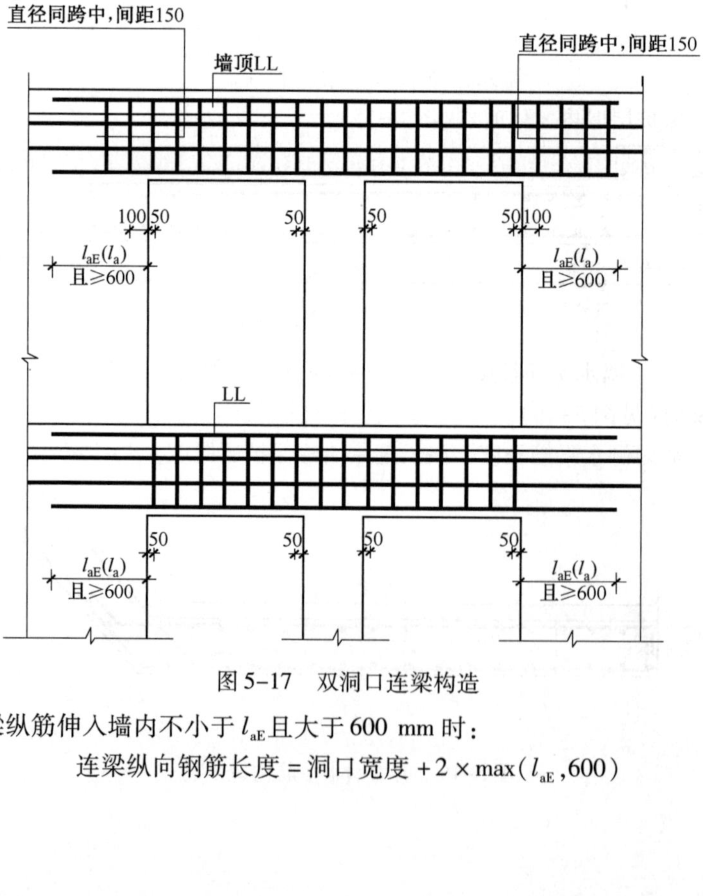

图 5-17　双洞口连梁构造

(1)当连梁纵筋伸入墙内不小于 l_{aE} 且大于 600 mm 时:

连梁纵向钢筋长度 = 洞口宽度 + 2 × max(l_{aE},600)

(2)当一端连梁纵筋伸入墙内不小于 $0.4\ l_{aE}$，当纵筋伸入墙内小于 l_{aE} 且小于 600 mm 时：

$$连梁纵向钢筋长度 = 洞口宽度 + 支座宽 - 保护层厚度 + 15d + \max(l_{aE}, 600\ mm)$$

$$连梁箍筋长度 = (b_w - 2d_1 + h) \times 2 - 8c + 2 \times 1.9d + 2 \times \max(10d, 75\ mm)$$

连梁侧面纵筋位于连梁箍筋外侧，连梁箍筋宽度应减去墙水平筋直径。

$$连梁箍筋宽度(内径) = 墙厚 - 2 \times 保护层厚度 - 2 \times 水平筋直径 - 2 \times 箍筋直径$$

$$连梁箍筋根数 = (洞口宽 - 2 \times 50)/箍筋间距 + 1$$

$$连梁拉筋长度 = b - 2c + 2d + 1.9d + 2 \times \max(10d, 75\ mm)$$

$$连梁拉筋根数 = 连梁箍筋根数/2 \times 连梁侧面纵筋排数/2$$

当连梁端部为小墙肢时按图 5-18 构造要求计算，中间层连梁伸入支座内锚固同楼层框架梁。单洞口连梁按图 5-19 构造计算。

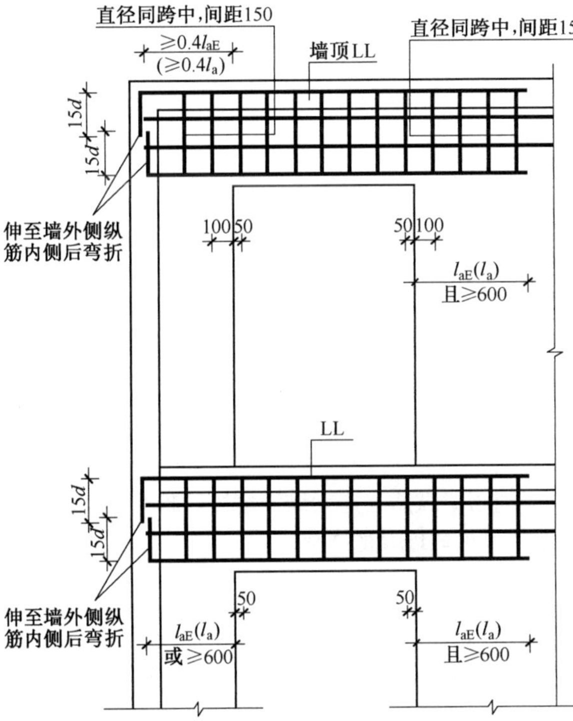

图 5-18　墙洞口连梁(端部墙肢较短)

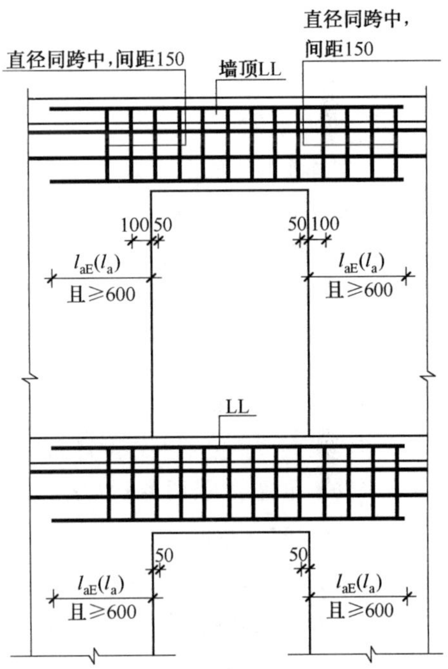

图 5-19　单洞口连梁(单跨)

根据《高层建筑混凝土结构技术规程》(JGJ 3—2010)9.3.8：跨高比不大于 2 的框筒梁和内筒连梁宜增配对角斜向钢筋。跨高比不大于 1 的框筒梁和内筒连梁宜采用交叉暗撑。

当连梁截面厚度不小于 400 mm 时，设斜向交叉暗撑(见图 5-20)；当连梁截面宽度小于 400 mm 但不小于 250 mm 时，设斜向交叉钢筋，其构造见 16G101-1 第 81 页。对角暗撑配筋连梁中暗撑箍筋的外缘梁宽度方向不宜小于连梁宽度的 1/2，另一方向不宜小于连梁宽度的 1/5。

$$连梁斜向交叉钢筋长度 = \sqrt{l_0^2 + h^2} + 2 \times l_{aE}$$

$$连梁暗撑箍筋根数 = 2 \times (600/暗撑加密区间距 + 1) + (暗撑净长 - 1\ 000)/暗撑非加密区间距$$

$$连梁暗撑箍筋长度 = (b_w + h_w) \times 2 + 2 \times 1.9d + 2 \times \max(10d, 75)$$

其中，b_w 为暗撑连梁箍筋的宽度，即$\geqslant \frac{b}{2}$；h_w 为暗撑连梁箍筋的高度，即$\geqslant \frac{b}{5}$；b 为连梁的宽度。

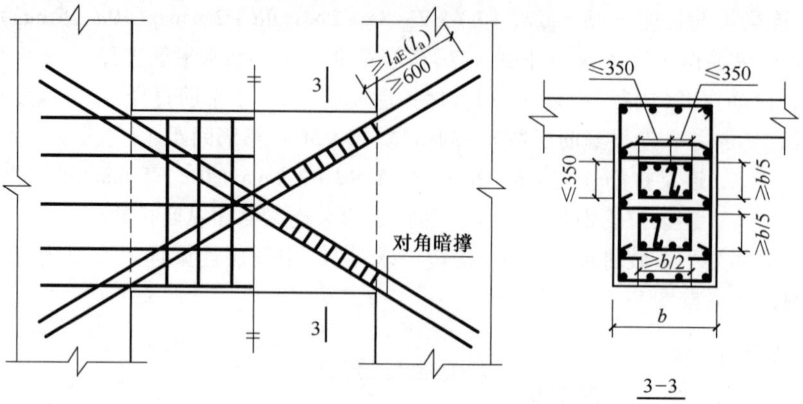

图 5-20　连梁对角暗撑配筋构造

（用于筒中筒结构时，l_{aE} 均取为 $1.5l_a$）

2. 顶层连梁

顶层连梁与中间层连梁唯一不同处是箍筋，顶层连梁箍筋必须在连梁纵筋锚固部分布置约束箍筋，间距为 150 mm。

$$连梁箍筋根数 = 2 \times \{[\max(l_{aE},600) - 100]/150 + 1\} + (洞口宽度 - 50 \times 2)/间距 + 1$$

$$连梁箍筋长度 = (b_w - 2 \times d_1 + h) \times 2 - 8c + 2 \times 1.9d + 2 \times \max(10d,75)$$

其中，b_w 为连梁宽度；d_1 为连梁侧面筋直径；h 为连梁高度；c 为保护层厚度。

5.1.7　暗梁钢筋计算

暗梁纵筋与连梁不重复设置，能通则通，否则暗梁纵筋与连梁纵筋搭接。暗梁内侧面筋与墙水平筋不重复设置，两者取大者。暗梁截面高度可取墙厚的 2 倍。

1. 暗梁箍筋宽度

当剪力水平筋位于竖筋外侧时［见图 5-21(a)］：

暗梁箍筋宽度（内径）= 墙厚 - 2 × 保护层厚度 - 2 × 水平筋直径 - 2 × 竖筋直径

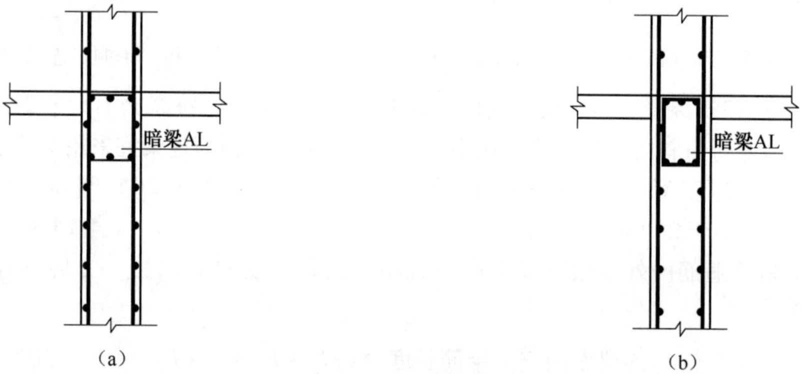

图 5-21　暗梁钢筋构造（一）

当剪力水平筋位于竖筋内侧时（一般地下室外墙）［见图 5-21(b)］：

暗梁箍筋宽度(内径)= 墙厚 − 2 × 保护层厚度 − 2 × 水平筋直径 − 2 × 竖筋直径 − 2 × 箍筋直径

2. 暗梁纵筋计算(见图 5–22)

$$楼层暗梁纵筋长度 = 墙总长\ L - 2 \times 保护层厚度\ c + 2 \times 15d$$

$$屋面暗梁上部纵筋长度 = 墙总长\ L - 2 \times 保护层厚度\ c + 2 \times l_{aE}$$

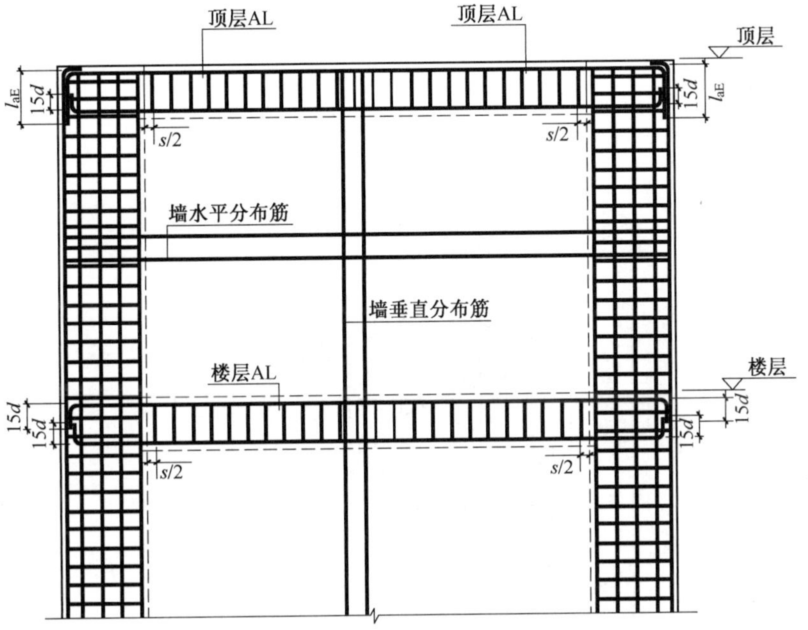

图 5–22　暗梁钢筋构造(二)

3. 暗梁箍筋计算

$$暗梁箍筋根数 = (墙净长 - 间距)/间距 + 1$$

$$暗梁箍筋长度 = (b - 2 \times d_1 - 2 \times d_2 + h) \times 2 - 8c + 2 \times 1.9d + 2 \times \max(10d, 75\ \text{mm})$$

其中,b 为暗梁宽度;d_1 为墙水平筋直径;d_2 为墙竖向筋直径;h 为暗梁高度;c 为保护层厚度;d 为暗梁箍筋直径。

视 频

剪力墙身水平分布钢筋翻

5.2　剪力墙钢筋翻样案例分析

请为钢筋翻样实训室一层剪力墙 Q_2 各种钢筋翻样,剪力墙的环境描述如下:

抗震等级:二级抗震;混凝土强度:C30;剪力墙中钢筋强度等级:HRB400;基础层插筋保护层厚度:40 mm;剪力墙体水平及纵筋保护层厚度:15 mm;顶层纵筋保护层厚度:20 mm;剪力墙竖向钢筋采用电渣压力焊;约束边缘构件基础层插筋底部保护层厚度:40 mm,一层:25 mm,顶层:30 mm;约束边缘构件纵筋连接采用电渣压力焊;剪力墙纵筋弯曲角度 90°时,弯曲内径为 $4d$,弯曲调整值为 $2.93d$;锚固长度:$l_{aE} = 40d$。

墙身水平分布筋的起布距离为水平分布筋间距的一半,即 75 mm,竖向分布筋的起布距离为竖向分布筋间距的一半,即 100 mm。

5.2.1 剪力墙钢筋计算

1. 基础层钢筋计算

剪力墙 Q_2 的基础为筏板基础，其顶面标高为 -0.630，底面标高为 -1.230，厚度为 600 mm。图 5-23 所示为剪力墙 Q_2 首层配筋示意图。

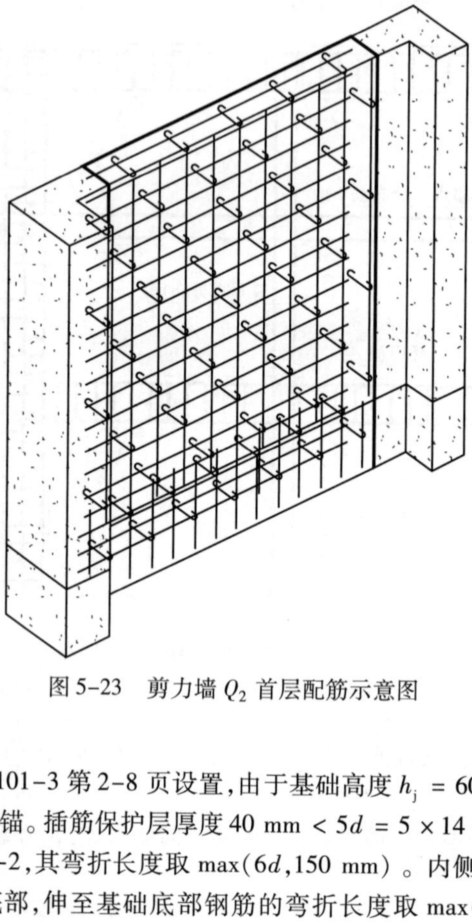

图 5-23 剪力墙 Q_2 首层配筋示意图

(1)插筋

基础层插筋依据 22G101-3 第 2-8 页设置，由于基础高度 h_j = 600 mm > l_{aE} = 40 × 14 = 560 mm，基础高度满足直锚。插筋保护层厚度 40 mm < 5d = 5 × 14 = 70 mm，应选构造(b)。

外侧插筋构造选择 2-2，其弯折长度取 max(6d,150 mm)。内侧插筋构造选择 1-1，采用"隔二下一"甚至基础板底部，伸至基础底部钢筋的弯折长度取 max(6d,150 mm)，未伸至基础底部的钢筋无弯折，其伸入基础内的长度为 ≥ l_{aE} = 40 × 16 = 560 mm。为了简化计算，内侧插筋全部设置弯折，长度取 max(6d,150 mm)。

从剪力墙的环境描述中可知，剪力墙竖向钢筋采用电渣压力焊，其纵筋构造见 22G101-1 第 2-21 页，竖向钢筋的非连接区高度为 500 mm，接头错开距离为 max(35d,500 mm)。

①插筋根数。

$$内侧插筋根数 = \frac{3\,500 - 450 - 500 - 100 \times 2}{200} = 12.75$$，取 13 根，其中短插筋为 6 根，长插筋为 7 根。

外侧插筋根数与内侧相同，短插筋为 6 根，长插筋为 7 根。短插筋的总根数为 12 根，长插筋的总根数为 14 根。

②插筋长度。

短插筋长度 = 弯折 + 竖直高度 + 500 = max(6 × 14,150) + 600 - 40 + 500 = 1 210 mm

下料长度 = 1 210 − 2.93 × 14 ≈ 1 169 mm

简图如下所示：

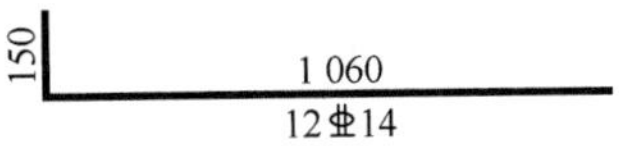

长插筋长度 = 短插筋长度 + 接头错开距离 = 1 210 + max(35 × 14,500) = 1 710 mm

下料长度 = 1 710 − 2.93 × 14 ≈ 1 669 mm

简图如下所示：

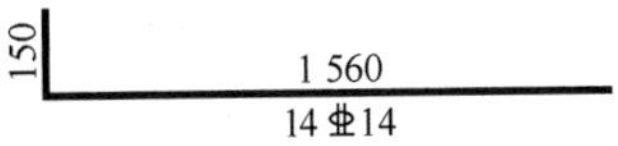

(2)水平分布筋

长度 = 墙长 − 保护层厚度 ×2 + 弯折 ×2 = 3 500 + 150 + 200 − 15 ×2 + 15 ×12 ×2 = 4 180 mm

下料长度 = 4 180 − 2 × 2.93 × 12 ≈ 4 110 mm

$$根数 = \frac{600 - 40}{500} + 1 \approx 2$$，取 2 根，内侧和外侧共 4 根

简图如下所示：

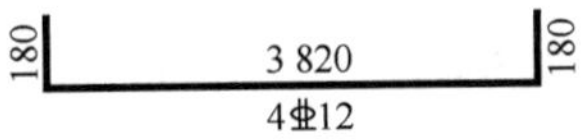

(3)拉筋

长度 = 墙厚 − 2 × 保护层厚度 + 2 × d + 23.8 × d = 300 − 2 × 15 + 2 × 8 + 23.8 × 8 ≈ 476 mm

$$根数 = \frac{墙总面积}{间距 \times 间距} = \frac{600 \times (3\,500 - 450 - 500)}{400 \times 300} = 12.75$$，取 13 根

简图如下所示：

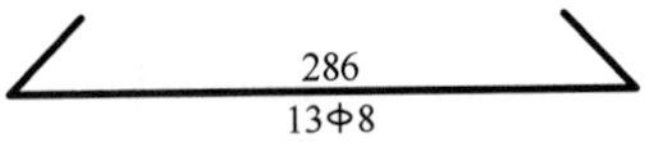

2. 一层钢筋计算

(1)竖向分布筋

长度 = 一层高 − 一层非连接区 + 二层非连接区 = 3 600 − 500 + 500 = 3 600 mm

$$根数 = \frac{3\,500 - 450 - 500 - 100 \times 2}{200} + 1 = 12.75$$，取 13 根，内侧和外侧共 26 根

简图如下所示：

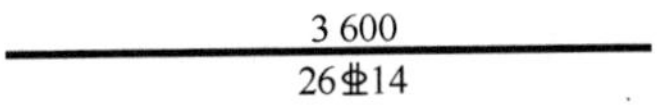

(2)水平分布筋

长度 = 3 500 + 150 + 200 − 15 ×2 + 15 ×12 ×2 = 4 180 mm

下料长度 = 4 180 − 2 ×2.93 ×12 ≈ 4 110 mm

$$根数 = \frac{3\,600 - 75 \times 2}{150} + 1 = 24$$ 根，内侧和外侧共 48 根

简图如下所示：

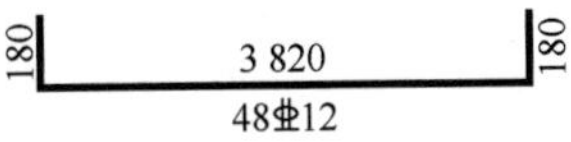

(3)拉筋

长度 = 墙厚 − 2 × 保护层厚度 + 2 × d + 23.8 × d = 300 − 2 × 15 + 2 × 8 + 23.8 × 8 ≈ 476 mm

$$根数=\frac{墙总面积}{间距\times间距}=\frac{3\ 600\times(3\ 500-450-500)}{400\times300}\approx77\ 根$$

简图如下所示：

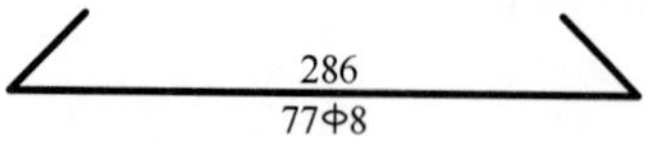

3. 顶层钢筋计算

(1)竖向分布筋

顶层内侧纵筋的根数 = $\frac{3\ 500-450-500-100\times2}{200}+1=12.75$，取 13 根。由于基础层内侧短插筋的根数为 6 根，长插筋的根数为 7 根，顶层内侧长纵筋的根数为 6 根，短纵筋的根数为 7 根。外侧纵筋的根数与内侧相同，故顶层长纵筋的根数为 12 根，短纵筋的根数为 14 根。

短纵筋长度 = 顶层层高 − 非连接区 − 保护层厚度 + 弯折 − 接头错开距离

注：顶层无关联构件时，弯折 = 墙厚 − 2 × 保护层厚度。

$$长度=3\ 000-500+300-15\times2-20-\max(35\times14,500)=2\ 250\ \text{mm}$$

$$下料长度=2\ 250-4.93\times14\approx2\ 181\ \text{mm}$$

简图如下所示：

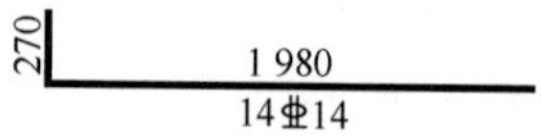

$$长纵筋长度=3\ 000-500+300-15\times2-20=2\ 750\ \text{mm}$$

$$下料长度=2\ 750-4.93\times14\approx2\ 681\ \text{mm}$$

简图如下所示：

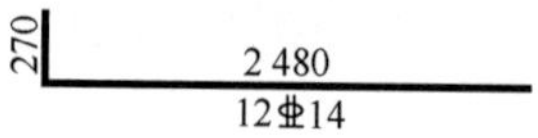

(2)水平分布筋

$$长度=3\ 500+150+200-15\times2+15\times12\times2=4\ 180\ \text{mm}$$

$$下料长度=4\ 180-2\times2.93\times12=4\ 110\ \text{mm}$$

$$根数=\frac{3\ 000-75\times2}{150}+1=20\ 根，内侧和外侧共\ 40\ 根$$

简图如下所示：

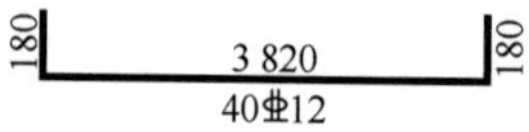

(3)拉筋

长度 = 墙厚 − 2 × 保护层厚度 + 2 × d + 23.8 × d = 300 − 2 × 15 + 2 × 8 + 23.8 × 8 = 476 mm

$$根数=\frac{墙总面积}{间距\times间距}=\frac{3\ 000\times(3\ 500-450-500)}{400\times300}=63.75，取\ 64\ 根$$

简图如下所示：

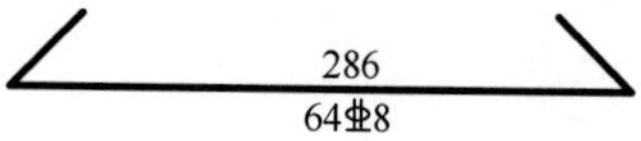

钢筋翻样实训室剪力墙钢筋见表 5–2。

表 5–2　钢筋翻样实训室剪力墙钢筋明细表

工程名称:钢筋翻样实训室							
序号	级别直径	简图	单长/mm	总数/根	总长/m	总质/kg	备注
构件信息:0 层(基础层)\\墙\\Q2_Ⓑ ~ Ⓐ/① 个数:1,构件单质(kg):65. 264,构件总质(kg):65. 264							
1	⌀14	150 1 060	1 210	12	14. 52	17. 544	基础层贯通纵向筋@ 200
2	⌀14	150 1 560	1 710	14	23. 94	28. 924	基础层贯通纵向筋@ 200
3	⌀12	180 3 820 180	4 180	2	8. 36	7. 424	基础层外侧附加筋
4	⌀12	180 3 820 180	4 180	2	8. 36	7. 424	基础层内侧附加筋
5	⌀8	286	476	21	9. 996	3. 948	拉结筋
构件信息:一层(首层)\\墙\\Q2_Ⓑ ~ Ⓐ/① 个数:1,构件单质(kg):263. 288,构件总质(kg):263. 288							
6	⌀14	3 000	3 000	13	39	47. 112	外侧中间层纵向贯通筋@ 200
7	⌀14	3 000	3 000	13	39	47. 112	内侧中间层纵向贯通筋@ 200
8	⌀12	180 3 820 180	4 180	21	87. 78	77. 952	外侧水平筋@ 150
9	⌀12	180 3 820 180	4 180	21	87. 78	77. 952	内侧水平筋@ 150
10	⌀8	286	476	70	33. 32	13. 16	拉结筋
构件信息:二层(顶层)\\墙\\Q2_Ⓑ ~ Ⓐ/① 个数:1,构件单质(kg):246. 98,构件总质(kg):246. 98							
11	⌀14	270 1 980	2 250	14	31. 5	38. 052	顶层贯通纵向筋@ 200
12	⌀14	270 2 480	2 750	12	33	39. 864	顶层贯通纵向筋@ 200
13	⌀12	180 3 820 180	4 180	21	87. 78	77. 952	外侧水平筋@ 150
14	⌀12	180 3 820 180	4 180	21	87. 78	77. 952	内侧水平筋@ 150
15	⌀8	286	476	70	33. 32	13. 16	拉结筋

注:表中数据来源于鲁班钢筋 2019V31 版的计算结果,与手工计算结果略有偏差。

5.2.2 约束边缘端柱 YDZ1 钢筋计算

请为钢筋翻样实训室一层剪力墙轴线①交轴线ⒶYDZ1 各种钢筋翻样，YDZ1 的环境描述同 Q2。

1. 基础层

剪力墙边缘构件纵向钢筋连接构造依据 22G101-1 第 2-21 页设置，非连接区长度为 500 mm。

边缘构件纵面钢筋在基础中的构造见 22G101-3 第 2-9 页，由于保护层厚度 $=40\ \text{mm} < 5d = 5\times 22 = 110\ \text{mm}$，$h_j = 600\ \text{mm} < l_{aE} = 40\times 22 = 880\ \text{mm}$，故选构造（$d$）。

（1）纵筋

$$长度 = 弯折长度 + 竖向高度 + 非连接区长度$$

$$短插筋长度 = 15\times d + 基础厚度 - 保护层厚度 + 500 = 15\times 22 + 600 - 40 + 500 = 1\ 390\ \text{mm}$$

简图如下所示：

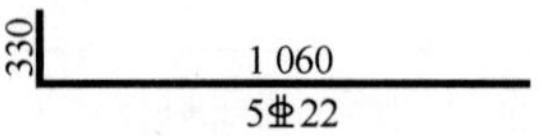

$$长插筋长度 = 短插筋 + \max(35d, 500) = 1\ 390 + \max(35\times 22, 500) = 2\ 160\ \text{mm}$$

简图如下所示：

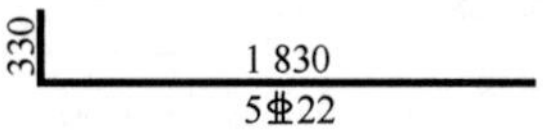

下料长度：　　短插筋 $= 1\ 390 - 2.93\times 22 \approx 1\ 326\ \text{mm}$

　　　　　　　长插筋 $= 2\ 160 - 2.93\times 22 \approx 2\ 096\ \text{mm}$

（2）箍筋

$$1\ 号箍筋长度 = (300 - 2\times 25)\times 2 + (700 - 2\times 25)\times 2 + 23.8\times 10 = 2\ 038\ \text{mm}$$

$$下料长度 = 2\ 038 - 3\times 1.75\times 10 \approx 1\ 986\ \text{mm}$$

简图如下所示：

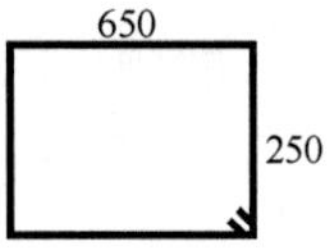

$$2\ 号箍筋长度 = (400 - 2\times 25)\times 2 + (600 - 2\times 25)\times 2 + 23.8\times 10 = 2\ 038\ \text{mm}$$

$$下料长度 = 2\ 038 - 3\times 1.75\times 10 \approx 1\ 986\ \text{mm}$$

简图如下所示：

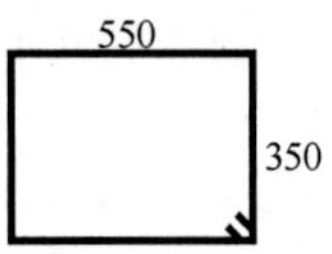

拉筋长度 $= 400 - 2\times 25 + 23.8\times 10 = 588\ \text{mm}$，按只钩住主筋计算

箍筋根数 $= \dfrac{600 - 40\times 2}{500} + 1 \approx 2$ 根，1 号和 2 号箍筋均为 2 根，拉筋为 2 根

简图如下所示：

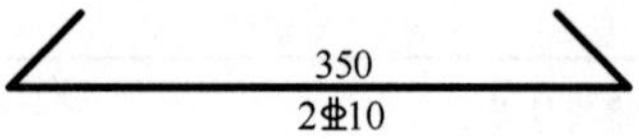

2. 一层

(1)纵筋

长度 = 一层高 - 一层非连接区 + 二层非连接区 = 3 600 - 500 + 500 = 3 600 mm

简图如下所示：

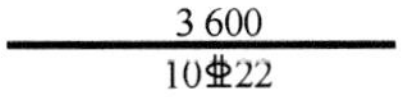

(2)箍筋

箍筋及拉筋长度同基础层，上下加密区长度为500 mm。

$$加密区根数 = \frac{500 - 50}{100} + 1 = 5.5，取 6 根$$

$$非加密区根数 = \frac{3\ 600 - 500 \times 2}{200} - 1 = 12 根$$

总根数为 6 ×2 + 12 = 24 根，1 号和 2 号箍筋均为 24 根，拉筋为 24 根。

3. 顶层

(1)纵筋

长纵筋 = 二层层高 - 二层非连接区 - 保护层厚度 + $12d$ = 3 000 - 500 - 30 + 12 × 22 = 2 734 mm

简图如下所示：

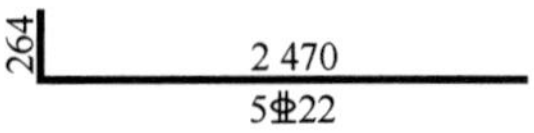

短纵筋 = 长纵筋 - max(35 × 22,500) = 2 734 - max(35 × 22,500) = 1 964 mm

简图如下所示：

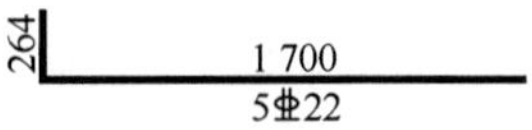

下料长度：　　　短纵筋 = 2 734 - 2.93 × 22 ≈ 2 670 mm

　　　　　　　　长纵筋 = 1 964 - 2.93 × 22 ≈ 1 900 mm

(2)箍筋

箍筋及拉筋长度同基础层，上下加密区长度为500 mm。

$$加密区根数 = \frac{500 - 50}{100} + 1 = 5.5，取 6 根$$

$$非加密区根数 = \frac{3\ 000 - 500 \times 2}{200} - 1 = 9 根$$

总根数为 6 ×2 + 9 = 21 根，1 号和 2 号箍筋均为 21 根，拉筋为 21 根。

钢筋翻样实训室约束端柱钢筋明细表见表 5-3。

表 5-3　钢筋翻样实训室约束端柱钢筋明细表

工程名称：钢筋翻样实训室							
序号	级别直径	简图	单长/mm	总数/根	总长/m	总质/kg	备注
构件信息：0 层(基础层)\\柱\\YDZ1_Ⓐ ~/① ~ 个数：1，构件单质(kg)：56. 704，构件总质(kg)：56. 704							
1	⌀22	1 830 330	2 160	5	10. 8	32. 225	基础插筋

续表

工程名称:钢筋翻样实训室							
序号	级别直径	简图	单长/mm	总数/根	总长/m	总质/kg	备注
构件信息:0 层(基础层)\\柱\\YDZ1_Ⓐ~/①~ 个数:1,构件单质(kg):56.704,构件总质(kg):56.704							
2	Φ22	1 060 330	1 390	5	6.95	20.74	基础插筋
3	Φ10	250 650	2 038	2	4.076	2.514	箍筋
4	Φ10	550 350	2 038	2	4.076	2.514	箍筋
5	Φ10	350	588	2	1.176	0.726	箍筋
构件信息:一层(首层)\\柱\\YDZ1_Ⓐ~/①~ 个数:1,构件单质(kg):176.468,构件总质(kg):176.468							
6	Φ22	3 600	3 600	10	36	107.42	中间层主筋
7	Φ22	250 650	2 038	24	48.912	30.168	箍筋
8	Φ10	550 350	2 038	24	48.912	30.168	箍筋
9	Φ10	350	588	24	14.112	8.712	箍筋
构件信息:二层(顶层)\\柱\\YDZ1_Ⓐ~/①~ 个数:1,构件单质(kg):130.512,构件总质(kg):130.512							
10	Φ22	1 700 264	1 964	5	9.82	29.305	本层收头弯折
11	Φ22	2 470 264	2 734	5	13.67	40.79	本层收头弯折
12	Φ10	250 650	2 038	21	42.798	26.397	箍筋
13	Φ10	550 350	2 038	21	42.798	26.397	箍筋
14	Φ10	350	588	21	12.348	7.623	箍筋

5.2.3　连梁钢筋计算

连梁配筋构造依据 22G101-1 第 2-27 页设置，连梁两端为 YAZ1，因直锚长度 = YAZ1 宽度 - 保护层厚度 = 600 - 25 = 575 mm < l_{aE} = 40 × 20 = 800 mm，故按弯锚计算。首层连梁钢筋的计算过程如下所示：

1. 上下纵筋长度

$$长度 = 1\ 600 + \max(40\times20, 600-25+15\times20)\times2 = 3\ 350\ \mathrm{mm}$$

$$下料长度 = 3\ 350 - 2\times2.93\times20 \approx 3\ 233\ \mathrm{mm}$$

简图如下所示：

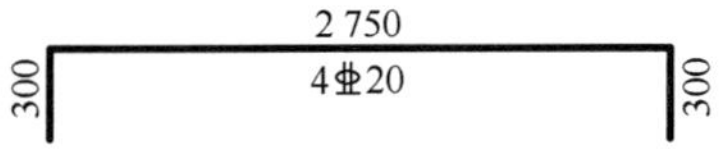

2. 侧面纵向钢筋

$$长度 = 1\ 600 + 600\times2 - 25\times2 + 2\times15\times12 = 3\ 110\ \mathrm{mm}$$

简图如下所示：

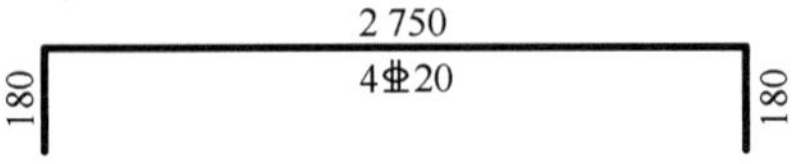

3. 箍筋

$$长度 = (300+600)\times2 - 8\times25 + 23.8\times10 = 1\ 838\ \mathrm{mm}$$

$$根数 = \frac{1\ 600 - 2\times50}{100} + 1 = 16\ 根$$

简图如下所示：

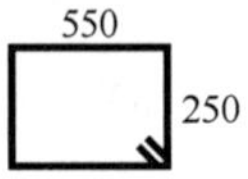

4. 拉筋

$$长度 = 300 - 2\times25 + 2\times10 + 23.8\times10 = 508\ \mathrm{mm}$$

$$根数 = [(净跨长 - 50\times2)/非加密间距\times2+1]\times排数 = 2\times\left(\frac{1\ 600-50\times2}{400}+1\right) = 9.5，取\ 10\ 根$$

简图如下所示：

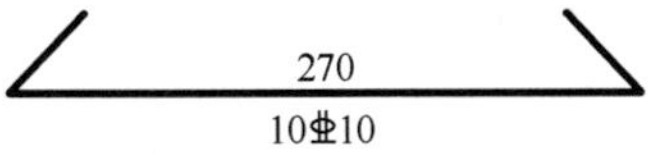

顶层连梁在端部支座范围内也要设置直径同跨中、间距为 150 mm 的箍筋，纵筋、侧面构造钢筋、箍筋的长度、拉筋长度同首层相同。

$$端部支座内箍筋根数 = \frac{600-100}{150} + 1 \approx 4.33，取\ 5\ 根$$

$$箍筋总根数 = 5\times2 + 16 = 26\ 根$$

连梁钢筋明细表见表 5-4。

表 5-4　钢筋翻样实训室连梁钢筋明细表

工程名称:钢筋翻样实训室							
序号	级别直径	简图	单长/mm	总数/根	总长/m	总质/kg	备注
构件信息:一层(首层)\\墙\\LL1_~/Ⓑ 个数:1,构件单质(kg):98.41,构件总质(kg):98.41							
1	⌀20	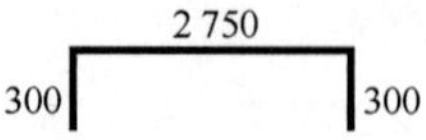 2 750; 300; 300	3 350	8	26.8	66.088	上贯通筋/下贯通筋
2	⌀20	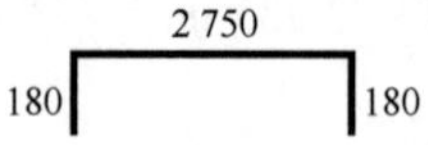 2 750; 180; 180	3 110	4	12.44	11.048	侧面纵筋
3	⌀10	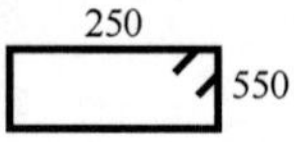 250; 550	1 838	16	29.408	18.144	箍筋@100
4	⌀10	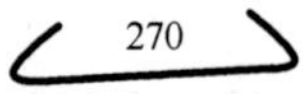 270	508	10	5.08	3.13	拉结筋@400
构件信息:二层(顶层)\\墙\\LL1_~/Ⓑ 个数:1,构件单质(kg):98.41,构件总质(kg):98.41							
5	⌀20	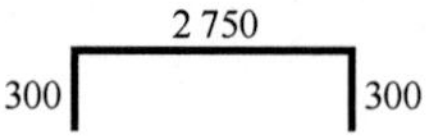 2 750; 300; 300	3 350	8	26.8	66.088	上贯通筋/下贯通筋
6	⌀20	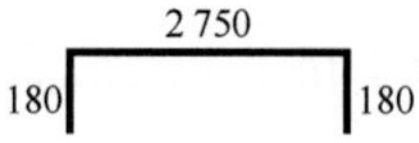 2 750; 180; 180	3 110	4	12.44	11.048	侧面纵筋
7	⌀10	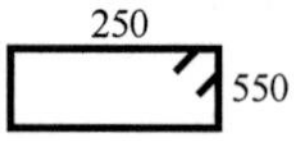 250; 550	1 838	16	29.408	18.144	箍筋@100
8	⌀10	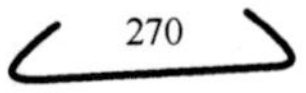 270	508	10	5.08	3.13	拉结筋@400

习　题

一、名词解释

1. 剪力墙结构　2. 约束边缘构件　3. 构造边缘构件
4. 非边缘暗柱　5. 扶壁柱

二、简答题

1. 某剪力墙的洞口标注为 JD3 300×350+3.250 3⌀12,解释其含义。
2. 剪力墙可以分为哪几种?
3. 解释地下室外墙标注的含义

DWQ3(①~⑤),b_w=300
OS:*H*⌀16@150, *V*⌀16@150
IS:*H*⌀16@150, *V*⌀16@150

tb:Φ6@300@300 双向

4. 简述剪力墙结构的适用范围。

5. 剪力墙中通常配置哪些钢筋?

三、填空题

1. 剪力墙拉筋两种布置方式为________和________。

2. 当剪力墙水平分布筋不满足连梁、暗梁及边框梁的侧面构造钢筋的要求时,应补充注明梁侧面纵筋的具体数值,其在支座的锚固要求为________。

3. 剪力墙边缘构件纵向钢筋连接采用搭接连接时,搭接长度为 l_{aE}其搭接位置为楼板顶面或基础顶面________,相邻接头错开________。剪力墙身竖向分布钢筋连接采用搭接时,搭接长度为________,搭接位置为楼板顶面或基础顶面________,当不为 100%接头搭接时,相邻接头应错开________。

4. 地下室外墙集中标注中 OS 代表________,IS 代表________。其中水平贯通筋以 H 打头注写,竖向贯通筋以________打头注写。

5. 地下室外墙底部非贯通钢筋向层内伸出长度值从________算起;地下室外墙顶部非贯通钢筋向层内伸出长度值从________算起;中层楼板处非贯通钢筋向层内伸出长度值从________算起。

6. 剪力墙变截面处上层墙体竖向分布筋锚固长度为楼板下________。剪力墙竖向分布筋锚入连梁内构造锚入深度为楼板下________。

7. 小墙肢定义:墙肢长度不大于墙厚________倍的剪力墙。矩形小墙肢的厚度不大于________时,箍筋全高加密。

四、选择题

1. 剪力墙端部为暗柱时,内侧钢筋伸至墙边弯折长度为(　　)。

(A)10d　　(B)12d　　(C)150 mm　　(D)250 m

2. 剪力墙水平分布筋在端部为暗柱时伸直柱端后弯折,弯折长度为(　　)。

(A)10d　　(B)10 cm　　(C)15d　　(D)15 cm

3. 剪力墙中水平分布筋在距离基础梁或板顶面以上(　　)距离时,开始布置第一道。

(A)50 mm　　(B)水平分布筋间距/2　　(C)100 mm　　(D)200 mm

4. 剪力墙洞口处的补强钢筋每边伸过洞口(　　)。

(A)500 mm　　(B)15d　　(C)l_{aE}(l_a)　　(D)洞口宽/2

5. 剪力墙中水平分布筋在距离基础梁或板顶面以上(　　)距离时,开始布置第一道。

(A)50 mm　　(B)水平分布筋间距/2　　(C)100 mm　　(D)25 mm

6. 剪力墙暗柱纵筋插入基础内部时,需要布置间距(　　)mm 且不少于两根的箍筋,以保证浇筑振捣混凝土时插筋的稳定(这些箍筋仅需要外箍)。

(A)≤500　　(B)≤300　　(C)≤150　　(D)≤100

7. 剪力墙竖向分布钢筋的直径(　　)采用机械连接。

(A)>10 mm　　(B)>12 mm　　(C)>24 mm　　(D)>28 mm

8. 剪力墙竖直筋为 2Φ16@200,墙厚 200,C30 的混凝土,四级抗震,采用绑扎搭接,求竖直筋的根数(　　)。

(A)33 根　　(B)32 根　　(C)31 根　　(D)30 根

9. 剪力墙水平筋为 2Φ16@200,C30 的混凝土,四级抗震,采用绑扎搭接,顶层层高3 000,板厚 200,求水平筋的根数(　　)。

(A)15 根　　(B)16 根　　(C)17 根　　(D)18 根

10. 剪力墙墙端无柱时墙身水平钢筋端部构造,下面描述错误的是(　　)。

(A)当墙厚较小时,端部用 U 形箍同水平钢筋搭接

(B)搭接长度为 1. $2l_{aE}$

(C)墙端设置双列拉筋

(D)墙水平筋也可以伸至墙端弯折 $15d$ 且两端弯折搭接 50 mm

第 6 章

独立基础钢筋翻样与下料

素质目标：结合钢筋减短构造做法、起步距的设置，通过数据分享，提醒学生我国物质资源并不丰富，发扬节俭精神举足轻重。

预期成效：培养学生勤俭节约的传统美德，弘扬中华民族精神财富世代相传。

阅读导入

基础是指建筑物地面以下的承重结构，是建筑物的墙或柱子在地下的扩大部分，其作用是承受建筑物上部结构传下来的荷载，并把它们连同自重一起传给地基。基础承受着房屋的全部荷载，因此，基础应具有足够的强度，才能稳定地把荷载传给地基，同时基础应满足耐久性要求。如果基础先于上部结构破坏，检查和加固都十分困难，而且还会影响房屋建筑的使用寿命。俗话说"万丈高楼平地起"，再高的大楼都要从平地修建起，要把基础打牢，才能使高楼稳如泰山。例如，我国飞机制造业、造船工业、汽车工业、航天工业都是万丈高楼平地起，一步一步建设起来的。对于个人来说，应该脚踏实地，一步一个脚印，不应好高骛远。所谓"根深才能叶茂，基固才能楼高，地基不牢，地动山摇"。做任何学问都是如此，如果不重视相关的基础知识和基本理论的学习，那么，掌握一门学问那就成了无稽之谈。

视频

单柱独立基础钢筋翻样

6.1 概　　述

6.1.1 独立基础定义

当建筑物上部结构采用框架结构或单层排架结构承重时，基础常采用方形、圆柱形和多边形等形式的独立式基础，这类基础称为独立式基础，也称单独基础。

6.1.2 独立基础分类

独立基础分三种：阶形基础、坡形基础、杯形基础。

杯形基础又称杯口基础，是独立基础的一种。当建筑物上部结构采用框架结构或单层排架及门架结构承重时，其基础常采用方形或矩形的单独基础，这种基础称为独立基础或柱式基础。独立基础是柱下基础的基本形式，当柱采用预制构件时，则基础做成杯口形，然后将柱子插入并嵌固在杯口内，故称杯形基础。多用于预制排架结构的工业厂房和各种单层结构的厂房和支架。

当采用装配式钢筋混凝土柱时，在基础中应预留安放柱子的孔洞，孔洞的尺寸应比柱子断面尺寸大一些。柱子放入孔洞后，柱子周围用细石混凝土（比基础混凝土强度高一级）浇筑，这种基础称为杯口基础（又称杯形基础）。杯口基础根据基础本身的高低和形状分为两种：一种称为普通杯口基础；另一种称为高杯口基础。高杯口基础和杯型基础的区别是基础本身的高低不同。所以有人说：高杯口基础是指在截面很大的混凝土柱子上面再做杯口基础。

视频

双柱独立基础双层配筋钢筋翻样

6.2 独立基础钢筋计算

阅读某中学致知楼施工图，完成基础层中独立基础中各种钢筋翻样。

基础的环境描述如下：

抗震等级：非抗震；混凝土强度：C30；基础中钢筋强度等级：HRB400；独立基础纵筋保护层厚度：40 mm；基础梁钢筋保护层厚度：25 mm。

6.2.1 独立基础钢筋翻样

独立基础 J–1 ~ J–4。

根据图纸要求当基础边长大于 2.5 m 时，底板受力钢筋的长度可取边长或宽度的 0.9 倍，并交错布置，其构造按照 16G101–3 第 70 页设置。图 6–1 为独立基础 J–1 ~ J–8 详图。独立基础具体参数见表 6–1。

表 6–1 独立基础一览表

编号	h_1	h	A	B	Ag_1	Ag_2
J – 1	300	600	3 200	3 400	Φ14@160	Φ14@160
J – 2	300	650	3 300	3 500	Φ14@150	Φ14@150
J – 3	300	700	3 400	3 700	Φ14@140	Φ14@140
J – 4	300	650	3 300	3 500	Φ14@150	Φ14@150
J – 5	300	700	3 400	3 700	Φ14@140	Φ14@140
J – 6	300	600	2 600	3 200	Φ14@160	Φ14@160
J – 7	300	600	2 600	3 000	Φ14@160	Φ14@160
J – 8	300	600	2 700	3 200	Φ14@160	Φ14@160

注：1. 当基础边长大于 2.5 m，底板受力钢筋的长度可取边长或宽度的 0.9 倍，并交叉布置（最外侧一根钢筋须通长布置）。

2. a，b 为柱截面尺寸，Ag_1，Ag_2 较大钢筋在下。

J–1 ~ J–8 独立基础底板配筋构造见 22G101–3 第 2–11 页设置，底板钢筋的起配距离为 ≤75 mm且 ≤$s/2$。

（1）J – 1 独立基础

X 方向：Φ14@160

$$X\text{方向：总根数} = \frac{Y\text{方向长度} - 2\times\text{起配距离}}{X\text{方向间距}} + 1 = \frac{3\,400 - 75\times 2}{160} + 1 \approx 21.31\text{ 根，取 }22\text{ 根}$$

长钢筋：长度 ≈ X 方向长度 − 2 × 保护层厚度 = 3 200 − 40 × 2 = 3 120 mm

简图如下所示：

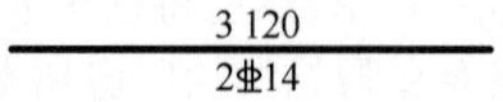

短钢筋：　　　　　　　长度 = 0.9 × 3 200 = 2 880 mm

简图如下所示：

2 880

20Φ14

Y 方向：Φ14@160

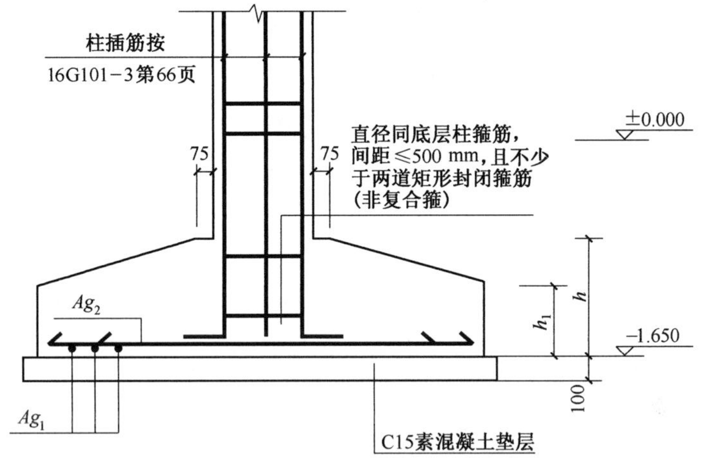

A-A

柱配筋详柱配筋图

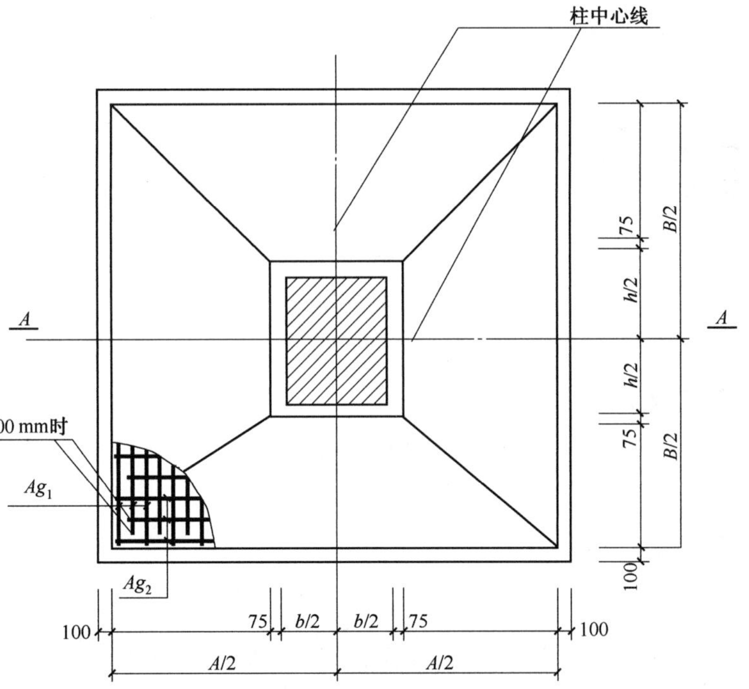

独立基础平面示意图

柱截面(b×h)详上部结构

图 6-1　独立基础 J-1 ~ J-8 详图

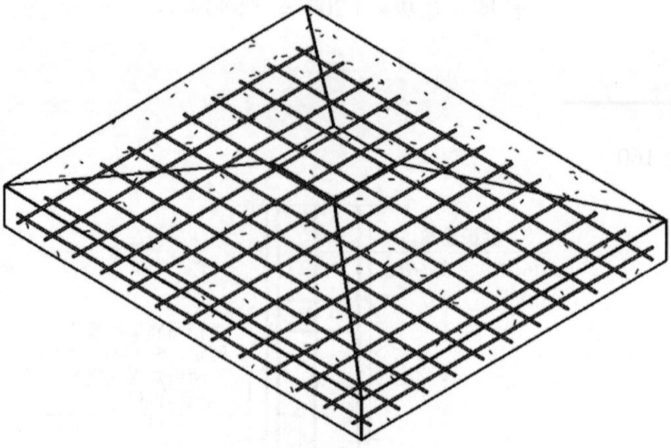

独立基础配筋立体示意图

图 6-1 独立基础 J-1 ~ J-8 详图(续)

Y方向:总根数 = $\frac{X方向长度 - 2 \times 起配距离}{Y方向间距} + 1 = \frac{3\ 200 - 75 \times 2}{160} + 1 \approx 20.06$,取 21 根

长钢筋:长度 = Y方向长度 − 2 × 保护层厚度 = 3 400 − 40 × 2 = 3 320 mm

简图如下所示:

3 320
2⌀14

短钢筋: 长度 = 0.9 × 3 400 = 3 060 mm

简图如下所示:

3 060
19⌀14

(2)J-2 独立基础

X方向:⌀14@150

X方向: 总根数 = $\frac{3\ 500 - 75 \times 2}{150} + 1 \approx 23.33$,取 24 根

长钢筋: 长度 = 3 300 − 40 × 2 = 3 220 mm

简图如下所示:

3 220
2⌀14

短钢筋: 长度 = 0.9 × 3 300 = 2 970 mm

简图如下所示:

2 970
22⌀14

Y方向:⌀14@150

Y方向: 总根数 = $\frac{3\ 300 - 75 \times 2}{150} + 1 = 22$,取 22 根

长钢筋: 长度 = 3 500 − 40 × 2 = 3 420 mm

简图如下所示:

3 420
2⌀14

短钢筋：　　长度 $= 0.9 \times 3\ 500 = 3\ 150$ mm

简图如下所示：

3 150
20Φ14

(3)J-3 独立基础

X 方向：Φ14@140

X 方向：　　总根数 $= \dfrac{3\ 700 - 70 \times 2}{140} + 1 \approx 26.43$，取 27 根

长钢筋：　　长度 $= 3\ 400 - 40 \times 2 = 3\ 320$ mm

简图如下所示：

3 320
2Φ14

短钢筋：　　长度 $= 0.9 \times 3\ 400 = 3\ 060$ mm

简图如下所示：

3 060
25Φ14

Y 方向：Φ14@140

Y 方向：　　总根数 $= \dfrac{3\ 400 - 70 \times 2}{140} + 1 \approx 24.29$，取 25 根

长钢筋：　　长度 $= 3\ 700 - 40 \times 2 = 3\ 620$ mm

简图如下所示：

3 620
25Φ14

短钢筋：　　长度 $= 0.9 \times 3\ 700 = 3\ 330$ mm

简图如下所示：

3 330
23Φ14

(4)J-4 独立基础

X 方向：Φ14@150

X 方向：　　总根数 $= \dfrac{3\ 500 - 75 \times 2}{150} + 1 \approx 23.33$，取 24 根

长钢筋：　　长度 $= 3\ 300 - 40 \times 2 = 3\ 220$ mm

简图如下所示：

3 220
2Φ14

短钢筋：　　长度 $= 0.9 \times 3\ 300 = 2\ 970$ mm

简图如下所示：

2 970
22Φ14

Y 方向：Φ14@150

Y 方向：　　总根数 $= \dfrac{3\ 300 - 75 \times 2}{150} + 1 = 22$，取 22 根

长钢筋：　　长度 $= 3\ 500 - 40 \times 2 = 3\ 420$ mm

简图如下所示：

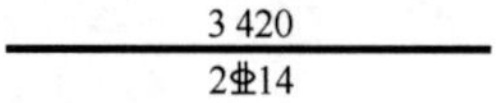

短钢筋：　　　　　　　长度 = 0.9 × 3 500 = 3 150 mm

简图如下所示：

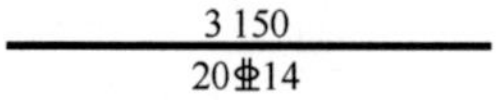

6.2.2 四柱独基础

四柱独基：以轴线③～④/轴线Ⓐ～Ⓑ处 J-7 为例，如图 6-2 所示。

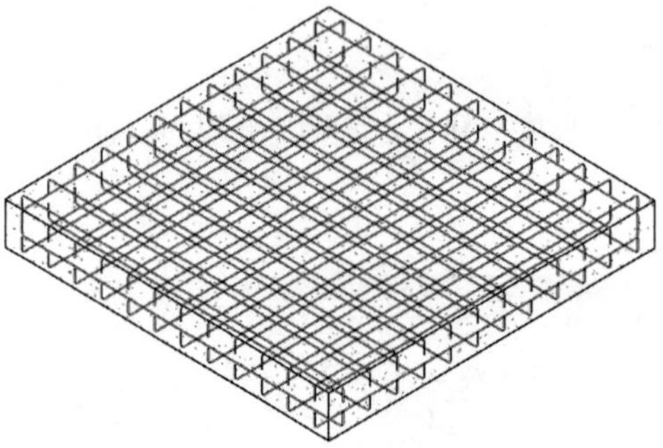

图 6-2　独立基础 J-7 配筋示意图

基础纵筋计算按筏板基础配筋计算，参照图集 22G101-3 第 2-37 页端部等截面外伸构造。

(1)底部纵筋计算

X 方向纵筋：　长度 = 7 300 − 2 × 40 + 12 × 20 × 2 = 7 700 mm

$$根数 = \frac{7\,300 - 800 - 650 - 2 \times 65}{130} + 1 = 45，取 45 根$$

简图如下所示：

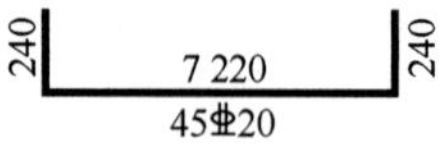

Y 方向纵筋：　长度 = 7 300 − 2 × 40 + 12 × 20 × 2 = 7 700 mm

$$根数 = \frac{7\,300 - 650 - 650 - 2 \times 65}{130} + 1 \approx 46.15，取 47 根$$

简图如下所示：

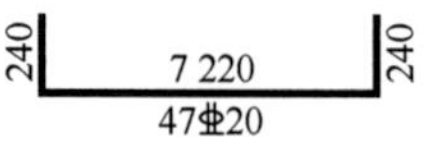

(2)基础顶部纵筋与底部相同

X 方向纵筋：　长度 = 7 300 − 2 × 40 + 12 × 20 × 2 = 7 700 mm

$$根数 = \frac{7\,300 - 800 - 650 - 2 \times 65}{130} + 1 = 45，取 45 根$$

简图如下所示：

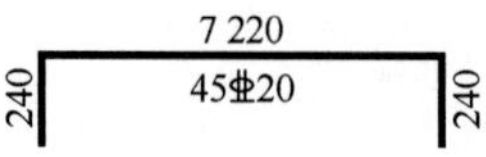

Y 方向纵筋：　　长度 = 7 300 − 2 × 40 + 12 × 20 × 2 = 7 700 mm

$$根数 = \frac{7\ 300 - 650 - 650 - 2 \times 65}{130} + 1 \approx 46.15，取 47 根$$

简图如下所示：

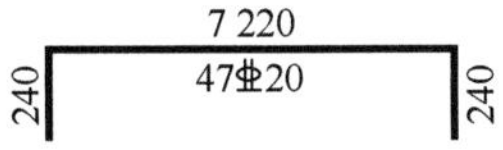

6.2.3　联合基础

联合基础 JL-1～JL-3 的具体参数见表 6-2，图 6-3 为联合基础 JL-1～JL-3 详图，图 6-4 为联合基础 JL-1 示意图。

表 6-2　联合基础 Jl-1～Jl-3 一览表

编号	L_1	L_2	L_3	W_1	W_2	b_1	b_2	Ag_3	Ag_4	基础梁：$B \times H$	Ag_5	Ag_6	Ag_7	h_3	h_4
JL-1	1 700	1 800	3 200	2 125	1 875	400	250	Φ16@150	Φ14@150	650×850	6Φ25	9Φ25 2/7	Φ12@150(4)	350	700
JL-2	1 400	3 000	3 000	1 700	1 900	400	250	Φ16@150	Φ14@150	650×900	7Φ25 2/5	11Φ25 4/7	Φ12@150(4)	350	650
JL-3	1 800	3 000	3 000	1 900	1 800	450	250	Φ16@150	Φ14@150	700×950	9Φ25 5/4	14Φ25 7/7	Φ12@150(4)	350	650

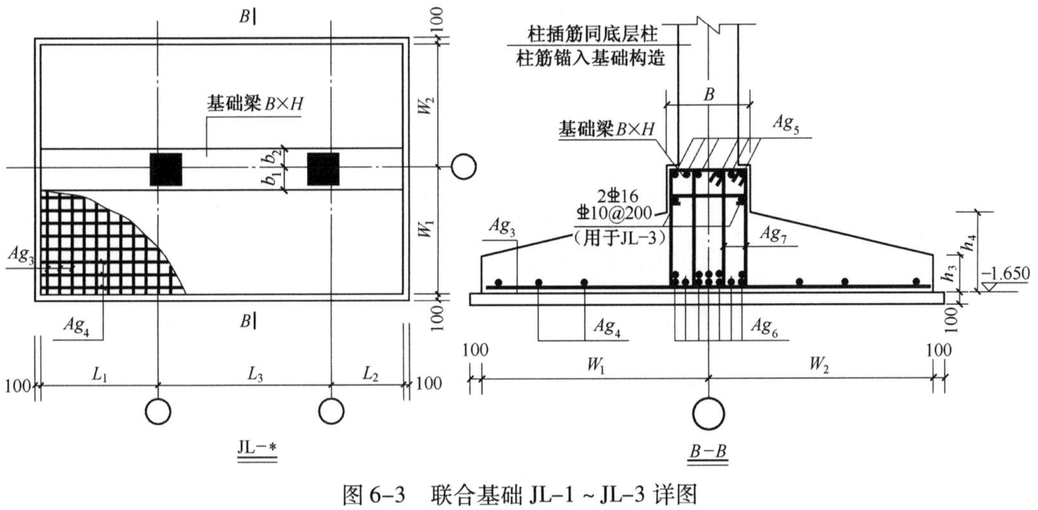

图 6-3　联合基础 JL-1～JL-3 详图

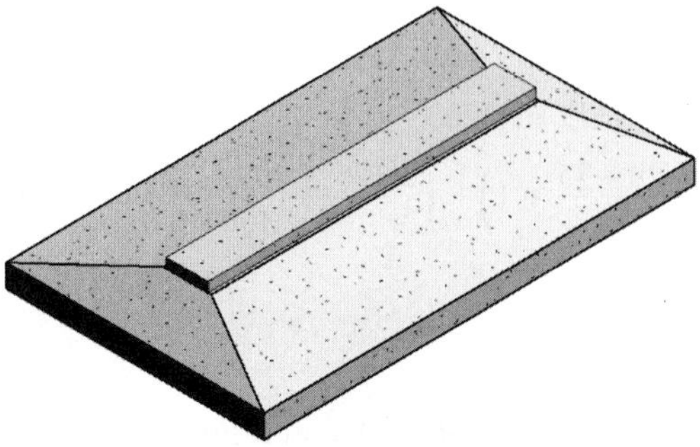

(a) 联合基础示意图

图 6-4　联合基础 JL-1 示意图

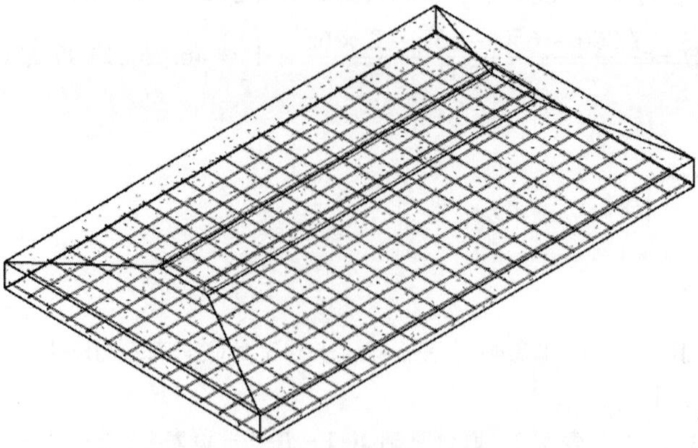

(b) 联合基础配筋示意图（联合基础和基础梁底面接触的范围内，不重复布置钢筋$Ag4$）

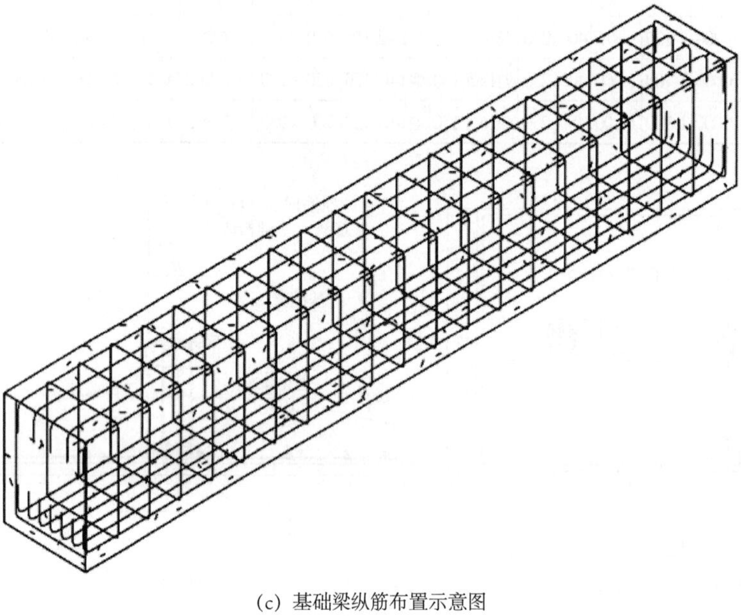

(c) 基础梁纵筋布置示意图

图 6-4 联合基础 JL-1 示意图(续)

JL-1

基础纵筋

X 方向：长度 = 6 700 − 2 × 40 = 6 620 mm

$$根数 = \left(\frac{1\ 875 - 250 - 75 - 75}{150} + 1\right) + \left(\frac{2\ 125 - 400 - 75 - 75}{150} + 1\right) \approx 22.33\ 根，取\ 23\ 根$$

简图如下所示：

6 620
23⌀14

Y 方向：长度 = 4 000 − 2 × 40 = 3 920 mm

$$根数 = \frac{6\ 700 - 75 - 75}{150} + 1 \approx 44.67\ 根，取\ 45\ 根$$

简图如下所示：

3 920
45Φ16

独立基础 J-1 ~ J-4、四柱独基 J-7、联合基础 JL-1 钢筋明细表见表 6-3。

表 6-3　基础钢筋明细表

工程名称:独立基础、联合基础

序号	级别直径	简图	单长/mm	总数/根	总长/m	总质/kg	备注
构件信息:0 层(基础层)\\基础 J-1_Ⓒ/①							
1	Φ14	3 120	3 120	2	6. 240	7. 538	*X* 方向底筋
2	Φ14	2 880	2 880	20	57. 600	69. 580	*X* 方向底筋
3	Φ14	3 320	3 320	2	6. 640	8. 021	*Y* 方向底筋
4	Φ14	3 060	3 060	19	58. 140	70. 224	*Y* 方向底筋
构件信息:0 层(基础层)\\基础 J-2_Ⓒ/⑥							
5	Φ14	3 220	3 220	2	6. 440	7. 780	*X* 方向底筋
6	Φ14	2 970	2 970	20	65. 340	78. 936	*X* 方向底筋
7	Φ14	3 420	3 420	2	6. 840	8. 263	*Y* 方向底筋
8	Φ14	3 150	3 150	20	63. 00	76. 100	*Y* 方向底筋
构件信息:0 层(基础层)\\基础 J-3_Ⓒ/③							
9	Φ14	3 320	3 320	2	6. 640	8. 021	*X* 方向底筋
10	Φ14	3 060	3 060	25	76. 500	92. 400	*X* 方向底筋
11	Φ14	3 620	3 620	2	7. 240	8. 746	*Y* 方向底筋
12	Φ14	3 258	3 258	23	76. 590	92. 529	*Y* 方向底筋
构件信息:0 层(基础层)\\基础 J-4_Ⓑ/①							
13	Φ14	3 220	3 220	2	6. 440	7. 780	*X* 方向底筋
14	Φ14	2 970	2 970	22	65. 340	78. 936	*X* 方向底筋
15	Φ14	3 420	3 420	2	6. 840	8. 262	*Y* 方向底筋
16	Φ14	3 150	3 150	20	63. 00	76. 100	*Y* 方向底筋

续表

工程名称:独立基础、联合基础							
序号	级别直径	简图	单长/mm	总数/根	总长/m	总质/kg	备注
构件信息:0 层(基础层)\\基础 J-7_Ⓐ ~ Ⓑ/③ ~ ④							
17	⏀20	240 7 220 240	7 700	46	354.200	873.457	X 方向底层筋
18	⏀20	240 7 220 240	7 700	47	361.900	892.445	Y 方向底层筋
19	⏀20	240 7 220 240	7 700	46	354.200	873.457	X 方向顶层筋
20	⏀20	240 7 220 240	7 700	47	361.900	892.445	Y 方向顶层筋
构件信息:0 层(基础层)\\联合基础 JL-1							
21	⏀14	6 620	6 620	23	152.26	183.930	X 方向底层筋
22	⏀16	3 920	3 920	45	176.400	278.359	Y 方向底层筋

习　　题

一、名词解释

1. 独立基础　2. 基础梁　3. 杯形基础　4. 基础连梁

5. DJ_J　6. DJ_P　7. BJ_J　8. BJ_P

二、简答题

1. 基础主梁和基础次梁有什么区别?
2. 普通独立基础和杯口独立基础的集中标注包括哪些内容?
3. 独立基础和桩基有何区别?
4. 简述独立基础的适用范围。
5. 柱下独立基础与桩承台基础的本质区别是什么?
6. 独立基础主要有哪几种类型?

三、填空题

1. 独立基础底板双向交叉钢筋上向设置________,短向设置________。

2. 双柱普通独立基础底板的截面形状,可分为________或________。

3. 双柱普通独立基础底部都双向交叉钢筋,根据基础两个方向从柱外缘的伸出长度 e_x 和 e_x' 的大小,________的钢筋设置在下,较小者方向的钢筋________。

4. 双柱独立基础底部短向受力钢筋设置在基础梁________,与基础梁箍筋的下水平段位于________。

5. 双柱独立基础所设置的基础梁宽度，宜比柱截面宽度________，当具体设计的基础梁宽度小于________柱截面宽度时，施工时按 16G101-3 第 69 页构造规定增设________。

6. 当独立基础的底板宽度________，除外侧钢筋外，底板配筋长度可取相应方向底板长度的________。

7. 当非对称独立基础底板长度 >2 500 mm，但该基础某侧从柱中心至基础底板边缘的距离________，钢筋在该侧________。

四、选择题

1. 当独立基础板底 X、Y 方向宽度满足(　　)时，X、Y 方向钢筋长度 = 板底宽度 ×0.9。

(A)≥2 500 mm　　(B)≥2 600 mm　　(C)≥2 700 mm　　(D)≥2 800 mm

2. 16G101-3 图集不适用于(　　)的设计与施工。

(A)独立基础　　(B)条形基础　　(C)桩基承台　　(D)箱型基础

3. 连系梁不适用于(　　)基础构件的连接。

(A)独立基础　　(B)条形基础　　(C)桩基承台　　(D)筏板基础

4. 16G101-3 不包括的基础类型有(　　)。

(A)独立基础　　(B)梁板式筏型基础

(C)箱型基础　　(D)平板式筏型基础

5. 在基础内的第一根柱箍筋到基础顶面的距离是(　　)。

(A)50 mm　　(B)100 mm

(C)3d(d 为箍筋直径)　　(D)5d(d 为箍筋直径)

6. 基础主梁在高度变截面处，上下钢筋深入支座长要达到的要求是(　　)。

(A)深入支座长要满足 l_a　　(B)深入支座长要满足 1 000 mm

(C)深入支座长要满足 15d　　(D)深入支座长要满足 2 倍的梁高

7. 影响钢筋锚固长度 l_{aE} 大小选择的因素不包括(　　)。

(A)抗震等级　　(B)混凝土强度

(C)钢筋种类及直径　　(D)保护层厚度

8. 当梁上部纵筋多余一排时，用(　　)符号将各排钢筋自上而下分开。

(A)/　　(B);　　(C)*　　(D)+

9. 当图纸标有：JL8(3)300×700 Y500×250 表示(　　)。

(A)8 号基础梁，3 跨，截面尺寸为宽 300 mm、高 700 mm，基础梁加腋，腋长 500 mm、腋高 250 mm

(B)8 号基础梁，3 跨，截面尺寸为宽 300 mm、高 700 mm，基础梁加腋，腋高 500 mm、腋长 250 mm

(C)8 号基础梁，3 跨，截面尺寸为宽 700 mm、高 300 mm，第三跨变截面根部高 500 mm、端部高 250 mm

(D)8 号基础梁，3 跨，截面尺寸为宽 300 mm、高 700 mm，第一跨变截面根部高 250 mm、端部高 500 mm

10. 当混凝土为 C25，抗震等级为三级时，直径为 20 mm 的 HRB335 级钢筋的最小锚固长度 l_{aE} 为(　　)。

(A)560 mm　　(B)700 mm　　(C)880 mm　　(D)900 mm

五、计算题

如图 6-5 所示，独立基础混凝土强度为 C30，保护层厚度为 40 mm，请计算该基础纵筋的长度和根数。

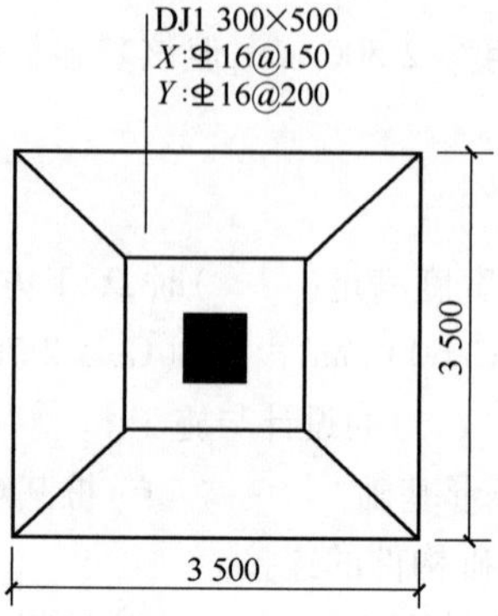

图 6-5　某独立基础配筋图

第7章

条形基础钢筋翻样与下料

素质目标：结合条形基础+独立基础组合，构造详图的解读，引导学生主动探索思考，在专业领域尊重科学。

预期成效：培养学生对专业领域的科学精神、探索精神和创新精神。

阅读导入

条形基础是指基础长度远远大于宽度的一种基础形式。按上部结构分为墙下条形基础和柱下条形基础，它们的作用是把墙或柱的荷载侧向扩展到土中，使之满足地基承载力和变形的要求。基础工程的大部分深埋地下，总是默默无闻，容易被人遗忘，但它却是建筑的根本和根基。对于中国来说，家是国家稳定的基础，国是万家平安的保障。以家为本和家国同构的社会根基，不仅为历代明德有为之士指明了"修身齐家治国平天下"的进步阶梯和人生目标，也是激励我们为国为家顽强拼搏的社会基础和心理力量。国与家虽有大小之别、上下之分，但两者既息息相关不可分割，又命运相牵休戚与共。一方面，家是国的最小社会单位，是国的细胞和缩影，没有家就没有国；另一方面，国是家的放大和延伸，是家庭细胞赖以生存的肌体，国盛才能家兴，国破则难免家亡。

7.1 概述

7.1.1 条形基础定义

条形基础是指基础长度远远大于宽度的一种基础形式。按上部结构分为墙下条形基础和柱下条形基础。基础的长度大于或等于10倍基础的宽度。条形基础的特点是，布置在一条轴线上且与两条以上轴线相交，有时也和独立基础相连，但截面尺寸与配筋不尽相同。另外，横向配筋为主要受力钢筋，纵向配筋为次要受力钢筋或者是分布钢筋。主要受力钢筋布置在下面。

7.1.2 条形基础分类

墙下条形基础和柱下独立基础（单独基础）统称为扩展基础。扩展基础的作用是把墙或柱的荷载侧向扩展到土中，使之满足地基承载力和变形的要求。扩展基础包括无筋扩展基础和钢筋混凝土扩展基础。

1. 无筋扩展基础

无筋扩展基础系指由砖、毛石、混凝土或毛石混凝土、灰土和三合土等材料组成的无须配置钢筋的墙下条形基础或柱下独立基础。无筋基础的材料都具有较好的抗压性能,但抗拉、抗剪强度都不高,为了使基础内产生的拉应力和剪应力不超过相应的材料强度设计值,设计时需要加大基础的高度。因此,这种基础几乎不发生挠曲变形,故习惯上把无筋基础称为刚性基础。

无筋扩展基础适用于多层民用建筑和轻型厂房。无筋扩展基础的抗拉强度和抗剪强度较低,因此必须控制基础内的拉应力和剪应力。结构设计时可以通过控制材料强度等级和台阶宽高比(台阶的宽度与其高度之比)来确定基础的截面尺寸,而无须进行内力分析和截面强度计算。

由于台阶宽高比的限制,无筋扩展基础的高度一般都较大,但不应大于基础埋深,否则,应加大基础埋深或选择刚性角较大的基础类型(如混凝土基础),如仍不满足,可采用钢筋混凝土基础。

2. 钢筋混凝土扩展基础

《建筑地基基础设计规范》(GB 50007—2011)中规定用钢筋混凝土建造的抗弯能力强,不受刚性角限制的基础称为扩展基础。将上部结构传来的荷载,通过向侧边扩展成一定底面积,使作用在基底的压应力等于或小于地基土的允许承载力,而基础内部的应力应同时满足材料本身的强度要求,这种起到压力扩散作用的基础称为扩展基础。系指柱下钢筋混凝土独立基础和墙下钢筋混凝土条形基础。

7.2 条形基础钢筋翻样案例一

请为某中学致知楼基础层中条形基础中各种钢筋翻样。条形基础的环境描述如下:

抗震等级:非抗震;混凝土强度:C30;基础中钢筋强度等级:HRB400;条形基础纵筋保护层厚度:40 mm。

条形基础构造按照22G101-3第2-20页设置,以轴线①/Ⓑ~Ⓒ为例,受力筋⏀10@170,分布筋为⏀8@200,计算设置如下:条形基础受力筋端部起配距离为受力筋间距的一半,分布筋距条形基础边距离为分布筋间距的一半,伸入独立基础内长度为15d。该条形基础的配筋如图7-1所示。

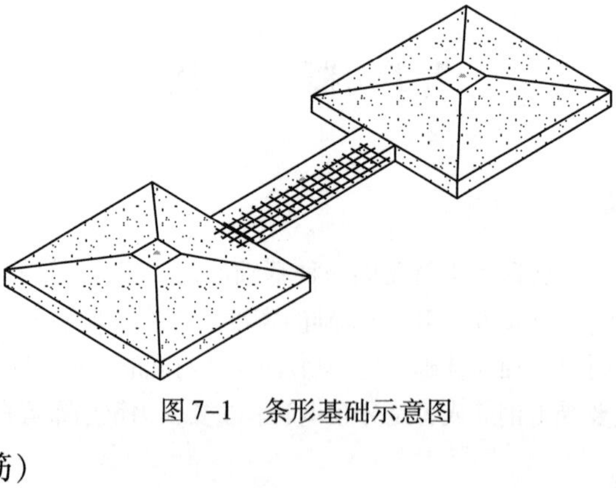

图7-1　条形基础示意图

1. 受力筋(短向筋)

$$长度 = 700 - 40 \times 2 = 620\ \text{mm}$$

$$根数 = \frac{7\,000 - 1\,775 - 1\,825 - 85 \times 2}{170} + 1 = 20\ 根$$

简图如下所示：

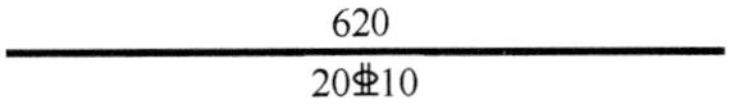

2. 分布筋(长向筋)

$$长度 = 7\ 000 - 1\ 775 - 1\ 825 + 15 \times 8 \times 2 = 3\ 640\ \text{mm}$$

$$根数 = \frac{700 - 75 - 75}{200} + 1 = 3.75，取\ 4\ 根$$

简图如下所示：

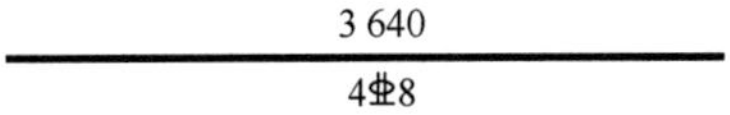

7.3　条形基础钢筋翻样案例二

7.3.1　条形基础施工图

(1)图 7-2 为某条形基础平面图

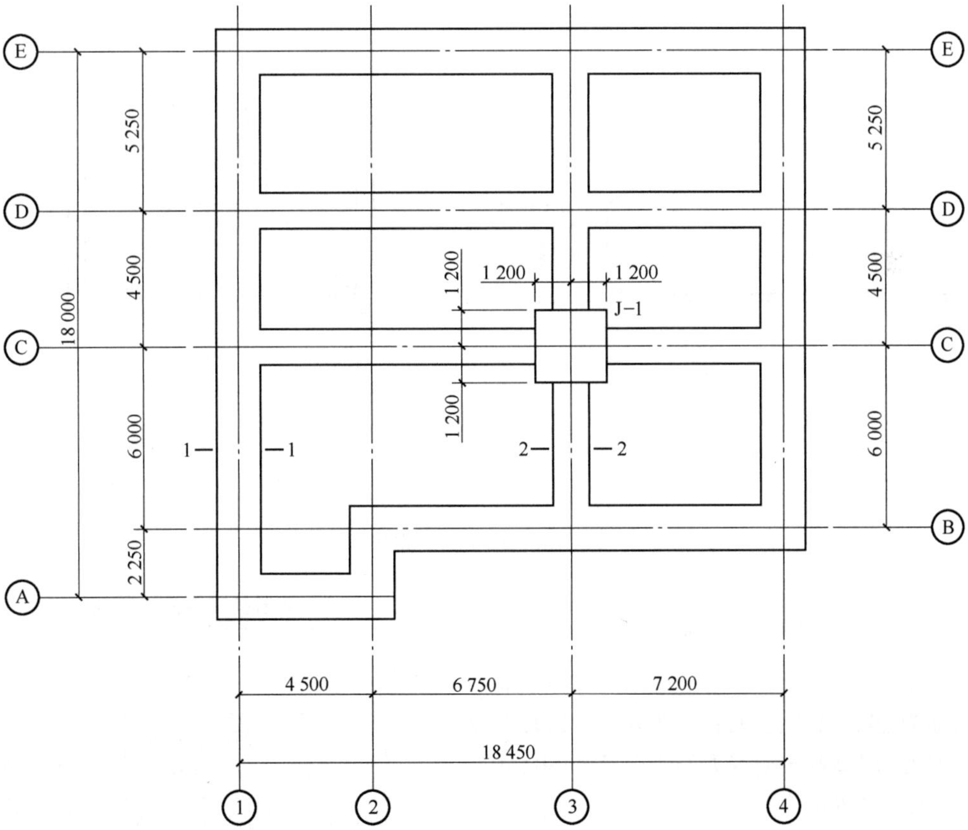

图 7-2　某条形基础平面图

(2)外墙条基、内墙条基断面图及独立基础详图

图 7-3(a)为外墙条基断面图,图 7-3(b)为内墙条基断面图,图 7-4 为独立基础详图。

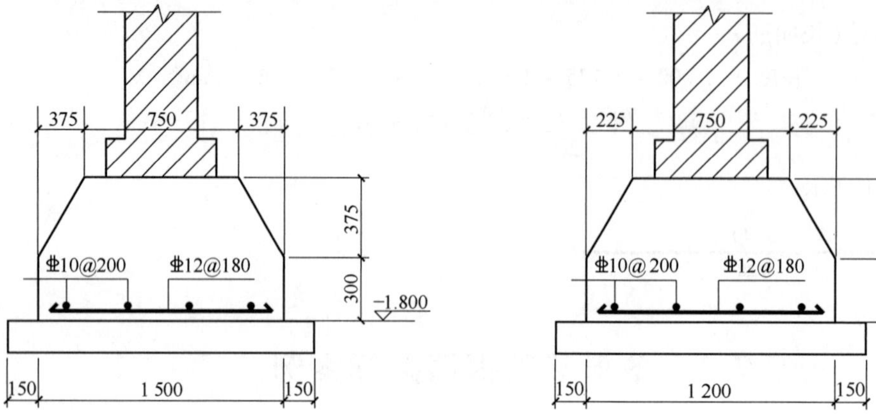

(a) 1-1 **外墙条基断面图**　　(b) 2-2 **内墙条基断面图**

图 7-3　外墙及内墙条基断面图

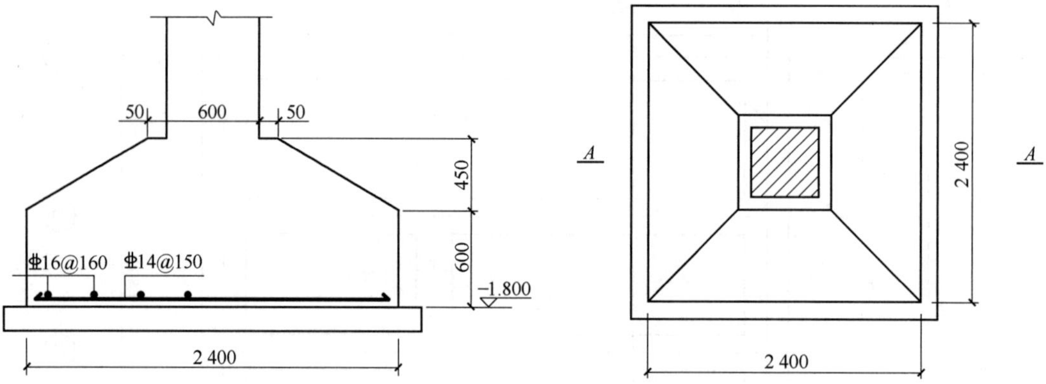

(a) *A*-*A*断面图　　(b) 平面图

图 7-4　独立基础详图

7.3.2　条形基础钢筋布置

由图 7-3 可知,外墙条基宽度为1 500 mm,受力筋为Φ12@ 180,分布钢筋为Φ10@ 200,内墙条基宽度为 1 200 mm,受力筋为Φ12@ 180,分布钢筋为Φ10@ 200。

条形基础要计算的钢筋项目,见表 7-1。

表 7-1　条形基础要计算的钢筋项目

钢筋类型	钢筋位置及编号	钢筋长度/数量
受力筋	1-1 剖面:1、3 号筋 2-2 剖面:1、3 号筋	长度、根数
分布筋	1-1 剖面:2 号、4 号筋	长度、根数

7.3.3　条形基础环境

混凝土：C30，保护层厚度为 40 mm。

计算设置：

（1）受力筋：条形基础受力筋端部起配距离为 S/2，S 为受力筋的间距，即 90 mm；条形基础十字相交时，受力筋布筋范围按横向贯通、纵向断开计算；非贯通条基受力筋伸入贯通条基内的长度为 b/4，b 外墙条基的宽度，外墙条基受力筋如图 7-5 所示，内墙条基受力筋如图 7-6 所示。图 7-7 为条形基础钢筋布置。

（2）分布筋：条形基础分布筋端部起配距离为 S/2，S 为分布筋的间距，即 100 mm；非贯通条基分布筋伸入贯通条基内的长度为 150 mm；分布筋伸入独立基础内的长度为 15d；L 型相交条基分布筋按非贯通计算，内墙及外墙条基分布筋如图 7-8 所示。

（3）条基础 1（以下简称条基 1）宽即外墙条基的宽度为 1 500 mm，条基础 2（以下简称条基 2）宽即内墙条基的宽度为 1 200 mm。

（4）搭接设置，条基为非抗震，纵向钢筋搭接接头百分率取 50%，根据 16G101-1 第 60 页，搭接长度取 49d，条基中纵筋定尺长度取 9 m。

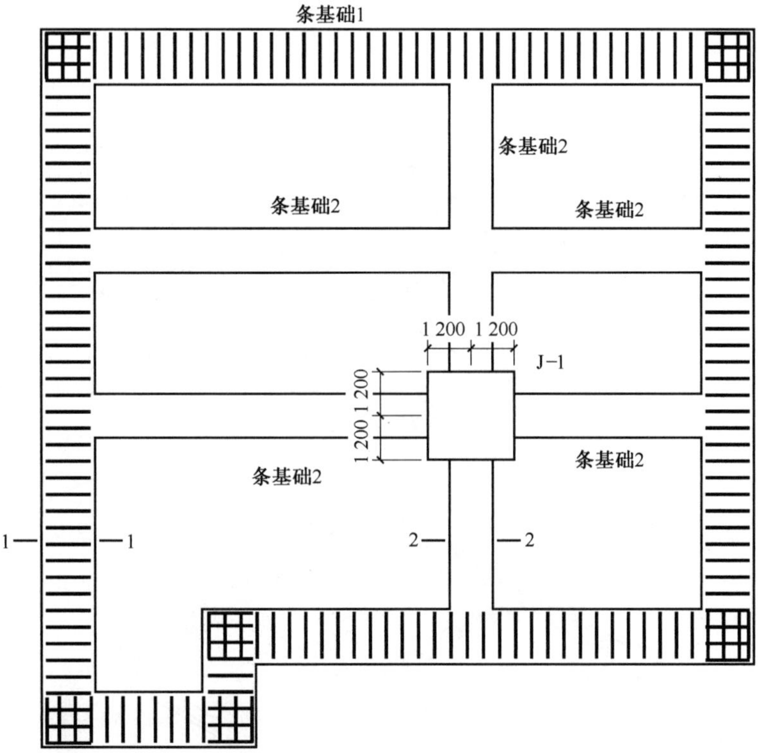

图 7-5　外墙条基受力筋示意图

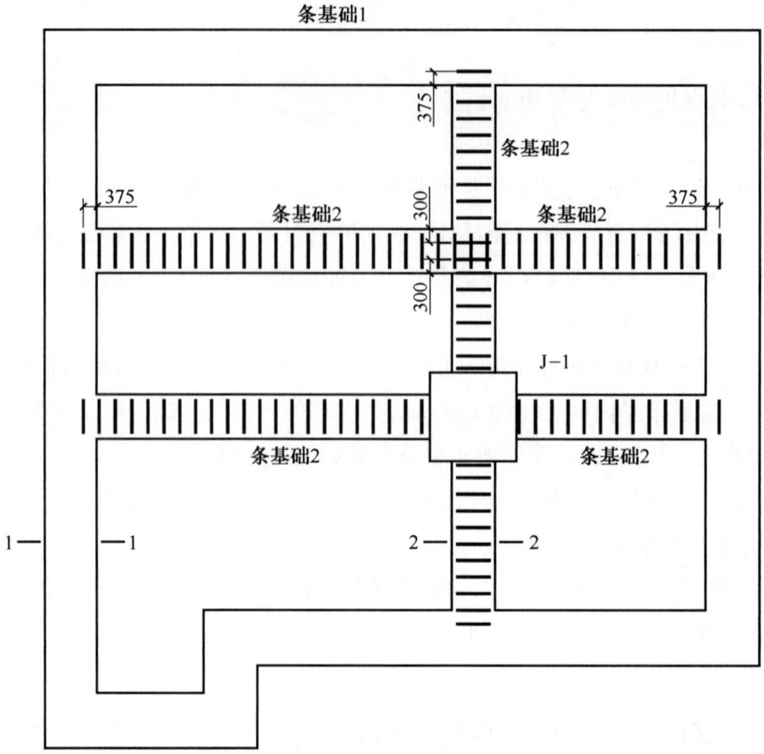

图 7-6　内墙条基受力筋示意图

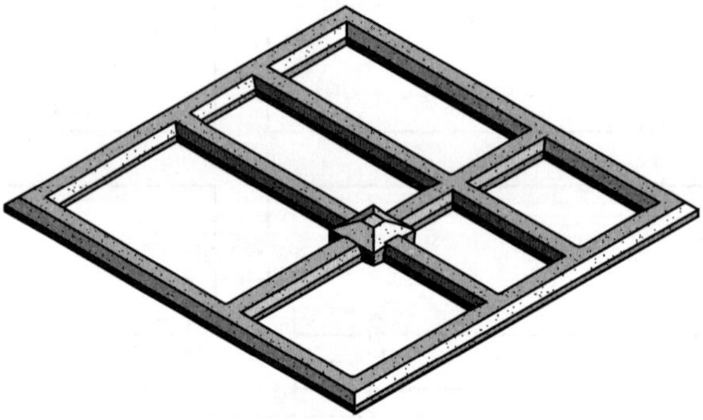

（a）条形基础三维示意图

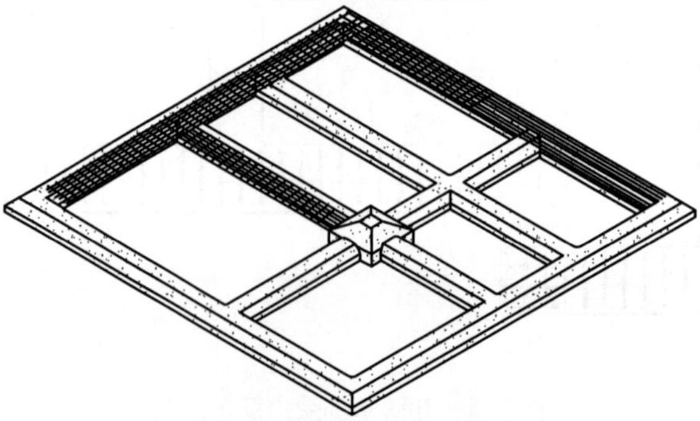

（b）条形基础钢筋布置图

图 7-7　条形基础三维示意图和钢筋布置

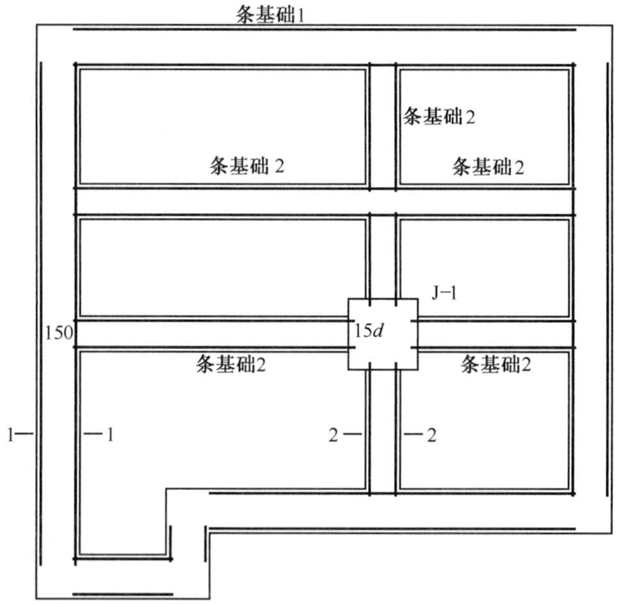

图 7–8　外墙及内墙条基分布筋示意图

7.3.4　条形基础钢筋计算

1. 外墙条基(1–1 剖面)

(1)①/Ⓐ ~ Ⓔ轴

受力筋：

$$长度 = 条基宽度 - 保护层厚度 \times 2 = 1\ 500 - 40 \times 2 = 1\ 420\ \text{mm}$$

$$根数 = \frac{条基 1 外边线 - 2 \times 起配距离}{间距} + 1$$

$$根数 = \frac{18\ 000 + 750 \times 2 - 90 \times 2}{180} + 1 \approx 108.33，取 109 根$$

分布筋：

$$长度 = 条基 1 轴线长 - \frac{1}{2} 条基 1 宽度 \times 2 + 搭接长度 \times 2$$

$$长度 = 18\ 000 - \frac{1}{2} \times 1\ 500 \times 2 + 150 \times 2 = 16\ 800\ \text{mm}$$

考虑搭接长度

$$总长 = 16\ 800 + 49 \times 10 = 17\ 290\ \text{mm}$$

$$根数 = \frac{条基 1 宽 - 起配距离}{间距} + 1 = \frac{1\ 500 - 100 \times 2}{200} + 1 = 7.5，取 8 根$$

(2)④/Ⓑ ~ Ⓔ轴

受力筋：

$$长度 = 条基 1 宽度 - 保护层厚度 \times 2 = 1\ 500 - 40 \times 2 = 1\ 420\ \text{mm}$$

$$根数 = \frac{条基 1 外边线 - 2 \times 起配距离}{间距} + 1$$

$$根数=\frac{6\ 000+4\ 500+5\ 250+750\times 2-90\times 2}{180}+1\approx 95.83$$，取96根

分布筋：

$$长度=条基1轴线长-\frac{1}{2}条基1宽度\times 2+搭接长度\times 2$$

$$长度=6\ 000+4\ 500+5\ 250-\frac{1}{2}\times 1\ 500\times 2+150\times 2=14\ 550\ mm$$

考虑搭接长度

$$总长=14\ 550+49\times 10=15\ 040\ mm$$

$$根数=\frac{条基1宽-起配距离}{间距}+1=\frac{1\ 500-100\times 2}{200}+1=7.5$$，取8根

(3)Ⓐ/①～②轴

受力筋：

$$长度=条基1宽度-保护层厚度\times 2=1\ 500-40\times 2=1\ 420\ mm$$

$$根数=\frac{条基1外边线-2\times 起配距离}{间距}+1=\frac{4\ 500+750\times 2-90\times 2}{180}+1\approx 33.33$$，取34根

分布筋：

$$长度=条基1轴线长-\frac{1}{2}条基1宽度\times 2+搭接长度\times 2$$

$$长度=4\ 500-\frac{1}{2}\times 1\ 500\times 2+150\times 2=3\ 300\ mm$$

$$根数=\frac{条基1宽-起配距离}{间距}+1=\frac{1\ 500-100\times 2}{200}+1=7.5$$，取8根

(4)②/Ⓐ～Ⓑ轴

受力筋：

$$长度=条基1宽度-保护层厚度\times 2=1\ 500-40\times 2=1\ 420\ mm$$

$$根数=\frac{条基1外边线-2\times 起配距离}{间距}+1=\frac{2\ 250+750\times 2-90\times 2}{180}+1\approx 20.83$$，取21根

分布筋：

$$长度=条基1轴线长-\frac{1}{2}条基1宽度\times 2+搭接长度\times 2$$

$$长度=2\ 250-\frac{1}{2}\times 1\ 500\times 2+150\times 2=1\ 050\ mm$$

$$根数=\frac{条基1宽-起配距离}{间距}+1=\frac{1\ 500-100\times 2}{200}+1=7.5$$，取8根

(5)Ⓑ/②～④轴

受力筋：

$$长度=条基1宽度-保护层厚度\times 2=1\ 500-40\times 2=1\ 420\ mm$$

$$根数=\frac{条基1外边线-2\times 起配距离}{间距}+1$$

$$根数=\frac{6\ 750+7\ 200+750\times 2-90\times 2}{180}+1\approx 85.83$$，取86根

分布筋：

$$长度 = 条基1轴线长 - \frac{1}{2}条基1宽度 \times 2 + 搭接长度 \times 2$$

$$长度 = 6\ 750 + 7\ 200 - \frac{1}{2} \times 1\ 500 \times 2 + 150 \times 2 = 12\ 750\ mm$$

考虑搭接长度

$$总长 = 12\ 750 + 49 \times 10 = 13\ 240\ mm$$

$$根数 = \frac{条基1宽 - 起配距离}{间距} + 1 = \frac{1\ 500 - 100 \times 2}{200} + 1 = 7.5，取8根$$

(6)Ⓔ/①～④轴

受力筋：

$$长度 = 条基1宽度 - 保护层厚度 \times 2 = 1\ 500 - 40 \times 2 = 1\ 420\ mm$$

$$根数 = \frac{条基1外边线 - 2 \times 起配距离}{间距} + 1$$

$$根数 = \frac{18\ 450 + 750 \times 2 - 90 \times 2}{180} + 1 \approx 110.83，取111根$$

分布筋：

$$长度 = 条基1轴线长 - \frac{1}{2}条基1宽度 \times 2 + 搭接长度 \times 2$$

$$长度 = 18\ 450 - \frac{1}{2} \times 1\ 500 \times 2 + 150 \times 2 = 17\ 250\ mm$$

考虑搭接长度

$$总长 = 17\ 250 + 49 \times 10 = 17\ 740\ mm$$

$$根数 = \frac{条基1宽 - 起配距离}{间距} + 1 = \frac{1\ 500 - 100 \times 2}{200} + 1 = 7.5，取8根$$

2. 内墙条基(2-2 剖面)

(1)Ⓒ/①～③轴

受力筋：

$$长度 = 条基2宽度 - 保护层厚度 \times 2 = 1\ 200 - 40 \times 2 = 1\ 120\ mm$$

$$根数 = \frac{条基2轴线长 - \frac{1}{2} \times 条基1宽 - \frac{1}{2} \times 独基宽 + \frac{1}{4} \times 条基1宽}{间距} + 1$$

$$根数 = \frac{4\ 500 + 6\ 750 - 750 - 1\ 200 + \frac{1}{4} \times 1\ 500}{180} + 1 = 54.75，取55根$$

分布筋：

$$长度 = 条基2轴线长 - \frac{1}{2}条基1宽度 - 独基宽/2 + 搭接长度 + 伸入独基内长度(15d)$$

$$长度 = 4\ 500 + 6\ 750 - 750 - 1\ 200 + 150 + 15 \times 10 = 9\ 600\ mm$$

考虑搭接长度

$$总长 = 9\ 600 + 49 \times 10 = 10\ 090\ mm$$

$$根数=\frac{条基2宽-起配距离}{间距}+1=\frac{1\ 200-100\times 2}{200}+1=6\ 根$$

(2)Ⓒ/③－④轴

受力筋:

$$长度=条基宽度-保护层厚度\times 2=1\ 200-40\times 2=1\ 120\ \text{mm}$$

$$根数=\frac{条基2轴线长-\frac{1}{2}\times 独基宽-\frac{1}{2}\times 条基1宽+\frac{1}{4}\times 条基1宽}{间距}+1$$

$$根数=\frac{7\ 200-1\ 200-750+\frac{1}{4}\times 1\ 500}{180}+1=32.25，取33\ 根$$

分布筋:

$$长度=条基2轴线长-\frac{1}{2}\times 独基宽-\frac{1}{2}\times 条基1宽度+搭接长度+伸入独基内长度(15d)$$

$$长度=7\ 200-1\ 200-\frac{1}{2}\times 1\ 500+150+15\times 10=5\ 550\ \text{mm}$$

$$根数=\frac{条基2宽-起配距离}{间距}+1=\frac{1\ 200-100\times 2}{200}+1=6\ 根$$

(3)Ⓓ/①～④轴

受力筋:

$$长度=条基2宽度-保护层厚度\times 2=1\ 200-40\times 2=1\ 120\ \text{mm}$$

$$根数=\frac{条基2轴线长-\frac{1}{2}\times 条基1宽\times 2+\frac{1}{4}\times 条基1宽\times 2}{间距}+1$$

$$根数=\frac{18\ 450-750\times 2+\frac{1}{4}\times 1\ 500\times 2}{180}+1\approx 99.33，取100\ 根$$

分布筋:

$$长度=条基2轴线长-\frac{1}{2}条基1宽度\times 2+搭接长度\times 2$$

$$长度=18\ 450-\frac{1}{2}\times 1\ 500\times 2+150\times 2=17\ 250\ \text{mm}$$

考虑搭接长度

$$总长=17\ 250+49\times 10=17\ 740\ \text{mm}$$

$$根数=\frac{条基2宽-起配距离}{间距}+1=\frac{1\ 200-100\times 2}{200}+1=6\ 根$$

(4)③/Ⓑ～Ⓒ轴

受力筋:

$$长度=条基2宽度-保护层厚度\times 2=1\ 200-40\times 2=1\ 120\ \text{mm}$$

$$根数=\frac{条基2轴线长-\frac{1}{2}\times 独基宽-\frac{1}{2}\times 条基1宽+\frac{1}{4}\times 条基1宽}{间距}+1$$

$$根数 = \frac{6\,000 - 1\,200 - 750 + \frac{1}{4} \times 1\,500}{180} + 1 \approx 25.58，取 26 根$$

分布筋：

$$长度 = 条基 2 轴线长 - \frac{1}{2} \times 独基度 - \frac{1}{2} \times 条基 1 宽度 + 搭接长度 + 伸入基础内长度(15d)$$

$$长度 = 6\,000 - 1\,200 - \frac{1}{2} \times 1\,500 + 150 + 15 \times 10 = 4\,350\ \text{mm}$$

$$根数 = \frac{条基 2 宽 - 起配距离}{间距} + 1 = \frac{1\,200 - 100 \times 2}{200} + 1 = 6 根$$

(5)③/Ⓒ ~ Ⓓ轴

受力筋：

$$长度 = 条基 2 宽度 - 保护层厚度 \times 2 = 1\,200 - 40 \times 2 = 1\,120\ \text{mm}$$

$$根数 = \frac{条基 2 轴线长 - \frac{1}{2} \times 独基宽 - \frac{1}{2} \times 条基 2 宽 + \frac{1}{4} \times 条基 2 宽}{间距} + 1$$

$$根数 = \frac{4\,500 - 1\,200 - 600 + \frac{1}{4} \times 1\,200}{180} + 1 \approx 17.67，取 18 根$$

分布筋：

$$长度 = 条基 2 轴线长 - \frac{1}{2} \times 独基宽 - \frac{1}{2} \times 条基 2 宽度 + 搭接长度 + 伸入基础内长度(15d)$$

$$长度 = 4\,500 - 1\,200 - \frac{1}{2} \times 1\,200 + 150 + 15 \times 10 = 3\,000\ \text{mm}$$

$$根数 = \frac{条基 2 宽 - 起配距离}{间距} + 1 = \frac{1\,200 - 100 \times 2}{200} + 1 = 6 根$$

(6)③/Ⓓ ~ Ⓔ轴

受力筋：

$$长度 = 条基 2 宽度 - 保护层厚度 \times 2 = 1\,200 - 40 \times 2 = 1\,120\ \text{mm}$$

$$根数 = \frac{条基 2 轴线长 - \frac{1}{2} \times 条基 1 宽 - \frac{1}{2} \times 条基 2 宽 + \frac{1}{4} \times 条基 1 宽 + \frac{1}{4} \times 条基 2 宽}{间距} + 1$$

$$根数 = \frac{5\,250 - 750 - 600 + \frac{1}{4} \times 1\,500 + \frac{1}{4} \times 1\,200}{180} + 1 \approx 26.42，取 27 根$$

分布筋：

$$长度 = 条基 2 轴线长 - \frac{1}{2} 条基 1 宽度 - \frac{1}{2} 条基 2 宽度 + 搭接长度 \times 2$$

$$长度 = 5\,250 - 750 - 600 + 150 \times 2 = 4\,200\ \text{mm}$$

$$根数 = \frac{条基 2 宽 - 起配距离}{间距} + 1 = \frac{1\,200 - 100 \times 2}{200} + 1 = 6 根$$

条形基础钢筋明细如表 7-2 所示。

表 7-2 条形基础钢筋明细表

工程名称:条形基础							
序号	级别直径	简图	单长/mm	总数/根	总长/m	总质/kg	备注
构件信息:0 层(基础层)\\基础 J-1_Ⓒ/③							
1	Φ14	2 320	2 320	16	37.120	20.196	基础横向筋
2	Φ16	2 320	2 320	16	37.120	20.196	基础纵向筋
构件信息:0 层(基础层)\\基础\\TJB1500_Ⓐ~Ⓔ/①							
3	Φ12	1 420	1 420	109	154.780	137.449	受力筋@180
4	Φ10	16 800	17 290	8	138.320	85.344	分布筋@200
构件信息:0 层(基础层)\\基础\\TJB1500_Ⓑ~Ⓔ/④							
5	Φ12	1 420	1 420	96	136.32	121.056	受力筋@180
6	Φ10	14 550	15 040	8	120.320	74.24	分布筋@200
构件信息:0 层(基础层)\\基础\\TJB1500_①~②/Ⓐ							
7	Φ12	1 420	1 420	34	48.28	42.874	受力筋@180
8	Φ10	3 300	3 300	8	26.4	16.288	分布筋@200
构件信息:0 层(基础层)\\基础\\TJB1500_Ⓐ~Ⓑ/②							
9	Φ12	1 420	1 420	21	29.82	26.481	受力筋@180
10	Φ10	1 050	1 050	8	8.4	5.184	分布筋@200
构件信息:0 层(基础层)\\基础\\TJB1500_②~④/Ⓑ							
11	Φ12	1 420	1 420	86	122.12	108.446	受力筋@180
12	Φ10	12 750	13 240	8	105.92	65.352	分布筋@200
构件信息:0 层(基础层)\\基础\\TJB1500_①~④/Ⓔ							
13	Φ12	1 420	1 420	111	157.62	139.971	受力筋@180
14	Φ10	17 250	17 740	8	141.92	87.568	分布筋@200
构件信息:0 层(基础层)\\基础\\TJB1200_①~③/Ⓒ							
15	Φ12	1 120	1 120	55	61.6	54.725	受力筋@180
16	Φ10	9 600	9 600	6	60.54	37.356	分布筋@200

续表

工程名称:条形基础							
序号	级别直径	简图	单长/mm	总数/根	总长/m	总质/kg	备注
构件信息:0 层(基础层)\\基础\\TJB1200_③～④/Ⓒ							
17	⏀12	1 120	1 120	33	35.84	31.84	受力筋@180
18	⏀10	5 550	5 550	6	33.3	20.544	分布筋@200
构件信息:0 层(基础层)\\基础\\TJB1200_①～④/Ⓓ							
19	⏀12	1 120	1 120	100	112	99.5	受力筋@180
20	⏀10	17 250	17 740	6	106.44	65.676	分布筋@200
构件信息:0 层(基础层)\\基础\\TJB1200_Ⓑ～Ⓒ/③							
21	⏀12	1 120	1 120	26	29.12	25.87	受力筋@180
22	⏀10	4 350	4 350	6	26.1	16.104	分布筋@200
构件信息:0 层(基础层)\\基础\\TJB1200_Ⓒ～Ⓓ/③							
23	⏀12	1 120	1 120	18	20.16	17.91	受力筋@180
24	⏀10	3 000	3 000	6	18	11.106	分布筋@200
构件信息:0 层(基础层)\\基础\\TJB1200_Ⓓ～Ⓔ/③							
25	⏀12	1 120	1 120	27	30.24	26.865	受力筋@180
26	⏀10	4 200	4 200	6	25.2	15.546	分布筋@200

习　　题

一、名词解释

1. 墙下条形基础　　2. 柱下条形基础　　3. 刚性基础　　4. 扩展基础

二、简答题

1. 什么是条形基础?
2. 什么是无筋扩展基础?有什么特点?
3. 钢筋混凝土条形基础中主要配置哪些钢筋?
4. 什么是梁板式条形基础和板式条形基础?
5. 影响钢筋锚固长度 l_{aE} 大小选择的因素主要有哪些?

三、填空题

1. 条形基础平法施工图,有____________和截面注写两种表达方式,设计者可根据具体工程情况选择一种,或者将两种方法相结合进行条形基础的＿＿＿＿＿＿。

2. 当梁板式基础梁中心或板式条形基础板中心与建筑定位轴线不重合时,应标注其＿＿＿＿＿;对于编号＿＿＿＿＿＿的条形基础,可仅选择一个进行标注。

3. 当条形基础设有基础梁时,基础底板的分布钢筋在＿＿＿＿＿＿＿＿范围内不设置,在两向受力钢筋交接处的网状部位,分布钢筋与同向＿＿＿＿＿＿＿＿的构造搭接长度为＿＿＿＿＿＿＿＿。

4. 混凝土保护层厚度指最外层钢筋外缘至混凝土表面的距离,适用于设计使用年限为＿＿＿＿＿＿混凝土结构。

5. 构件中受力钢筋的保护层厚度不应小于钢筋的＿＿＿＿＿＿。

6. 基础底面钢筋的保护层厚度,有混凝土垫层时应从＿＿＿＿＿＿,且不应小于＿＿＿＿＿＿;无垫层时不应小于＿＿＿＿＿＿。

7. 当受拉钢筋直径 >25 mm 及受压钢筋直径 >28 mm,不宜采用＿＿＿＿＿＿。

8. 纵向受力钢筋连接位置宜避开梁端、柱端箍筋,如必须在此连接时,应采用＿＿＿＿＿。

四、选择题

1. 受拉钢筋锚固长度 l_a 最小不应小于(　　)mm。

(A)250　　(B)300　　(C)200　　(D)150

2. 当锚固钢筋的保护层厚度不大于(　　)时,锚固钢筋长度范围内设置横向构造筋。

(A)5 cm　　(B)10 cm　　(C)5d　　(D)10d

3. 纵向受力钢筋搭接,当受压钢筋直径大于 25 mm 时,应在搭接接头两个端面外(　　)范围内各设置两道箍筋。

(A)50 mm　　(B)100 mm　　(C)150 mm　　(D)200 mm

4. 影响钢筋锚固长度 l_{aE} 大小选择的因素不包括(　　)。

(A)抗震等级　　(B)混凝土强度　　(C)钢筋种类及直径　　(D)保护层厚度

5. 条形基础底板一般在短向配置(　　),在长向配置(　　)。

(A)分布筋　　(B)受力主筋　　(C)构造钢筋　　(D)负筋

6. 柱插筋在基础中锚固构造在(　　)图集可以找到依据。

(A)16G101-1　　(B)16G101-2　　(C)16G101-3　　(D)12G901-1

7. 当图纸标有:JZL1(2A)表示(　　)。

(A)1 号井字梁,两跨一端带悬挑　　(B)1 号井字梁,两跨两端带悬挑

(C)1 号剪支梁,两跨一端带悬挑　　(D)1 号剪支梁,两跨两端带悬挑

8. 任何情况下,受拉钢筋锚固长度不得小于(　　)。

(A)200 mm　　(B)250 mm　　(C)300 mm　　(D)350 mm

9. 任何情况下,受拉钢筋搭接长度不得小于(　　)。

(A)200 mm　　(B)250 mm　　(C)300 mm　　(D)350 mm

10. 条形基础的构造可以在(　　)图集中找到。

(A)16G101-1　　(B)16G101-2　　(C)16G101-3　　(D)12G901

第 8 章

桩承台钢筋翻样与下料

素质目标：结合桩基础+承台基础组合，矩形、多边形、三角形等不同形状承台构造详图的解读，引导学生分析不同承台的适用范围，桩和承台形成整体后才能起到承受和传递荷载的作用。

预期成效：培养学生积极思考、团结协作精神，根据自身的特点，承担相应的任务。

阅读导入

桩承台是指当建筑物采用桩基础时，在群桩基础上将桩顶用钢筋混凝土平台或者平板连成整体基础，以承受其上荷载的结构。桩承台垫层是放在承台的下面，为了减小地基的不均匀沉降，一般是 100 mm 厚，周边比承台多出约 100 mm。垫层主要起隔离作用，强度不用选择太高，可以保证承台底面的施工质量，尤其是钢筋保护层的厚度。垫层的作用虽然无法与桩基础、承台等受力构件相提并论，垫层仍然非常重要，对基础及整个建筑的使用年限都有一定的影响。对于建筑物来说，每个部位的施工质量都很重要，甚至一个工序的错误都可能造成严重的后果。老子曾经说过："天下难事，必作于易；天下大事，必作于细。"想成就一番事业，必须从简单的事情做起，从细微之处入手。注重细节，就要甘于平淡，认真做好每一件小事，成功就会不期而至，这就是细节的魅力，是水到渠成后的惊喜。

文本

拓展材料

8.1 概　　述

承台指的是为承受、分布由墩身传递的荷载，在基桩顶部设置的联结各桩顶的钢筋混凝土平台，是桩与柱或墩联系部分。承台把几根，甚至十几根桩联系在一起形成桩基础。承台分为高桩承台和低桩承台：低桩承台一般埋在土中或部分埋进土中，高桩承台一般露出地面或水面。高桩承台由于具有一段自由长度，其周围无支撑体共同承受水平外力。基桩的受力情况极为不利。桩身内力和位移都比同样水平外力作用下低桩承台要大，其稳定性因而比低桩承台差。

8.2 桩　承　台

8.2.1 单桩矩形承台钢筋计算

CT1 为单桩承台，其平面图如图 8-1 所示，其配筋根据《钢筋混凝土桩承台》苏 G05-2005

第 4 页设置，如图 8-2 所示，$A=500$ mm，承台高度 $H=1\ 250$ mm，1 号钢筋为 9⏀14@120，2 号钢筋为6⏀12。

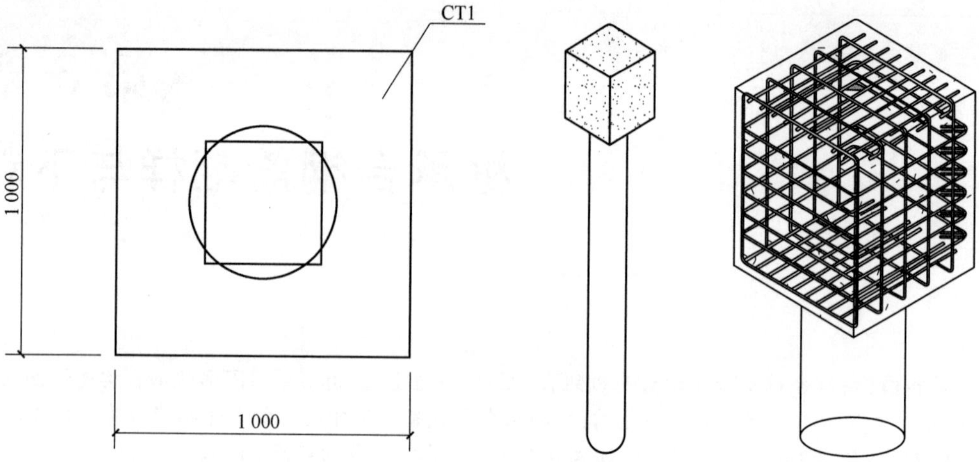

（a）承台 CT1 平面图　（b）单桩承台　（c）单桩承台配筋示意图

图 8-1　单桩承台 CT1

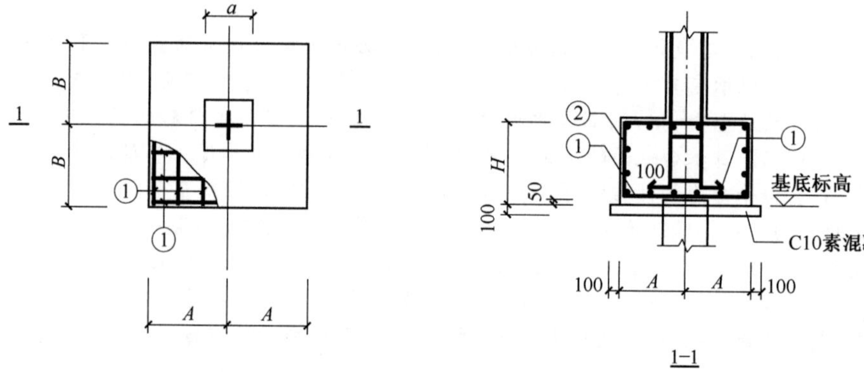

图 8-2　单桩承台 CT1 配筋构造

1. *X* 方向箍筋

长度 =（*X* 方向长度 − 2 × 保护层厚度）× 2 +（承台高度 *H* − 2 × 保护层厚度）× 2 + $1.9d+2\times\max(10d,75\ \text{mm})$

当 $10d>75$ mm 时　　$1.9d+2\times\max(10d,75\ \text{mm})=23.8d$

长度 $=(1\ 000-2\times50)\times2+(1\ 250-2\times50)\times2+23.8\times14\approx4\ 433$ mm

2. *Y* 方向箍筋

长度 =（*Y* 方向长度 − 2 × 保护层厚度）× 2 +（承台高度 *H* − 2 × 保护层厚度 − 2 × *X* 方向箍筋直径）× 2 + $1.9d+2\times\max(10d,75\ \text{mm})$

当 $10d>75$ mm 时　　$1.9d+2\times\max(10d,75\ \text{mm})=23.8d$

长度 $=(1\ 000-2\times50)\times2+(1\ 250-2\times50-2\times14)\times2+23.8\times14\approx4\ 377$ mm

3. *Z* 方向箍筋

长度 =（*X* 方向长度 − 2 × 保护层厚度 − *Y* 向箍筋直径）× 2 +（*Y* 方向长度 − 2 × 保护层厚度 −

X 向箍筋直径）$\times 2+1.9d+2\times\max(10d, 75\ \text{mm})$

当 $10d>75$ mm 时　　$1.9d+2\times\max(10d, 75\ \text{mm})=23.8d$

长度 $=(1\,000-2\times 50-2\times 14)\times 2+(1\,000-2\times 50-2\times 14)\times 2+23.8\times 12$

$\approx 3\,774$ mm

8.2.2　双桩承台梁钢筋计算

CT1-1 为双桩承台梁，图 8-3 为双桩承台 CT1-1 平面图及示意图。上部纵筋为 10Φ22，下部纵筋为 8Φ20，上部和下部纵筋弯折长度按 10d 计算。箍筋为Φ10@200(6)，小箍筋按箍住 3 根纵筋计算。

1. 纵筋

上部纵筋长度 = 承台梁长度 − 2 × 保护层厚度 + 弯折 × 2

$= 1\,400\times 2-2\times 50+10\times 20\times 2=3\,100$ mm

简图如下所示：

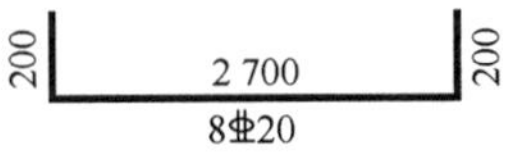

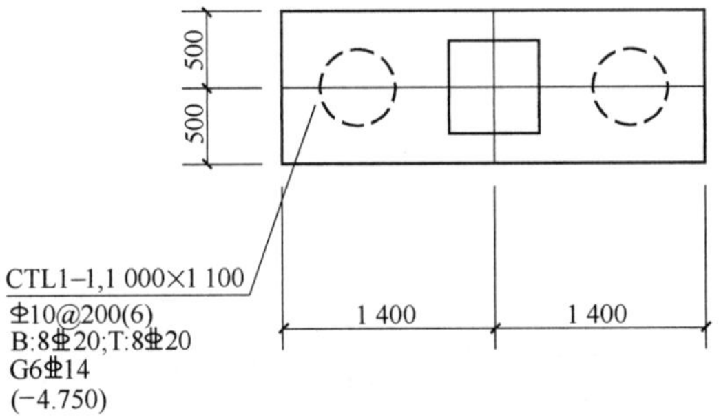

(a) 双桩承台 CT1-1 平面图

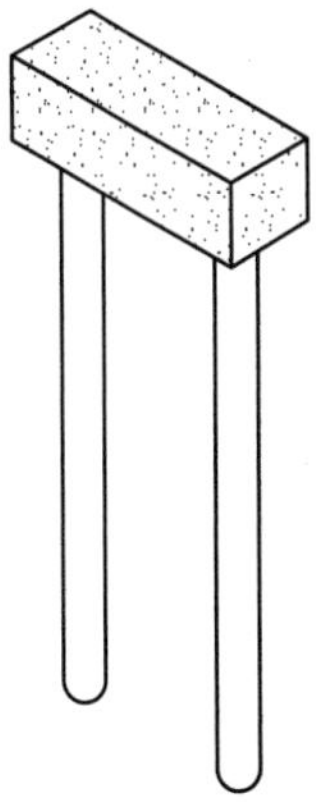

(b) 双桩承台

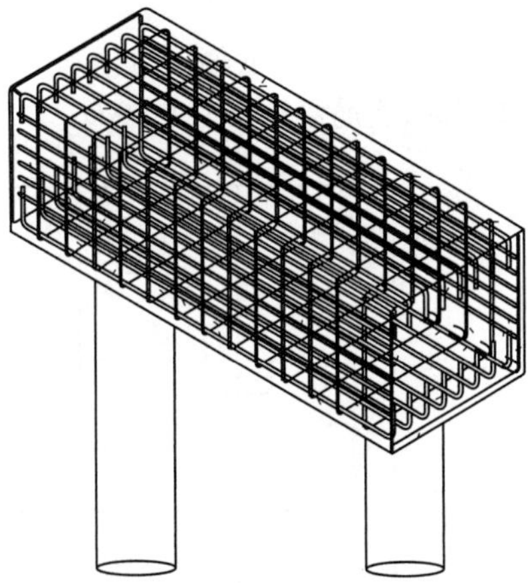

(c) 双桩承台配筋示意图

图 8-3　双桩承台 CT1-1 平面图及示意图

下部纵筋长度与上部纵筋长度相同 $=1\,400\times 2-2\times 50+10\times 20\times 2=3\,100$ mm

简图如下所示：

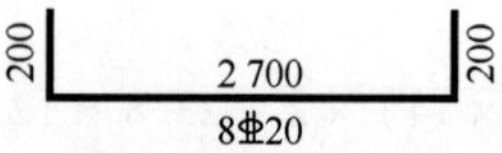

2. 箍筋长度及根数计算

大箍筋长度：

长度 =（承台梁宽度 − 2 × 保护层厚度）× 2 +（承台梁高度 − 2 × 保护层厚度）× 2 + 23.8 × 箍筋直径

$$长度 = (1\,000 - 2 \times 50) \times 2 + (1\,100 - 2 \times 50) \times 2 + 23.8 \times 10 = 4\,038\ \text{mm}$$

简图如下所示：

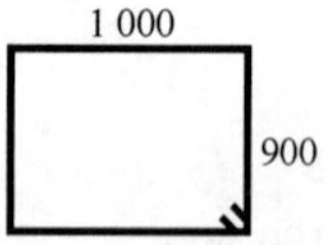

小箍筋长度：

$$主筋间距 = \frac{承台梁宽度 - 2 \times 保护层厚度 - 2 \times 箍筋直径 - 角筋直径}{上部纵筋根数 - 1}$$

$$主筋间距 = \frac{1\,000 - 2 \times 50 - 2 \times 10 - 20}{8 - 1} \approx 122.86\ \text{mm}$$

$$长度 = (122.86 \times 2 + 2 \times 10 + 22) \times 2 + (1\,100 - 2 \times 50) \times 2 + 23.8 \times 10 \approx 2\,813\ \text{mm}$$

简图如下所示：

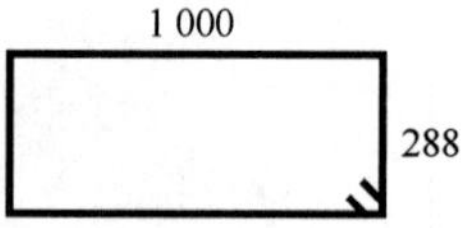

$$小箍筋根数 = \frac{承台梁长度 - 2 \times 起布距离}{间距} + 1 = \frac{1\,400 \times 2 - 2 \times 50}{200} + 1 = 14.5，取 15 根$$

8.2.3 等边四桩矩形承台钢筋计算

等边四桩承台如图 8-4 所示，底筋 X 方向和 Y 方向均为⌀20@140，顶层 X 方向和 Y 方向附加钢筋均为⌀12@150，底筋弯折长度为 $10d$。

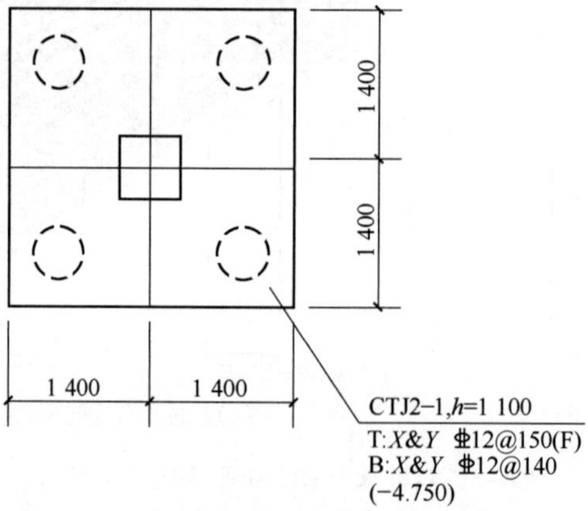

（a）等边四桩承台 CT2-1 尺寸及配筋

图 8-4　等边四桩承台

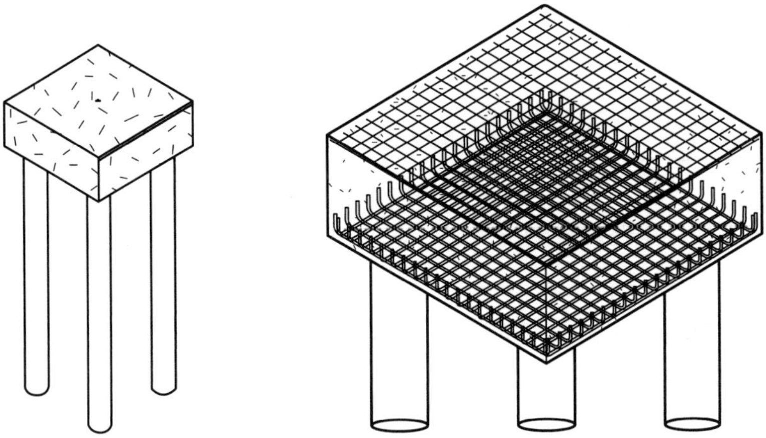

(b)等边四桩承台　　(c)等边四桩承台配筋示意图

图 8-4　等边四桩承台(续)

1. 底层钢筋

(1)底层 X 方向钢筋

$$长度 = X 方向长度 - 2 \times 保护层厚度 + 2 \times 弯折 = 1\,400 \times 2 - 2 \times 50 + 10 \times 20 \times 2 = 3\,100\ \text{mm}$$

$$根数 = \frac{1\,400 \times 2 - 2 \times 50}{140} + 1 \approx 20.28，取 21 根$$

简图如下所示：

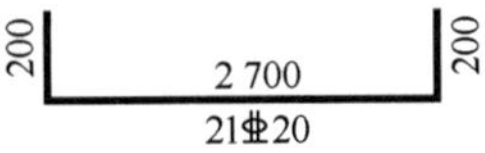

(2)底层 Y 方向钢筋

$$长度 = Y 方向长度 - 2 \times 保护层厚度 + 2 \times 弯折 = 1\,400 \times 2 - 2 \times 50 + 10 \times 20 \times 2 = 3\,100\ \text{mm}$$

$$根数 = \frac{1\,400 \times 2 - 2 \times 50}{140} + 1 \approx 20.28，取 21 根$$

简图如下所示：

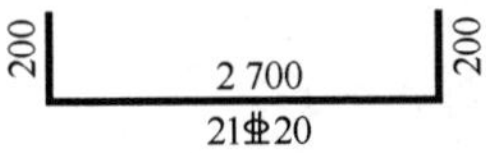

2. 顶层附加钢筋

(1)顶层 X 方向钢筋

$$长度 = X 方向长度 - 2 \times 保护层厚度 = 1\,400 \times 2 - 2 \times 50 = 2\,700\ \text{mm}$$

$$根数 = \frac{1\,400 \times 2 - 2 \times 50}{150} + 1 = 19，取 19 根$$

简图如下所示：

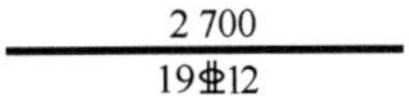

(2)顶层 Y 方向钢筋

$$长度 = Y 方向长度 - 2 \times 保护层厚度 = 1\,400 \times 2 - 2 \times 50 = 2\,800\ \text{mm}$$

$$根数 = \frac{1\,400 \times 2 - 2 \times 50}{150} + 1 = 19，取 19 根$$

简图如下所示：

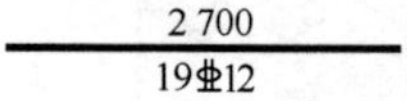

8.2.4 不等边六桩矩形承台钢筋计算

不等边六桩承台如图 8-5 所示，底层 X 方向和 Y 方向均为Φ20@140，顶层 X 方向和 Y 方向附加钢筋均为Φ12@150，底筋弯折长度为 $10d$。

1. 底层钢筋计算

(1)底层 X 方向钢筋

$$
\begin{aligned}
长度 &= X 方向长度 - 2 \times 保护层厚度 + 弯折 \times 2 \\
&= 1\,400 \times 2 - 2 \times 50 + 10 \times 20 \times 2 = 3\,100\ \text{mm}
\end{aligned}
$$

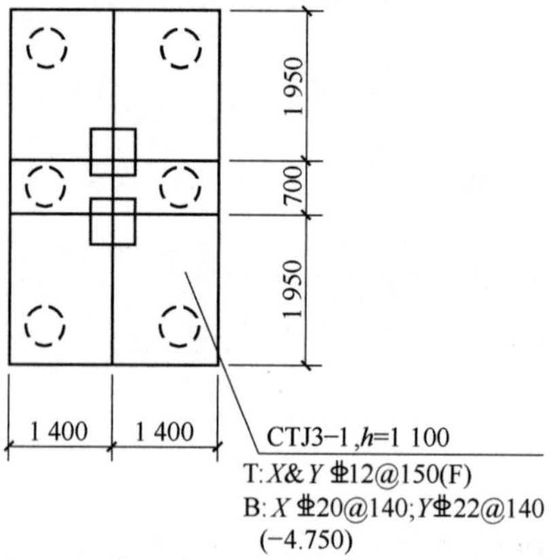

(a)承台 CT3-1 尺寸及配筋

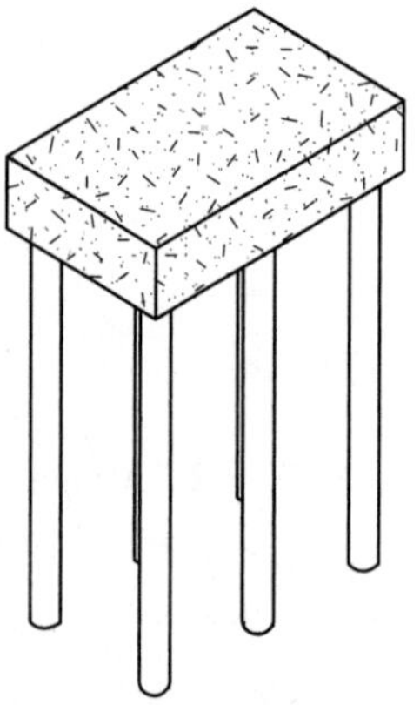

(b)不等边六桩

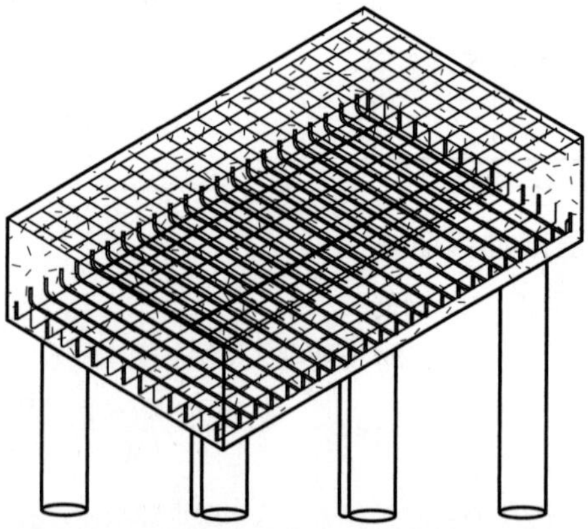

(c)不等边六桩承台配筋示意图

图 8-5　不等边六桩承台

$$根数=\frac{1\ 950\times 2+700-2\times 50}{140}+1\approx 33.14，取 34 根$$

简图如下所示：

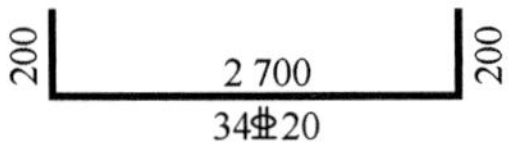

(2) 顶层 Y 方向钢筋

$$\begin{aligned}长度&=Y 方向长度-2\times 保护层厚度+2\times 弯折\\&=1\ 950\times 2+700-2\times 50+10\times 20\times 2=4\ 900\ \text{mm}\end{aligned}$$

$$根数=\frac{1\ 400\times 2-2\times 50}{140}+1\approx 20.28，取 21 根$$

简图如下所示：

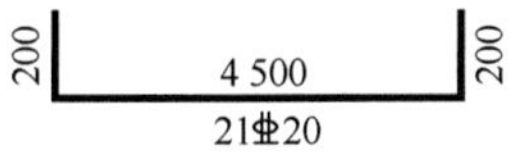

2. 顶层附加钢筋

(1) 顶层 X 方向钢筋

$$长度=X 方向长度-2\times 保护层厚度=1\ 400\times 2-2\times 50=2\ 700\ \text{mm}$$

$$根数=\frac{1\ 950\times 2+700-2\times 50}{150}+1=31，取 31 根$$

简图如下所示：

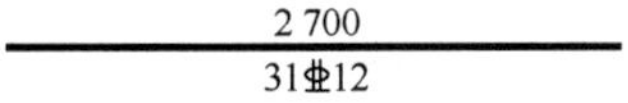

(2) 顶层 Y 方向钢筋

$$长度=Y 方向长度-2\times 保护层厚度=1\ 950\times 2+700-2\times 50=4\ 500\ \text{mm}$$

$$根数=\frac{1\ 400\times 2-2\times 50}{150}+1=19，取 19 根$$

简图如下所示：

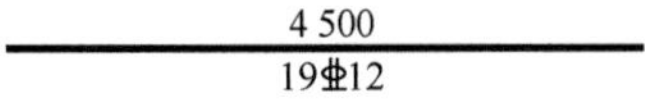

8.2.5　等边三桩承台钢筋计算

CT4-1 尺寸及配筋如图 8-6 所示，承台底边及斜边钢筋间距取 100 mm，满足《混凝土结构施工钢筋排布规则与构造详图（独立基础、条形基础、筏形基础、桩基承台）》18G901-3 中第 4-4 页对等边桩桩承台钢筋排布要求，即“三桩承台最里侧的三根钢筋围成的三角形应在柱截面范围内”。图 8-7 为 CT4-1 承台配筋示意图。

1. 底边纵筋长度计算

第 1 根～第 5 根钢筋长度不断增大，相邻两根钢筋长度相差 115.473 mm，公式为：

$$100\times\tan 30^\circ\times 2=200\times\frac{\sqrt{3}}{3}\approx 115.473\ \text{mm}$$

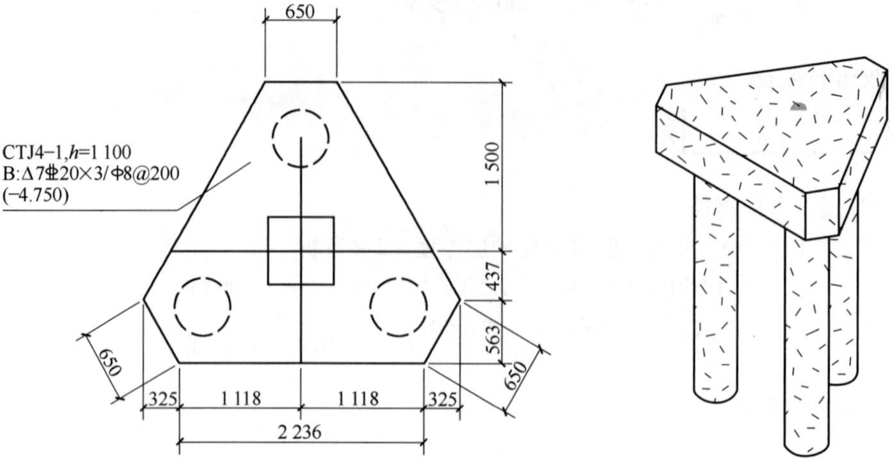

(a)CT4-1 承台尺寸及配筋　　(b)等边三桩承台

图 8-6　等边三桩承台尺寸及三维示意图

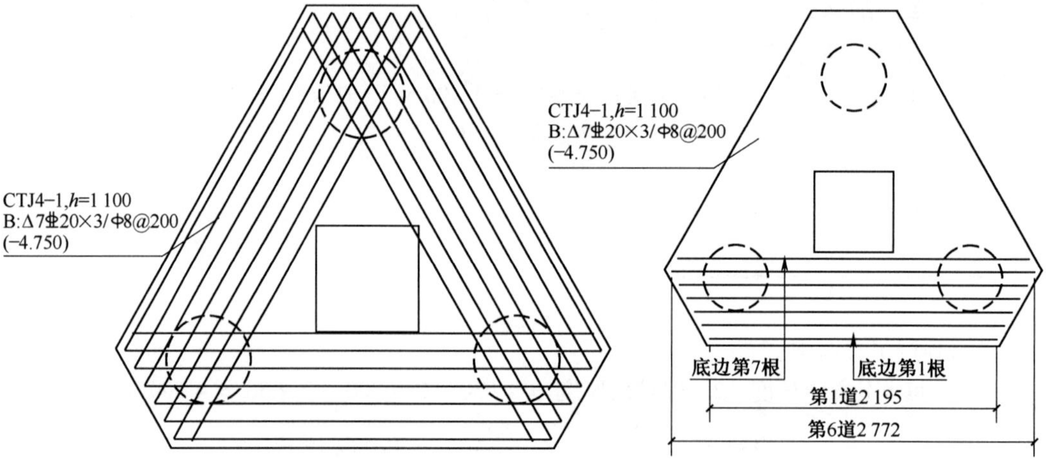

(a) 配筋示意图　　(b) CT4-1钢筋计算示意图

图 8-7　CT4-1 承台配筋示意图

第 6 根 ~ 第 8 根钢筋长度不断减少，相邻两根钢筋长度相差 115.473 mm。

第 1 根钢筋长度 = 2 236 + 50 × tan30° × 2 − 2 × 50 ≈ 2 193.74 mm ≈ 2 194 mm

简图如下所示：

2 194
1Φ20

第 2 根长度 = 2 193.74 + 115.473 = 2 309.21 mm ≈ 2 309 mm

简图如下所示：

2 309
1Φ20

第 3 根长度 = 2 193.74 + 115.473 × 2 = 2 424.69 mm ≈ 2 425 mm

简图如下所示：

2 425
1Φ20

第 4 根长度 = 2 193.74 + 115.473 × 3 = 2 540.16 mm ≈ 2 540 mm

简图如下所示：

2 540
1Φ20

第 5 根长度 = 2 193.74 + 115.473 × 4 = 2 655.63 mm ≈ 2 656 mm

简图如下所示：

2 656
1Φ20

第 6 根长度 = 2 193.74 + 115.473 × 5 = 2 771.05 mm ≈ 2 771 mm

简图如下所示：

2 771
1Φ20

第 7 根长度 = 2 771.05 − 2 × 100 × tan23° = 2 686.21 mm ≈ 2 686 mm

简图如下所示：

2 686
1Φ20

2. 两斜边纵筋长度计算

两斜边纵筋长度计算与底边相同，在此不再赘述。

8.2.6　七桩多边形承台钢筋计算

CT5-1 尺寸如图 8-8 所示，*X* 方向与 *Y* 方向底筋均为Φ22@120，根据 22G101-3 第 2-41 页中的要求排布 CT5-1 承台横向和纵向底筋，底筋弯折长度为 10*d*。

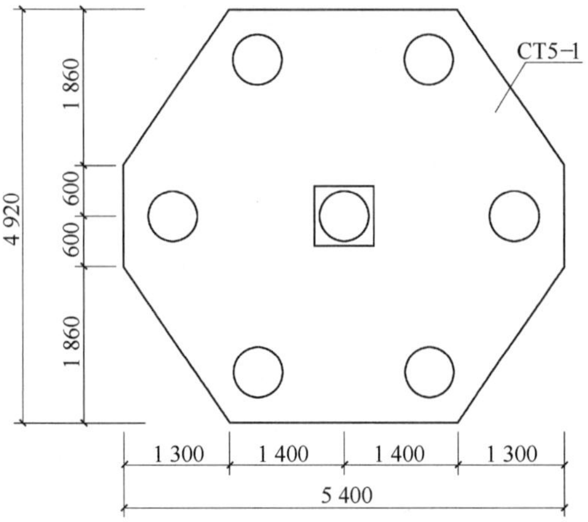

图 8-8　CT5-1 尺寸

1. *X* 方向钢筋

钢筋：Φ22@120，图 8-9 为 CT5-1 *X* 向钢筋计算简图，上部下部为梯形缩筋，横向中间配筋的长度无变化。

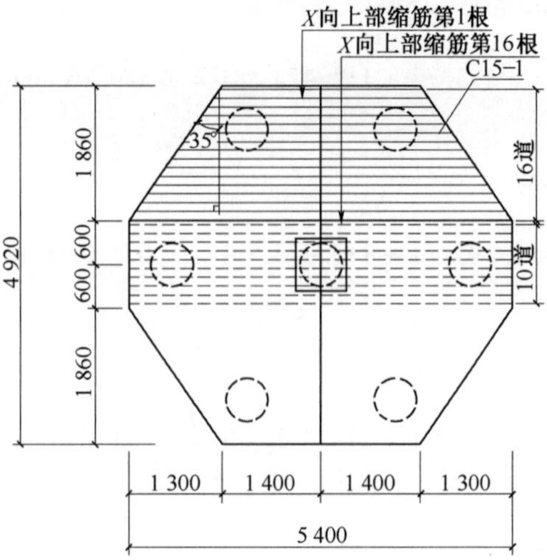

图 8-9　CT5-1 *X* 向钢筋计算简图

横向钢筋(中间)长度无变化:

$$钢筋长度 = 5\ 400 - 2 \times 50 + 10 \times 22 \times 2 = 5\ 740\ \text{mm}$$

$$根数 = \frac{1\ 200 - 50 \times 2}{120} + 1 \approx 10.17，取\ 10\ 根$$

简图如下所示:

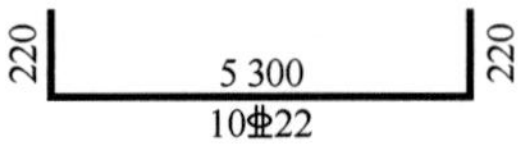

上部梯形缩筋:　　$根数 = \frac{1\ 860 - 50}{120} + 1 = 16.08，取\ 17\ 根$

$$第\ 1\ 根钢筋长度 = 2\ 800 + 50 \times \tan35° \times 2 - 50 \times 2 \approx 2\ 770.02\ \text{mm}$$

相邻两根钢筋长度相差:　　$120 \times \tan35° \times 2 \approx 168.05\ \text{mm}$

$$第\ 2\ 根钢筋长度 = 2\ 770.02 + 168.05 = 2\ 938.07\ \text{mm}$$

$$第\ 3\ 根钢筋长度 = 2\ 770.02 + 168.05 \times 2 = 3\ 106.12\ \text{mm}$$

$$第\ 4\ 根钢筋长度 = 2\ 770.02 + 168.05 \times 3 = 3\ 274.17\ \text{mm}$$

$$第\ 5\ 根钢筋长度 = 2\ 770.02 + 168.05 \times 4 = 3\ 442.22\ \text{mm}$$

$$第\ 6\ 根钢筋长度 = 2\ 770.02 + 168.05 \times 5 = 3\ 610.27\ \text{mm}$$

$$第\ 7\ 根钢筋长度 = 2\ 770.02 + 168.05 \times 6 = 3\ 778.32\ \text{mm}$$

$$第\ 8\ 根钢筋长度 = 2\ 770.02 + 168.05 \times 7 = 3\ 946.37\ \text{mm}$$

$$第\ 9\ 根钢筋长度 = 2\ 770.02 + 168.05 \times 8 = 4\ 114.42\ \text{mm}$$

$$第\ 10\ 根钢筋长度 = 2\ 770.02 + 168.05 \times 9 = 4\ 282.47\ \text{mm}$$

$$第\ 11\ 根钢筋长度 = 2\ 770.02 + 168.05 \times 10 = 4\ 450.52\ \text{mm}$$

$$第\ 12\ 根钢筋长度 = 2\ 770.02 + 168.05 \times 11 = 4\ 618.57\ \text{mm}$$

$$第\ 13\ 根钢筋长度 = 2\ 770.02 + 168.05 \times 12 = 4\ 786.62\ \text{mm}$$

$$第\ 14\ 根钢筋长度 = 2\ 770.02 + 168.05 \times 13 = 4\ 954.67\ \text{mm}$$

第 15 根钢筋长度 = 2 770.02 + 168.05 × 14 = 5 122.72 mm

第 16 根钢筋长度 = 2 770.02 + 168.05 × 15 = 5 290.77 mm

简图如下所示：

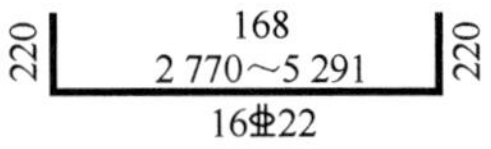

下部梯形缩筋长度和根数与上部相同。

2. *Y* 方向钢筋

⌀22@120，图 8-10 为 CT5-1*Y* 向钢筋计算简图，左部和右部为梯形缩筋，纵向中间配筋的长度无变化。

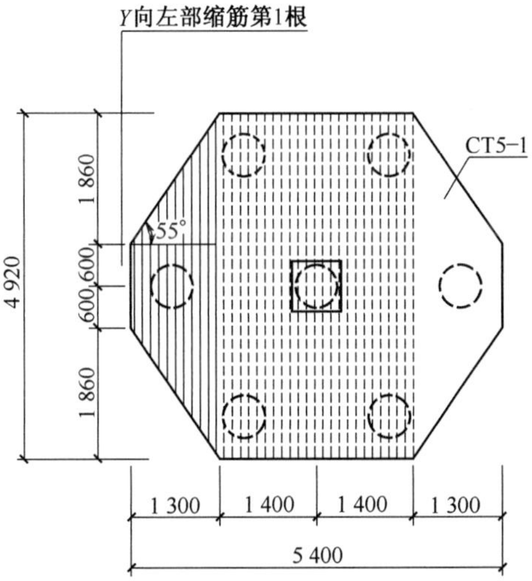

图 8-10　CT5-1 *Y* 向钢筋计算简图

纵向钢筋（中间）长度无变化：

$$长度 = 4\ 920 - 2 \times 50 + 10 \times 22 \times 2 = 5\ 260\ \text{mm}$$

$$根数 = \frac{2\ 334}{110} + 1 \approx 22.22，取 23 根$$

左部梯形缩筋：

$$根数 = \frac{1\ 300 - 50}{120} + 1 \approx 11.42，取 12 根$$

简图如下所示：

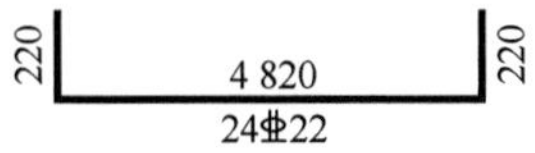

第 1 根钢筋长度 = 1 200 + 50 × tan55° × 2 − 50 × 2 ≈ 1 242.81 mm

相邻两根钢筋长度相差：120 × tan55° × 2 ≈ 342.76 mm

第 2 根钢筋长度 = 1 242.81 + 342.76 = 1 585.57 mm

第 3 根钢筋长度 = 1 242.81 + 342.76 × 2 = 1 928.33 mm

第 4 根钢筋长度 = 1 242.81 + 342.76 × 3 = 2 271.09 mm

第 5 根钢筋长度 = 1 242.81 + 342.76 × 4 = 2 613.85 mm

第 6 根钢筋长度 = 1 242.81 + 342.76 × 5 = 2 956.61 mm

第 7 根钢筋长度 = 1 242.81 + 342.76 × 6 = 3 299.37 mm

第 8 根钢筋长度 = 1 242.81 + 342.76 × 7 = 3 642.13 mm

第 9 根钢筋长度 = 1 242.81 + 342.76 × 8 = 3 984.89 mm

第 10 根钢筋长度 = 1 242.81 + 342.76 × 9 = 4 327.65 mm

第 11 根钢筋长度 = 1 242.81 + 342.76 × 10 = 4 670.41 mm

简图如下所示：

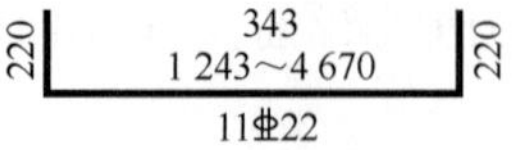

右部梯形缩筋长度和根数与左部相同。

承台钢筋明细表见表 8-1。

表 8-1 承台钢筋明细表

工程名称:承台							
序号	级别直径	简图	单长/mm	总数/根	总长/m	总质/kg	备　注
构件信息:0 层(基础层)\\基础\\CT1_C/2							
1	⌀14	900 1 150	4 433	9	39.897	48.195	*X* 方向箍筋
2	⌀14	900 1 122	4 377	9	39.393	47.583	*Y* 方向箍筋
3	⌀12	872 872	3 774	6	22.644	20.106	*Z* 方向箍筋
构件信息:0 层(基础层)\\基础\\CTL1-1_3/							
4	⌀20	200 2 700 200	3 100	8	24.8	61.16	承台上部钢筋
5	⌀20	200 2 700 200	3 100	8	24.8	61.16	承台下部钢筋
6	⌀14	2 700	2 700	6	16.2	19.572	承台腰筋
7	⌀10	900 1 000	4 038	15	60.57	37.365	承台箍筋
8	⌀10	288 1 000	2 813	15	42.20	26.03	承台箍筋
9	⌀10	288 1 000	2 813	15	42.20	26.03	承台箍筋
10	⌀10	920	1 158	45	52.11	32.13	承台拉筋

续表

序号	级别直径	简图	单长/mm	总数/根	总长/m	总质/kg	备　注
工程名称:承台							
构件信息:0 层(基础层)\\基础\\CTL2-1_5/							
11	Φ20	200 2 700 200	3 100	21	65.1	160.545	横向钢筋
12	Φ20	200 2 700 200	3 100	21	65.1	160.545	纵向钢筋
13	Φ12	2 700	2 700	19	51.3	45.562	顶部 *X* 方向附加钢筋
14	Φ12	2 700	2 700	19	51.3	45.562	顶部 *Y* 方向附加钢筋
构件信息:0 层(基础层)\\基础\\CTL3-1_6/							
15	Φ20	200 2 700 200	3 100	34	105.4	259.93	横向钢筋
16	Φ20	200 4 500 200	4 900	21	102.9	253.743	纵向钢筋
17	Φ12	2 700	2 700	31	83.7	74.338	顶部 *X* 方向附加钢筋
18	Φ12	4 500	4 500	19	85.5	75.924	顶部 *Y* 方向附加钢筋
构件信息:0 层(基础层)\\基础\\CTL4-1_8/							
19	Φ20	2 194	2 194	1	2.194	5.41	顶桩间连筋(横向)
20	Φ20	2 309	2 309	1	2.309	5.694	顶桩间连筋(横向)
21	Φ20	2 425	2 425	1	2.425	5.98	顶桩间连筋(横向)
22	Φ20	2 540	2 540	1	2.54	6.264	顶桩间连筋(横向)

续表

工程名称:承台							
序号	级别直径	简图	单长/mm	总数/根	总长/m	总质/kg	备　注
构件信息:0 层(基础层)\\基础\\CTL4-1_8/							
23	Φ20	2 656	2 656	1	2. 656	6. 55	顶桩间连筋(横向)
24	Φ20	2 771	2 771	1	2. 771	6. 833	顶桩间连筋(横向)
25	Φ20	2 686	2 686	1	2. 686	6. 624	顶桩间连筋(横向)
26	Φ20	2 194	2 194	1	2. 194	5. 41	右顶桩间连筋(斜向)
27	Φ20	2 310	2 310	1	2. 31	5. 696	右顶桩间连筋(斜向)
28	Φ20	2 425	2 425	1	2. 425	5. 98	右顶桩间连筋(斜向)
29	Φ20	2 541	2 541	1	2. 541	6. 266	右顶桩间连筋(斜向)
30	Φ20	2 656	2 656	1	2. 656	6. 55	右顶桩间连筋(斜向)
31	Φ20	2 771	2 771	1	2. 771	6. 833	右顶桩间连筋(斜向)
32	Φ20	2 686	2 686	1	2. 686	6. 624	右顶桩间连筋(斜向)
33	Φ20	2 194	2 194	1	2. 194	5. 41	左顶桩间连筋(斜向)
34	Φ20	2 310	2 310	1	2. 31	5. 696	左顶桩间连筋(斜向)
35	Φ20	2 425	2 425	1	2. 425	5. 98	左顶桩间连筋(斜向)
36	Φ20	2 541	2 541	1	2. 541	6. 266	左顶桩间连筋(斜向)
37	Φ20	2 656	2 656	1	2. 656	6. 55	左顶桩间连筋(斜向)

续表

工程名称:承台							
序号	级别直径	简图	单长/mm	总数/根	总长/m	总质/kg	备　注
构件信息:0 层(基础层)\\基础\\CTL4-1_8/							
38	Φ20	2 772	2 772	1	2.772	6.836	左顶桩间连筋（斜向）
39	Φ20	2 686	2 686	1	2.686	6.624	左顶桩间连筋（斜向）
构件信息:0 层(基础层)\\基础\\CT5-1_10/							
40	Φ22	158 2 770～5 140 220　220	4 395	16	70.32	209.84	上部梯形缩筋（共有 16 种，每种有 1 根）
41	Φ22	158 2 770～5 140 220　220	4 395	16	70.32	209.84	下部梯形缩筋（共有 16 种，每种有 1 根）
42	Φ22	5 300 220　220	5 740	10	57.4	171.28	横向钢筋（中间）
43	Φ22	326 1 243～4 514 220　220	3 319	11	36.509	108.944	左部梯形缩筋（共有 11 种，每种有 1 根）
44	Φ22	326 1 243～4 514 220　220	3 319	11	36.509	108.944	右部梯形缩筋（共有 11 种，每种有 1 根）
45	Φ22	4 820 220　220	5 260	24	126.24	376.704	纵向钢筋（中间）

注:表中数据来源于鲁班钢筋 2019V31 版的计算结果,与手工计算结果略有偏差。

习　　题

一、名词解释

1. 承台　　2. 锚固长度　　3. l_{aE}　　4. l_{abE}　　5. l_{ab}

二、简答题

1. 承台和基础有什么区别?
2. 常见的承台主要有哪几种？简述其应用范围。

3. 独立基础和独立承台有什么区别?

4. 独立承台的集中标注主要包括哪些内容?

5. 请解释承台集中标注的含义。

(1)CTJ6－3,h＝1 100

T:X&Y Φ12@150(F)

B:XΦ25@150;YΦ20@140(－4 750)

(2)CTJ3－2,h＝1 100

B:Δ7Φ20×3/ϕ8@200(－6 250)

(3)CTL2－1,1 000×1 100　Φ10@200(6)

B:8Φ20;T:8Φ20

G6Φ14(－4 750)

三、填空题

1. 独立承台的平面注写可分为____________和____________,底部钢筋用____________打头,以 T 字打头表示____________,矩形承台 X 向钢筋以________,________以 Y 打头,当两向钢筋相同时,则以________打头。

2. 抗震锚固长度、非抗震锚固长度与____________、____________、钢筋的种类及等级、纵筋的直径有关。

3. 承台梁的平面注写方式中,以 B 打头,注写承台梁__________纵筋,以 T 打头,注写承台梁__________纵筋,例如 B:6Φ20;8Φ20 表示____________________________________。

4. 对于矩形承台,当桩直径或桩截面边长＜800 mm 时,桩顶嵌入承台__________。当桩直径或桩截面边长≥800 mm 时,桩顶嵌入承台__________。

5. 对于等边三桩承台受力钢筋以__________打头注写各边受力钢筋×__________。

6. 对于等腰三桩承台受力钢筋以__________打头注写底部受力钢筋＋对称__________受力钢筋并×__________。

四、选择题

1. 承台下部钢筋端部到桩里皮小于 35d 时,承台钢筋需向上弯折多少(　　)。

(A)15d　　(B)12d　　(C)承台厚/2　　(D)10d

2. 在承台上集中引注的必注内容不包括(　　)。

(A)承台编号　　(B)截面竖向尺寸　　(C)配筋　　(D)承台板底面标高

3. 当桩直径或桩截面边长＜800 mm 时,桩顶嵌入承台 50 mm,当桩直径或截面≥800 mm时,桩顶嵌入承台的距离为(　　)。

(A)100 mm　　(B)50 mm　　(C)25 mm　　(D)125 mm

4. 等腰三桩承台受力钢筋以“(　　)”打头,注写底边受力钢筋＋对称等腰斜边受力钢筋×2。

(A) *　　(B)Δ　　(C)#　　(D)×

5. 承台下部钢筋端部到桩里皮小于 35d 时,承台钢筋需向上弯折多少(　　)。

(A)15d　　(B)12d　　(C)承台厚/2　　(D)10d

6. 连接独立基础、条形基础或桩承台的梁为(　　)。

(A)基础梁　　(B)连梁　　(C)地圈梁　　(D)基础连梁

7. 下面表述错误的为(　　)。

(A)JQL:基础墙梁　(B)CTL:承台梁　(C)JLL:基础连梁　(D)DKL:地下框架梁

8. 首层 H_n 的取值下面说法正确的是(　　)。

(A)H_n 为首层净高　(B)H_n 为首层高度

(C)H_n 为嵌固部位至首层节点底　(D)无地下室时 H_n 为基础顶面至首层节点底

9. 基础主梁的箍筋是从框架柱边沿(　　)开始设置第一根的。

(A)100 mm　(B)50 mm　(C)箍筋间距/2　(D)25 mm

10. 关于地下室外墙下列说法错误的是(　　)。

(A)地下室外墙的代号是 DWQ　(B)h 表示地下室外墙的厚度

(C)OS 表示外墙外侧贯通筋　(D)IS 表示外墙内侧贯通筋

第9章

筏形基础钢筋翻样与下料

素质目标：结合筏形基础，引导学生充分认识到基础对房屋的作用，如果基础没做好，会引起不均匀沉降，建筑物会开裂，严重会引起建筑物破坏。万丈高楼从地起，所有建筑，包括楼房都要有坚实的基础。没有基础或基础不好的房子就是空中楼阁。

预期成效：培养学生将基础对建筑的作用联系到学习专业基础知识对个人未来成长的重要性。

阅读导入

在软土地基上，用柱下条形基础或柱下十字交梁条形基础不能满足上部结构对变形的要求和地基承载力的要求时，可采用筏形基础。当建筑物的柱距较小而柱的荷载又很大，或柱的荷载相差较大将会产生较大的沉降差，需要增加基础的整体刚度以调整不均匀沉降时，可采用筏形基础。当建筑物有地下室或大型储液结构(如水池、油库等)，结合使用要求，可采用筏形基础。风荷载及地震荷载起主要作用的多高层建筑物，要求基础有足够的刚度和稳定性时，可采用筏形基础。在选择基础的类型时，应该遵循因地制宜的原则，避免生搬硬套。在生活和工作中，人们在做事、想问题时，要根据事情的不同情况采取不同措施，不能一概而论。

9.1 概　　述

9.1.1 筏形基础定义

当建筑物上部荷载较大而地基承载能力又比较弱时，用简单的独立基础或条形基础已不能适应地基变形的需要，这时常将墙或柱下基础连成一片，使整个建筑物的荷载传递到一块整板上，这种满堂式的板式基础称筏形基础。筏形基础由于其底面积大，故可减小基底压强，同时也可提高地基土的承载力，并能更有效地增强基础的整体性，调整不均匀沉降。

9.1.2 筏形基础分类

筏形基础分为平板式筏形基础和梁板式筏形基础，一般根据地基土质、上部结构体系、柱距、荷载大小及施工条件等确定。

1. 平板式筏形基础

平板式筏形基础的底板是一块厚度相等的钢筋混凝土平板。板厚一般在 0.5～1.5 m 之间。平板式基础适用于柱荷载不大、柱距较小且等柱距的情况。底板的厚度可以按升一层加 50 mm 初步确定，然后校核板的抗冲切强度。底板厚度不得小于 200 mm。通常 5 层以下的民用建筑，板厚不小于 250 mm；6 层民用建筑的板厚不小于 300 mm。

2. 梁板式筏形基础

当柱网间距大时，一般采用梁板式筏形基础。根据肋梁的设置分为单向肋和双向肋两种形式。单向肋梁板式筏形基础是将两根或两根以上的柱下条形基础中间用底板连接成一个整体，以扩大基础的底面积并加强基础的整体刚度。双向肋梁板式筏形基础是在纵、横两个方向上的柱下都布置肋梁，有时也可在柱网之间再布置次肋梁以减少底的厚度。

9.1.3 选用原则

(1)在软土地基上，用柱下条形基础或柱下十字交梁条形基础不能满足上部结构对变形的要求和地基承载力的要求时，可采用筏形基础。

(2)当建筑物的柱距较小而柱的荷载又很大，或柱的荷载相差较大将会产生较大的沉降差需要增加基础的整体刚度以调整不均匀沉降时，可采用筏形基础。

(3)当建筑物有地下室或大型储液结构(如水池、油库等)，结合使用要求，可采用筏形基础。

(4)风荷载及地震荷载起主要作用的多高层建筑物，要求基础有足够的刚度和稳定性时，可采用筏形基础。

9.2 平板式筏基

9.2.1 平板式筏基配筋图

图 9-1 为平板式筏板基础配筋图。

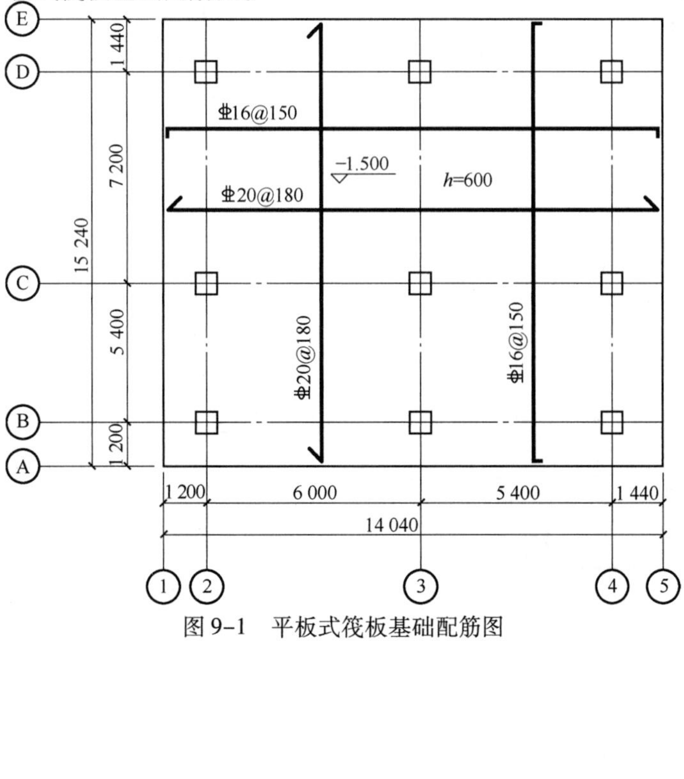

图 9-1　平板式筏板基础配筋图

9.2.2　平板式筏板基础钢筋分析

表 9-1 为平板式筏板基础要计算的钢筋。

表 9-1　平板式筏板基础要计算的钢筋

钢筋类型	钢筋布置	钢筋位置	钢筋数量
底筋	*X* 方向:Φ20@ 180 *Y* 方向:Φ20@ 180	U 形封边情况	长度、根数
		交错封边情况	长度、根数
面筋	*X* 方向:Φ16@ 150 *Y* 方向:Φ16@ 150	U 形封边情况	长度、根数
		交错封边情况	长度、根数
侧面构造筋	*X* 方向		长度、根数
	Y 方向		长度、根数

9.2.3　平板式筏板基础钢筋计算

平板式筏板基础端部和外伸部位构造见 22G101-3 第 2-37 页,分为 U 形封边和交错封边两种。

1. U 形封边情况

图 9-2 为 U 形封边结构形式。

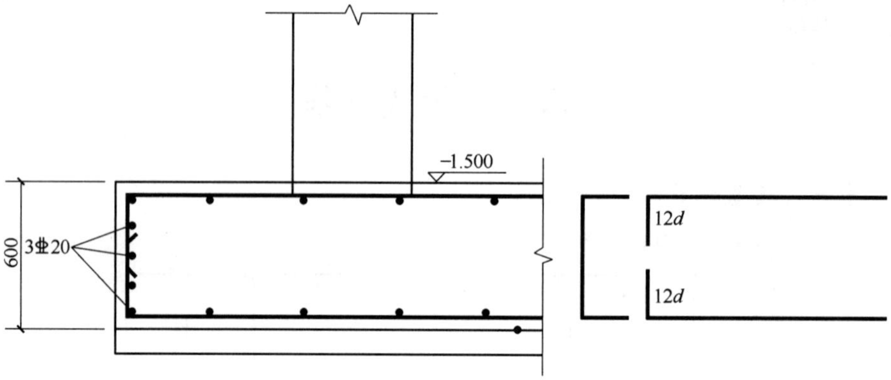

图 9-2　U 形封边结构形式

(1)底筋

X 方向：　长度 = *X* 方向外边线长度 - 底筋保护层厚度 ×2 + 弯折长度 ×2

$$长度 = 1\,200 + 6\,000 + 5\,400 + 1\,440 - 40 \times 2 + 12 \times 20 \times 2 = 14\,440\ \text{mm}$$

$$根数 = \frac{Y方向外边线长度 - 起配距离 \times 2}{间距} + 1$$

$$根数 = \frac{1\,200 + 5\,400 + 7\,200 + 1\,440 - 50 \times 2}{180} + 1 \approx 85.11，取\ 86\ 根$$

简图如下所示：

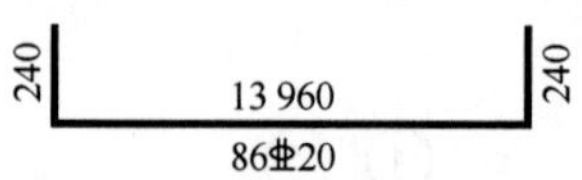

Y 方向：　长度 = *Y* 方向外边线长度 - 底筋保护层厚度 ×2 + 弯折长度 ×2

$$长度 = 1\,200 + 5\,400 + 7\,200 + 1\,440 - 40 \times 2 + 12 \times 20 \times 2 = 15\,640\ \text{mm}$$

$$根数 = \frac{X\,方向外边线长度 - 起配距离 \times 2}{间距} + 1$$

$$根数 = \frac{1\,200 + 6\,000 + 5\,400 + 1\,440 - 50 \times 2}{180} + 1 \approx 78.44，取\ 79\ 根$$

简图如下所示：

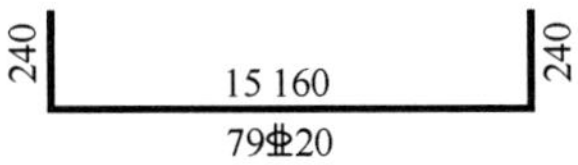

(2)面筋

X 方向：　长度 $= X$ 方向外边线长度 − 面筋保护层厚度 ×2 + 弯折长度 ×2

$$长度 = 1\,200 + 6\,000 + 5\,400 + 1\,440 - 40 \times 2 + 12 \times 16 \times 2 = 14\,344\ \text{mm}$$

$$根数 = \frac{Y\,方向外边线长度 - 起配距离 \times 2}{间距} + 1$$

$$根数 = \frac{1\,200 + 5\,400 + 7\,200 + 1\,440 - 50 \times 2}{150} + 1 \approx 101.93，取\ 102\ 根$$

简图如下所示：

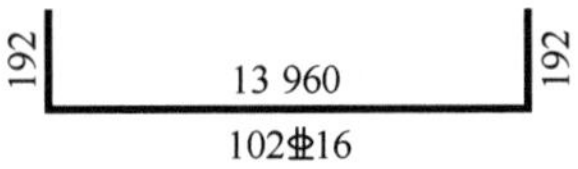

Y 方向：　长度 $= Y$ 方向外边线长度 − 面筋保护层厚度 ×2 + 弯折长度 ×2

$$长度 = 1\,200 + 5\,400 + 7\,200 + 1\,440 - 40 \times 2 + 12 \times 16 \times 2 = 15\,544\ \text{mm}$$

$$根数 = \frac{X\,方向外边线长度 - 起配距离 \times 2}{间距} + 1$$

$$根数 = \frac{1\,200 + 6\,000 + 5\,400 + 1\,440 - 50 \times 2}{150} + 1 \approx 93.93，取\ 94\ 根$$

简图如下所示：

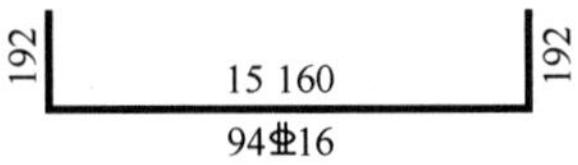

(3)U 形封边

$$长度 = 底板厚 - 上保护层厚度 - 下保护层厚度 + 2 \times \max(15d, 200\ \text{mm})$$

$$长度 = 600 - 40 \times 2 + 2 \times \max(15 \times 20, 200) = 1\,120\ \text{mm}$$

$$X\,方向根数 = \frac{Y\,方向外边线长度 - 起配距离 \times 2}{间距} + 1$$

$$\text{X}\,方向根数 = \frac{1\,200 + 6\,000 + 5\,400 + 1\,440 - 50 \times 2}{180} + 1 \approx 78.44，取\ 79\ 根$$

总根数 = 79 × 2 = 158 根。

$$Y\,方向根数 = \frac{X\,方向外边线长度 - 起配距离 \times 2}{间距} + 1$$

$$\text{Y}\,方向根数 = \frac{1\,200 + 5\,400 + 7\,200 + 1\,440 - 50 \times 2}{180} + 1 \approx 85.11，取\ 86\ 根$$

总根数 = 86 × 2 = 172 根。

X 方向与 Y 方向总根数 = 158 + 172 = 330 根。

按 U 形封边情况计算时平板式筏板基础钢筋明细表见表 9-2。

表 9-2 平板式筏板基础（U 形封边）钢筋明细表

工程名称：平板式筏板基础（U 形封边）

序号	级别直径	简图	单长/mm	总数/根	总长/m	总质/kg	备注
构件信息：0 层（基础层）\\筏板筋\\c20@180_①～⑤/Ⓐ～Ⓔ							
1	Φ20	240 13 960 240	14 440	86	1 241.84	3 062.374	X 方向底筋
2	Φ20	240 15 160 240	15 640	79	1 235.56	3 046.872	Y 方向底筋
3	Φ20	300 520 300	1 120	158	176.96	436.396	X 方向封边
4	Φ20	300 520 300	1 120	172	192.64	475.064	Y 方向封边
5	Φ16	192 13 960 192	14 344	102	1 463.088	2 308.753	X 方向面筋
6	Φ16	192 15 160 192	15 544	94	1 461.36	2 305.632	Y 方向面筋

注：表中数据来源于鲁班钢筋 2019V31 版的计算结果，与手工计算结果略有偏差。

2. 交错封边情况

根据 22G101-3 第 2-37 页，底筋和面筋弯折长度，图 9-3 为交错封边。

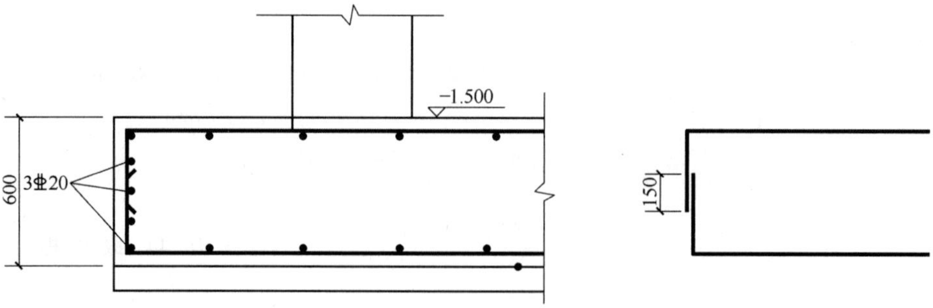

图 9-3 交错封边

$$弯折长度 = \frac{板厚}{2} - 保护层厚度 + 75 = \frac{600}{2} - 40 + 75 = 335\ \text{mm}$$

（1）底筋

X 方向： 长度 = X 方向外边线长度 − 底筋保护层厚度 ×2 + 弯折长度 ×2

长度 = 1 200 + 6 000 + 5 400 + 1 440 − 40 × 2 + 335 × 2 = 14 630 mm

$$\text{根数} = \frac{Y\text{方向外边线长度} - \text{起配距离} \times 2}{\text{间距}} + 1$$

$$\text{根数} = \frac{1\,200 + 5\,400 + 7\,200 + 1\,440 - 50 \times 2}{180} + 1 \approx 85.11\text{，取 86 根}$$

简图如下所示：

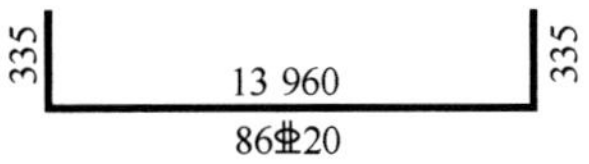

Y 方向： 长度 = *Y* 方向外边线长度 − 底筋保护层厚度 ×2 + 弯折长度 ×2

长度 = 1 200 + 5 400 + 7 200 + 1 440 − 40 × 2 + 335 × 2 = 15 830 mm

$$\text{根数} = \frac{X\text{方向外边线长度} - \text{起配距离} \times 2}{\text{间距}} + 1$$

$$\text{根数} = \frac{1\,200 + 6\,000 + 5\,400 + 1\,440 - 50 \times 2}{180} + 1 \approx 78.44\text{，取 79 根}$$

简图如下所示：

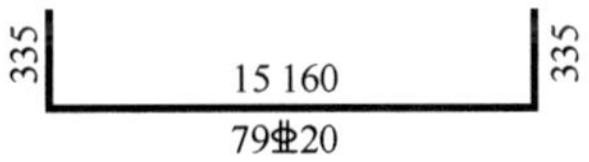

(2)面筋

X 方向： 长度 = *X* 方向外边线长度 − 底筋保护层厚度 ×2 + 弯折长度 ×2

长度 = 1 200 + 6 000 + 5 400 + 1 440 − 40 × 2 + 335 × 2 = 14 630 mm

$$\text{根数} = \frac{Y\text{方向外边线长度} - \text{起配距离} \times 2}{\text{间距}} + 1$$

$$\text{根数} = \frac{1\,200 + 5\,400 + 7\,200 + 1\,440 - 50 \times 2}{150} + 1 = 101.93\text{，取 102 根}$$

简图如下所示：

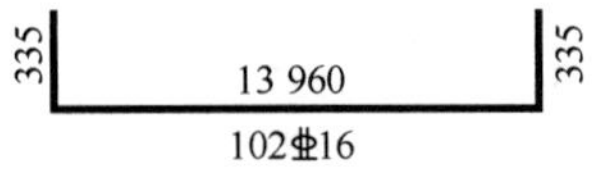

Y 方向： 长度 = *X* 方向外边线长度 − 底筋保护层厚度 ×2 + 弯折长度 ×2

长度 = 1 200 + 5 400 + 7 200 + 1 440 − 40 × 2 + 335 × 2 = 15 544 mm

$$\text{根数} = \frac{Y\text{方向外边线长度} - \text{起配距离} \times 2}{\text{间距}} + 1$$

$$\text{根数} = \frac{1\,200 + 6\,000 + 5\,400 + 1440 - 50 \times 2}{150} + 1 \approx 93.93\text{，取 94 根}$$

简图如下所示：

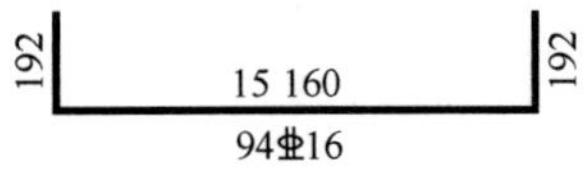

筏板基础按交错封边计算时，钢筋明细表见表 9-3。

表 9–3　平板式筏板基础(交错封边)钢筋明细表

工程名称:平板式筏板基础(交错封边)							
序号	级别直径	简图	单长/mm	总数/根	总长/m	总质/kg	备注
构件信息:0 层(基础层)\\筏板筋\\c20@ 180_①~⑤/Ⓐ~Ⓔ							
1	⌀20	335 [13 960] 335	14 630	86	1 258. 18	3 102. 708	X 方向底筋
2	⌀20	335 [15 160] 335	15 830	79	1 250. 57	3 083. 923	Y 方向底筋
3	⌀16	335 [13 960] 335	14 630	102	1 492. 26	2 354. 786	X 方向面筋
4	⌀16	335 [15 160] 335	15 830	94	1 488. 02	2 348. 1	Y 方向面筋

9. 3　梁板式筏板基础(梁外伸)

9. 3. 1　梁板式筏板基础配筋图(梁外伸)

图 9–4 为梁板式筏板基础(梁外伸)。

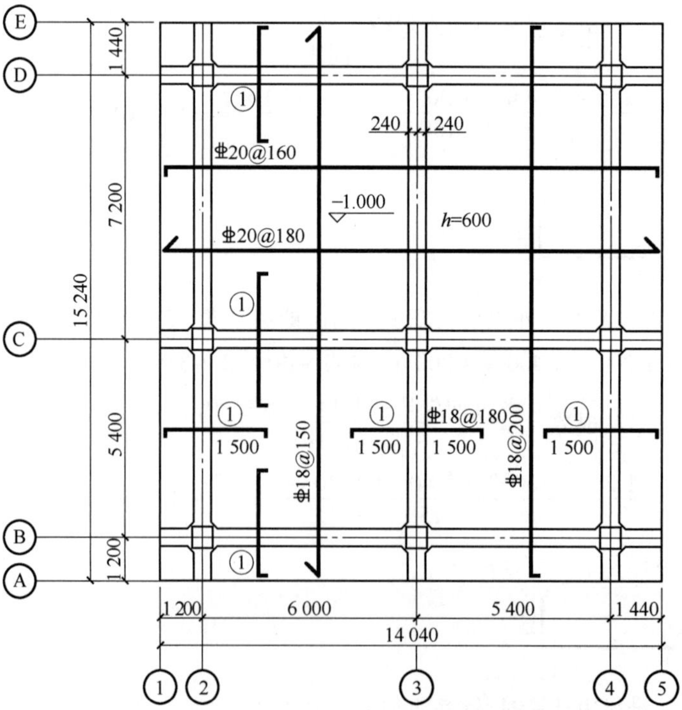

图 9–4　梁板式筏板基础(梁外伸)

9.3.2　梁板式筏板基础(梁外伸)钢筋分析

本节案例中梁板式筏板按照交错封边计算,计算设置如下:

1. 底筋和面筋

受力筋首末根钢筋离支座边距离为 50 mm。

端部无外伸时底筋弯折长度为:

$$\frac{\text{筏板厚}}{2}-\text{保护层厚度}+75=\left(\frac{600}{2}-40+75\right)=335\ \text{mm}$$

与基础梁平行叠交区域不布置筏板钢筋。

2. 支座负筋

端支座、端支座负筋遇支座时,单边标注的长度为支座中心线。

表 9-4 为梁板式筏板(梁外伸)基础要计算的钢筋。

表 9-4　梁板式筏板(梁外伸)基础要计算的钢筋

钢筋类型	钢筋名称	钢筋位置	钢筋数量
底筋	底部通长筋	*X* 方向:Φ20@180	长度、根数
		Y 方向:Φ18@150	长度、根数
面筋	顶部通长筋	*X* 方向:Φ20@160	长度、根数
		Y 方向:Φ18@200	长度、根数
	顶部非通长筋	Φ18@180 边轴线:①、⑤、Ⓐ、Ⓔ	长度、根数
		Φ18@180 中间轴线:②、③、④、Ⓑ、Ⓒ、Ⓓ	长度、根数

9.3.3　梁板式筏板基础(梁外伸)钢筋计算

1. 底筋

(1)*X* 方向

$$\text{长度}=X\text{向外边线长度}-2\times\text{保护层厚度}+2\times\text{弯折}$$

$$\text{长度}=1\ 200+6\ 000+5\ 400+1\ 440-2\times40+335\times2=14\ 630\ \text{mm}$$

Ⓐ～Ⓑ　$\text{根数}=\dfrac{\text{标注长度}-\text{梁宽}/2-\text{保护层厚度}-\text{起配距离}\ 50}{\text{间距}}+1$

$$\text{根数}=\frac{1\ 200-200-40-50}{180}+1\approx6.06\text{,取 7 根}$$

Ⓑ～Ⓒ　$\text{根数}=\dfrac{\text{标注长度}-\text{梁宽}/2-\text{梁宽}/2-\text{起配距离}\ 50\times2}{\text{间距}}+1$

$$\text{根数}=\frac{5\ 400-200\times2-50\times2}{180}+1\approx28.22\text{,取 29 根}$$

Ⓒ～Ⓓ　$\text{根数}=\dfrac{\text{标注长度}-\text{梁宽}/2-\text{梁宽}/2-\text{起配距离}\ 50\times2}{\text{间距}}+1$

$$\text{根数}=\frac{7\ 200-200\times2-50\times2}{180}+1\approx38.22\text{,取 39 根}$$

Ⓓ ~ Ⓔ　　$根数 = \dfrac{标注长度 - 梁宽/2 - 保护层厚度 - 起配距离50}{间距} + 1$

$$根数 = \frac{1\ 440 - 200 - 40 - 50}{180} + 1 \approx 7.39，取8根$$

共 7 + 29 + 39 + 8 = 83 根。

简图如下所示：

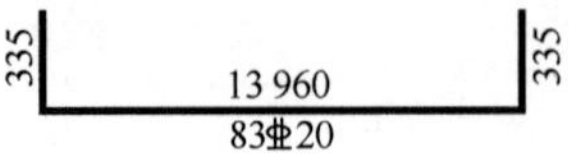

(2) *Y* 方向

$$长度 = Y向外边线长度 - 2 \times 保护层厚度 + 2 \times 弯折$$

$$长度 = 1\ 200 + 5\ 400 + 7\ 200 + 1\ 440 - 2 \times 40 + 2 \times 335 = 15\ 830\ \text{mm}$$

① ~ ②　　$根数 = \dfrac{标注长度 - 梁宽/2 - 保护层厚度 - 起配距离50}{间距} + 1$

$$根数 = \frac{1\ 200 - 200 - 40 - 50}{150} + 1 \approx 7.07，取8根$$

② ~ ③　　$根数 = \dfrac{标注长度 - 梁宽/2 - 梁宽/2 - 起配距离50 \times 2}{间距} + 1$

$$根数 = \frac{6\ 000 - 200 \times 2 - 50 \times 2}{150} + 1 \approx 37.67，取38根$$

③ ~ ④　　$根数 = \dfrac{标注长度 - 梁宽/2 - 梁宽/2 - 起配距离50 \times 2}{间距} + 1$

$$根数 = \frac{5\ 400 - 200 \times 2 - 50 \times 2}{150} + 1 \approx 33.67，取34根$$

④ ~ ⑤　　$根数 = \dfrac{标注长度 - 梁宽/2 - 保护层厚度 - 起配距离50}{间距} + 1$

$$根数 = \frac{1\ 440 - 200 - 40 - 50}{150} + 1 \approx 8.67，取9根$$

共 8 + 38 + 34 + 9 = 89 根。

简图如下所示：

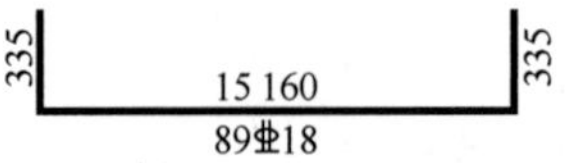

2. 顶层通长面筋长度及根数的计算方法和底层相同

(1) *X* 方向

$$长度 = X向外边线长度 - 2 \times 保护层厚度 + 2 \times 弯折$$

$$长度 = 1\ 200 + 6\ 000 + 5\ 400 + 1\ 440 - 2 \times 40 + 335 \times 2 = 14\ 630\ \text{mm}$$

Ⓐ ~ Ⓑ　　$根数 = \dfrac{标注长度 - 梁宽/2 - 保护层厚度 - 起配距离50}{间距} + 1$

$$根数 = \frac{1\ 200 - 200 - 40 - 50}{160} + 1 \approx 6.69，取7根$$

Ⓑ ~ Ⓒ　　$根数 = \dfrac{标注长度 - 梁宽/2 - 梁宽/2 - 起配距离50 \times 2}{间距} + 1$

$$根数 = \frac{5\ 400 - 200 \times 2 - 50 \times 2}{160} + 1 \approx 31.63，取 32 根$$

Ⓒ～Ⓓ

$$根数 = \frac{标注长度 - 梁宽/2 - 梁宽/2 - 起配距离 50 \times 2}{间距} + 1$$

$$根数 = \frac{7\ 200 - 200 \times 2 - 50 \times 2}{160} + 1 = 42.88，取 43 根$$

Ⓓ～Ⓔ

$$根数 = \frac{标注长度 - 梁宽/2 - 保护层厚度 - 起配距离 50}{间距} + 1$$

$$根数 = \frac{1\ 440 - 200 - 40 - 50}{160} + 1 \approx 8.19，取 9 根$$

共 7 + 32 + 43 + 9 = 91 根。

简图如下所示：

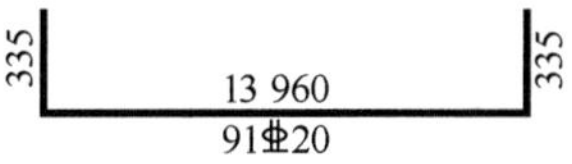

(2) *Y* 方向

$$长度 = Y 向外边线长度 - 2 \times 保护层厚度 + 2 \times 弯折$$

$$长度 = 1\ 200 + 5\ 400 + 7\ 200 + 1\ 440 - 2 \times 40 + 2 \times 335 = 15\ 830\ \text{mm}$$

①～②

$$根数 = \frac{标注长度 - 梁宽/2 - 保护层厚度 - 起配距离 50}{间距} + 1$$

$$根数 = \frac{1\ 200 - 200 - 40 - 50}{200} + 1 = 5.55，取 6 根$$

②～③

$$根数 = \frac{标注长度 - 梁宽/2 - 梁宽/2 - 起配距离 50 \times 2}{间距} + 1$$

$$根数 = \frac{6\ 000 - 200 \times 2 - 50 \times 2}{200} + 1 = 28.5，取 29 根$$

③～④

$$根数 = \frac{标注长度 - 梁宽/2 - 梁宽/2 - 起配距离 50 \times 2}{间距} + 1$$

$$根数 = \frac{5\ 400 - 200 \times 2 - 50 \times 2}{200} + 1 = 25.5，取 26 根$$

④～⑤

$$根数 = \frac{标注长度 - 梁宽/2 - 保护层厚度 - 起配距离 50}{间距} + 1$$

$$根数 = \frac{1\ 440 - 200 - 40 - 50}{200} + 1 = 6.75，取 7 根$$

共 6 + 29 + 26 + 7 = 68 根。

简图如下所示：

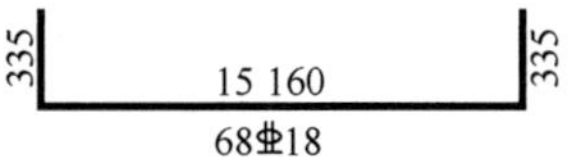

3. 顶层非通长筋

(1) ②/Ⓐ～Ⓔ　　长度 = 960 + 1 500 = 2 460 mm

Ⓐ～Ⓑ

$$根数 = \frac{1\ 200 - 200 - 50 - 40}{180} + 1 \approx 6.06，取 7 根$$

Ⓑ～Ⓒ

$$根数 = \frac{5\ 400 - 200 \times 2 - 50 - 50}{180} + 1 \approx 28.22，取 29 根$$

Ⓒ ~ Ⓓ　　根数 $= \dfrac{7\ 200 - 200 \times 2 - 50 - 50}{180} + 1 \approx 38.22$，取 39 根

Ⓓ ~ Ⓔ　　根数 $= \dfrac{1\ 440 - 200 - 50 - 40}{180} + 1 \approx 7.39$，取 8 根

共 6 + 29 + 39 + 8 = 82 根。

(2)③/Ⓐ ~ Ⓔ　　长度 = 1 500 + 1 500 = 3 000 mm

根数同②/Ⓐ ~ Ⓔ，共 83 根。

(3)④/Ⓐ ~ Ⓔ　　长度 = 1 500 + 1 160 = 2 660 mm

根数同②/Ⓐ ~ Ⓔ，共 61 根。

(4)Ⓑ/① ~ ⑤　　长度 = 960 + 1 500 = 2 460 mm

① ~ ②　　根数 $= \dfrac{1\ 200 - 200 - 50 - 40}{180} + 1 \approx 6.06$，取 7 根

② ~ ③　　根数 $= \dfrac{6\ 000 - 200 \times 2 - 50 - 50}{180} + 1 \approx 31.56$，取 32 根

③ ~ ④　　根数 $= \dfrac{5\ 400 - 200 \times 2 - 50 - 50}{180} + 1 \approx 28.22$，取 29 根

④ ~ ⑤　　根数 $= \dfrac{1\ 440 - 200 - 50 - 40}{180} + 1 \approx 7.39$，取 8 根

共 6 + 32 + 29 + 8 = 75 根。

(5)Ⓒ/① ~ ⑤　　长度 = 1 500 + 1 500 = 3 000 mm

根数同Ⓑ/① ~ ⑤，共 75 根。

(6)Ⓓ/① ~ ⑤　　长度 = 1 500 + 1 160 = 2 660 mm

根数同Ⓑ/① ~ ⑤，共 75 根。

表 9-5 为梁板式筏板基础(梁外伸)钢筋明细表。

表 9-5　梁板式筏板基础(梁外伸)钢筋明细表

工程名称:梁板式筏板基础(梁外伸)							
序号	级别直径	简图	单长/mm	总数/根	总长/m	总质/kg	备　注
构件信息:0 层(基础层)\\筏板筋\\c20@180_① ~ ⑤/Ⓐ ~ Ⓔ							
1	⌀20	335 ⌐ 13 960 ¬ 335	14 630	83	1 214.29	2 994.474	*X* 方向底筋
2	⌀18	335 ⌐ 15 160 ¬ 335	15 830	89	1 408.87	2 814.892	*Y* 方向底筋
3	⌀20	335 ⌐ 13 960 ¬ 335	14 630	91	1 331.33	3 283.098	*X* 方向面筋
4	⌀18	335 ⌐ 15 160 ¬ 335	15 830	68	1 076.44	2 150.704	*Y* 方向面筋

续表

工程名称:梁板式筏板基础(梁外伸)							
序号	级别直径	简图	单长/mm	总数/根	总长/m	总质/kg	备　注
构件信息:0 层(基础层)\\筏板筋\\c18@180_①~⑤/Ⓑ							
5	⏀18	2 660	2 660	75	199.5	398.625	受力筋 @180
构件信息:0 层(基础层)\\筏板筋\\c18@180_①~⑤/Ⓒ							
6	⏀18	3 000	3 000	75	225	449.55	受力筋 @180
构件信息:0 层(基础层)\\筏板筋\\c18@180_①~⑤/Ⓓ							
7	⏀18	2 900	2 900	75	217.5	434.55	受力筋 @180
构件信息:0 层(基础层)\\筏板筋\\c18@180_Ⓐ~Ⓔ/②							
8	⏀18	2 660	2 660	82	218.12	435.83	受力筋 @180
构件信息:0 层(基础层)\\筏板筋\\c18@180_Ⓐ~Ⓔ/③							
9	⏀18	3 000	3 000	82	246	491.508	受力筋 @180
构件信息:0 层(基础层)\\筏板筋\\c18@180_Ⓐ~Ⓔ/④							
10	⏀18	2 900	2 900	82	237.8	475.108	受力筋 @180

注:表中数据来源于鲁班钢筋 2019V31 版的计算结果,与手工计算结果略有偏差。

9.4　梁板式筏板基础变截面情况

9.4.1　上不平下平情况

1. 配筋图

(1)梁板式筏板基础(上不平下平)平面图如图 9-5 所示。

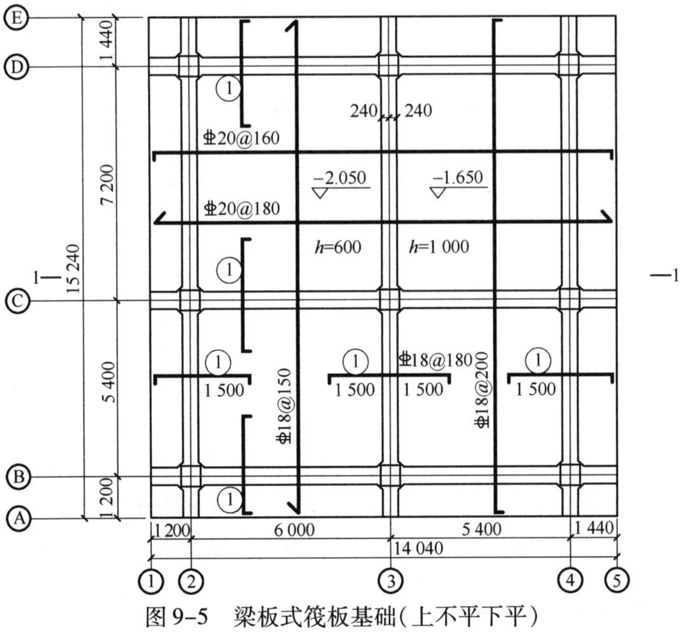

图 9-5　梁板式筏板基础(上不平下平)

(2)1-1 断面图,如图 9-6 所示。

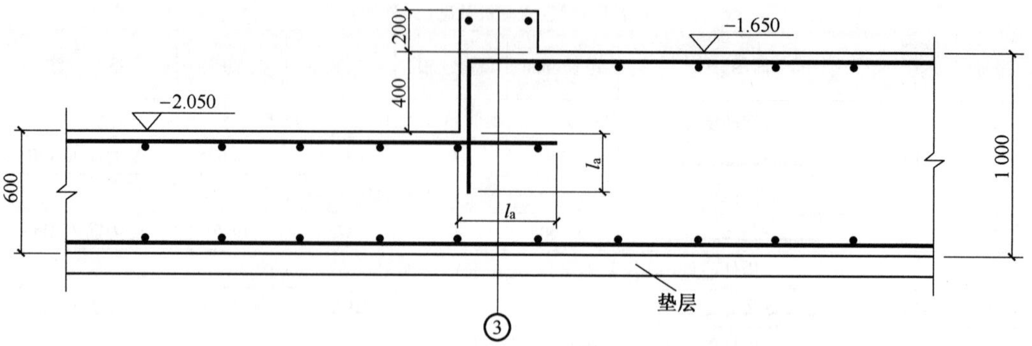

图 9-6　1-1 断面图(板顶有高差)

梁板式筏板基础变截面(上不平下平)部位钢筋构造按照 22G101-3 第 2-36 页(a)计算,即板顶有高差。

2. 钢筋分析

表 9-6 为筏板中要计算的钢筋(上不平下平情况)。

表 9-6　筏板中要计算的钢筋(上不平下平情况)

钢筋类型	钢筋名称	钢筋位置	钢筋数量
底筋	底部通长筋	X 方向	长度、根数
		Y 方向:600 厚筏板①~③轴线 1 000 厚筏板③~⑤轴线	长度、根数
面筋	顶部非通长筋	X 方向:600 厚筏板①~③轴线 1 000 厚筏板③~⑤轴线	长度、根数
	顶部通长筋	Y 方向:600 厚筏板①~③轴线 1 000 厚筏板③~⑤轴线	长度、根数
	顶部非贯通筋	边轴线:①、⑤、Ⓐ、Ⓔ	长度、根数
		中间轴线:②、③、④、Ⓑ、Ⓒ、Ⓓ	长度、根数

3. 钢筋计算

按照交错封边计算,600 mm 厚筏板的底筋弯折长度 $= \frac{600}{2} - 40 + 75 = 335$ mm,1 000 mm 厚筏板的底筋弯折长度 $= \frac{1\,000}{2} - 40 + 75 = 535$ mm。

1)底筋

(1)X 方向

长度 = X 向外边线长度 - 保护层厚度 ×2 +600 厚筏板底筋弯折 +1 000 厚筏板底筋弯折

$$长度 = 1\,200 + 6\,000 + 5\,400 + 1\,440 - 40 \times 2 + 335 + 535 = 14\,830 \text{ mm}$$

Ⓐ~Ⓑ　$根数 = \frac{标注长度 - 梁宽/2 - 保护层厚度 - 起配距离 50}{间距} + 1$

$$根数=\frac{1\ 200-200-40-50}{180}+1\approx 6.06，取 7 根$$

Ⓑ ~ Ⓒ　$$根数=\frac{标注长度-梁宽/2-梁宽/2-起配距离 50\times 2}{间距}+1$$

$$根数=\frac{5\ 400-200\times 2-50\times 2}{180}+1\approx 28.22，取 29 根$$

Ⓒ ~ Ⓓ　$$根数=\frac{标注长度-梁宽/2-梁宽/2-起配距离 50\times 2}{间距}+1$$

$$根数=\frac{7\ 200-200\times 2-50\times 2}{180}+1\approx 38.22，取 39 根$$

Ⓓ ~ Ⓔ　$$根数=\frac{标注长度-梁宽/2-保护层厚度-起配距离 50}{间距}+1$$

$$根数=\frac{1\ 440-200-40-50}{180}+1\approx 7.39，取 8 根$$

共 7 + 29 + 39 + 8 = 83 根。

简图如下所示：

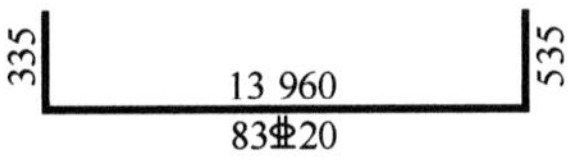

(2) *Y* 方向

$$长度=Y 向外边线长度-2\times 保护层厚度+2\times 弯折$$

a. 600 mm 厚筏板Ⓐ ~ Ⓔ/① ~ ③轴

$$长度=1\ 200+5\ 400+7\ 200+1\ 440-2\times 40+2\times 335=15\ 830\ mm$$

① ~ ②　$$根数=\frac{标注长度-梁宽/2-保护层厚度-起配距离 50}{间距}+1$$

$$根数=\frac{1\ 200-200-40-50}{150}+1\approx 7.07，取 8 根$$

② ~ ③　$$根数=\frac{标注长度-梁宽/2-梁宽/2-起配距离 50\times 2}{间距}+1$$

$$根数=\frac{6\ 000-200\times 2-50\times 2}{150}+1\approx 37.67，取 38 根$$

共 8 + 38 = 46 根。

简图如下所示：

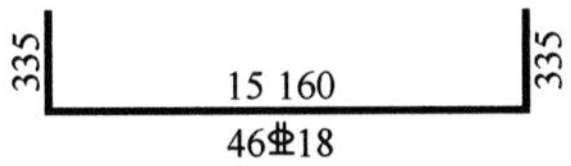

b. 1 000 厚筏板Ⓐ ~ Ⓔ/③ ~ ⑤轴

$$长度=1\ 200+5\ 400+7\ 200+1\ 440-2\times 40+2\times 535=16\ 230\ mm$$

③ ~ ④　$$根数=\frac{标注长度-梁宽/2-保护层厚度-起配距离 50\times 2}{间距}+1$$

$$根数 = \frac{5\ 400 - 200 \times 2 - 50 \times 2}{150} + 1 = 33.67，取34根$$

④～⑤ $$根数 = \frac{标注长度 - 梁宽/2 - 梁宽/2 - 起配距离50}{间距} + 1$$

$$根数 = \frac{1\ 440 - 200 - 40 - 50}{150} + 1 = 8.67，取9根$$

共34+9=43根。

简图如下所示：

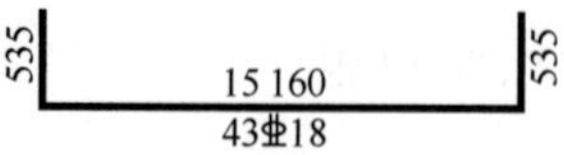

2）面筋

（1）600 mm厚筏板

X方向：

$$长度 = ①～③轴标注长度 - 保护层厚度 + 弯折 + l_a$$

$$长度 = 1\ 200 + 6\ 000 - 40 + 335 + 35 \times 20 = 8\ 195\ \text{mm}$$

Ⓐ～Ⓑ $$根数 = \frac{标注长度 - 梁宽/2 - 保护层厚度 - 起配距离50}{间距} + 1$$

$$根数 = \frac{1\ 200 - 200 - 40 - 50}{160} + 1 \approx 6.69，取7根$$

Ⓑ～Ⓒ $$根数 = \frac{标注长度 - 梁宽/2 - 梁宽/2 - 起配距离50 \times 2}{间距} + 1$$

$$根数 = \frac{5\ 400 - 200 \times 2 - 50 \times 2}{160} + 1 \approx 31.63，取32根$$

Ⓒ～Ⓓ $$根数 = \frac{标注长度 - 梁宽/2 - 梁宽/2 - 起配距离50 \times 2}{间距} + 1$$

$$根数 = \frac{7\ 200 - 200 \times 2 - 50 \times 2}{160} + 1 \approx 42.88，取43根$$

Ⓓ～Ⓔ $$根数 = \frac{标注长度 - 梁宽/2 - 保护层厚度 - 起配距离50}{间距} + 1$$

$$根数 = \frac{1\ 440 - 200 - 40 - 50}{160} + 1 \approx 8.19，取9根$$

共7+32+43+9=91根。

简图如下所示：

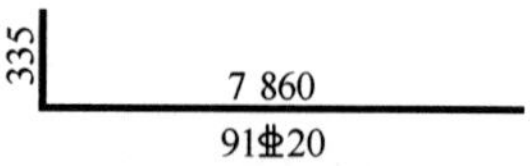

Y方向：

$$长度 = 1\ 200 + 5\ 400 + 7\ 200 + 1\ 440 - 2 \times 40 + 2 \times 335 = 15\ 830\ \text{mm}$$

①～② $$根数 = \frac{标注长度 - 梁宽/2 - 保护层厚度 - 起配距离50}{间距} + 1$$

$$根数 = \frac{1\ 200 - 200 - 40 - 50}{200} + 1 = 5.55，取 6 根$$

②~③　$$根数 = \frac{标注长度 - 梁宽/2 - 梁宽/2 - 起配距离 50 \times 2}{间距} + 1$$

$$根数 = \frac{6\ 000 - 200 \times 2 - 50 \times 2}{200} + 1 = 28.5，取 29 根$$

共 6 + 29 = 35 根。

简图如下所示：

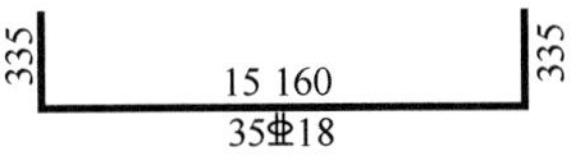

(2)1 000 mm 厚筏板

X 方向　　长度 = ③~⑤轴标注长度 − 保护层厚度 ×2 + 高差 400 + l_a

长度 = 1 440 + 5 400 − 40 × 2 + 535 + 400 + 35 × 20 = 8 395 mm

③~④　$$根数 = \frac{标注长度 - 梁宽/2 - 保护层厚度 - 起配距离 50 \times 2}{间距} + 1$$

$$根数 = \frac{5\ 400 - 200 \times 2 - 50 \times 2}{200} + 1 = 25.5，取 26 根$$

④~⑤　$$根数 = \frac{标注长度 - 梁宽/2 - 梁宽/2 - 起配距离 50}{间距} + 1$$

$$根数 = \frac{1\ 440 - 200 - 40 - 50}{200} + 1 = 6.75，取 7 根$$

共 26 + 7 = 33 根。

简图如下所示：

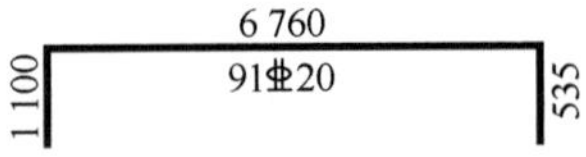

(3)1 000 厚筏板Ⓐ~Ⓔ/③~⑤轴

长度 = 1 200 + 5 400 + 7 200 + 1 440 − 2 × 40 + 2 × 535 = 16 230 mm

③~④　$$根数 = \frac{标注长度 - 梁宽/2 - 保护层厚度 - 起配距离 50 \times 2}{间距} + 1$$

$$根数 = \frac{5\ 400 - 200 \times 2 - 50 \times 2}{200} + 1 = 25.5，取 26 根$$

④~⑤　$$根数 = \frac{标注长度 - 梁宽/2 - 梁宽/2 - 起配距离 50}{间距} + 1$$

$$根数 = \frac{1\ 440 - 200 - 40 - 50}{200} + 1 = 6.75，取 7 根$$

共 26 + 7 = 33 根。

简图如下所示：

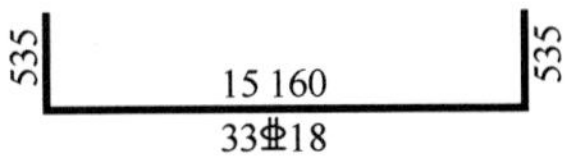

3) 顶层非通长筋

长度、根数计算方法同第 9.3 节，这里不再赘述。

钢筋明细表见表 9-7。

表 9-7　梁板式筏板基础(上不平下平)

工程名称:梁板式筏板基础(上不平下平)							
序号	级别直径	简图	单长/mm	总数/根	总长/m	总质/kg	备注
构件信息:0 层(基础层)\\600 厚筏板底筋_①~③/Ⓐ~Ⓔ							
1	⌀20	335 13 960 535	14 830	83	1 230.89	3 035.393	X 方向底筋
2	⌀18	335 15 160 335	15 830	46	728.18	1 795.702	Y 方向底筋
构件信息:0 层(基础层)\\1 000 厚筏板筋\\c20@180_③~⑤/Ⓐ~Ⓔ							
3	⌀18	535 15 160 535	16 230	43	697.89	1 720.989	Y 方向底筋
构件信息:0 层(基础层)\\600 厚筏板面筋_①~③/Ⓐ~Ⓔ							
4	⌀20	335 7 860	8 195	91	745.745	1 839.019	X 方向面筋
5	⌀18	335 15 160 335	15 830	35	554.05	1 106.98	Y 方向面筋
构件信息:0 层(基础层)\\100 厚筏板面筋_③~⑤/Ⓐ~Ⓔ							
6	⌀20	1 100 6 760 535	8 395	91	763.945	1 883.882	X 方向面筋
7	⌀18	535 15 160 535	16 230	33	535.59	1 070.124	Y 方向面筋
构件信息:0 层(基础层)\\筏板筋\\c18@180_①~⑤/Ⓑ							
8	⌀18	2 660	2 660	75	199.5	398.625	受力筋 @180
构件信息:0 层(基础层)\\筏板筋\\c18@180_①~⑤/Ⓒ							
9	⌀18	3 000	3 000	75	225	449.55	受力筋 @180
构件信息:0 层(基础层)\\筏板筋\\c18@180_①~⑤/Ⓓ							
10	⌀18	2 900	2 900	75	217.5	434.55	受力筋 @180
构件信息:0 层(基础层)\\筏板筋\\c18@180_Ⓐ~Ⓔ/②							
11	⌀18	2 660	2 660	82	218.12	435.83	受力筋 @180
构件信息:0 层(基础层)\\筏板筋\\c18@180_Ⓐ~Ⓔ/③							
12	⌀18	3 000	3 000	82	246	491.508	受力筋 @180
构件信息:0 层(基础层)\\筏板筋\\c18@180_Ⓐ~Ⓔ/④							
13	⌀18	2 900	2 900	82	237.8	475.108	受力筋 @180

注:表中数据来源于鲁班钢筋 2019V31 版的计算结果,与手工计算结果略有偏差。

9.4.2　上平下不平情况

1. 配筋图

(1)平面图

梁板式筏板基础(上平下不平)如图 9-7 所示。

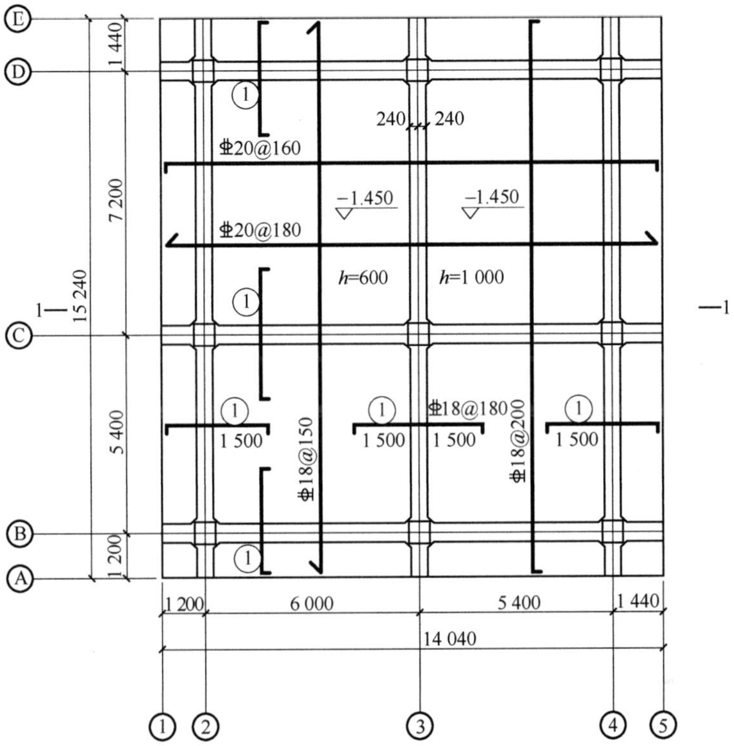

图 9-7　梁板式筏板基础(上平下不平)

(2)断面图

梁板式筏板基础 1-1 断面图如图 9-8 所示。

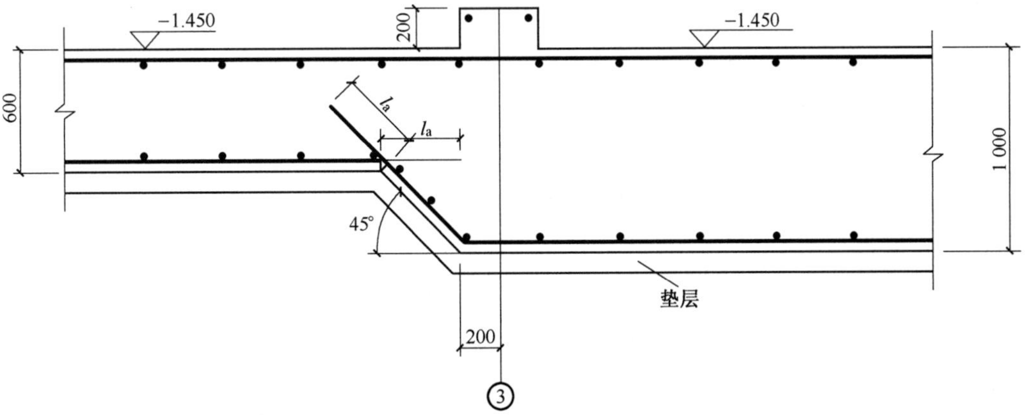

图 9-8　1-1 断面图

梁板式筏板基础变截面(上平下不平)部位钢筋构造按照 22G101-3 第 2-36 页(c)计算,即板底有高差。

2. 钢筋分析

表 9-8 为筏板中要计算的钢筋(上平下不平情况)。

表 9-8　筏板中要计算的钢筋(上平下不平情况)

钢筋类型	钢筋名称	钢筋位置	钢筋数量
底筋	底部非通长筋	X 方向:600 厚筏板①~③轴线 1 000 厚筏板③~⑤轴线	长度、根数
	底部通长筋	Y 方向:600 厚筏板①~③轴线 1 000 厚筏板③~⑤轴线	长度、根数
面筋	顶部通长筋	X 方向:600 厚筏板①~③轴线 1 000 厚筏板③~⑤轴线	长度、根数
		Y 方向:600 厚筏板①~③轴线 1 000 厚筏板③~⑤轴线	长度、根数
	顶部非贯通筋	边轴线:①、⑤、Ⓐ、Ⓔ	长度、根数
		中间轴线:②、③、④、Ⓑ、Ⓒ、Ⓓ	长度、根数

3. 钢筋计算

按照交错封边计算,600 mm 厚筏板的底筋弯折长度 $= \frac{600}{2} - 40 + 75 = 335$ mm,1 000 mm 厚筏板的底筋弯折长度 $= \frac{1\ 000}{2} - 40 + 75 = 535$ mm。

1)底筋

(1)600 mm 厚筏板(①~③/Ⓐ~Ⓔ)

X 方向:

长度 = ①~③轴标注长度 − 保护层厚度 + 600 厚筏板底筋弯折 − 高差 − 200 + l_a

$$长度 = 1\ 200 + 6\ 000 - 40 + 335 - 400 - 200 + 35 \times 20 = 7\ 595\ \text{mm}$$

Ⓐ~Ⓑ　$根数 = \frac{标注长度 - 梁宽/2 - 保护层厚度 - 起配距离 50}{间距} + 1$

$$根数 = \frac{1\ 200 - 200 - 40 - 50}{180} + 1 \approx 6.06,取 7 根$$

Ⓑ~Ⓒ　$根数 = \frac{标注长度 - 梁宽/2 - 梁宽/2 - 起配距离 50 \times 2}{间距} + 1$

$$根数 = \frac{5\ 400 - 200 \times 2 - 50 \times 2}{180} + 1 \approx 28.22,取 29 根$$

Ⓒ~Ⓓ　$根数 = \frac{标注长度 - 梁宽/2 - 梁宽/2 - 起配距离 50 \times 2}{间距} + 1$

$$根数 = \frac{7\ 200 - 200 \times 2 - 50 \times 2}{180} + 1 \approx 38.22,取 39 根$$

Ⓒ ~ Ⓔ　　$根数=\dfrac{标注长度-梁宽/2-保护层厚度-起配距离50}{间距}+1$

$$根数=\frac{1\ 440-200-40-50}{180}+1\approx 7.39，取8根$$

共 $7+29+39+8=83$ 根。

简图如下所示：

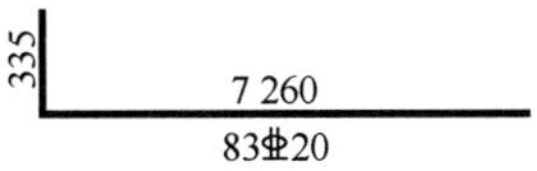

Y 方向：

$$长度=Y向外边线长度-保护层厚度\times 2+600厚筏板底筋弯折\times 2$$

$$长度=1\ 200+5\ 400+7\ 200+1440-40\times 2+335\times 2=15\ 830\ \text{mm}$$

① ~ ②　　$根数=\dfrac{1\ 200-200-40-50}{150}+1\approx 7.07，取8根$

② ~ ③　　$根数=\dfrac{6\ 000-200\times 2-400-50\times 2}{150}+1=35，取35根$

共 $8+35=43$ 根。

简图如下所示：

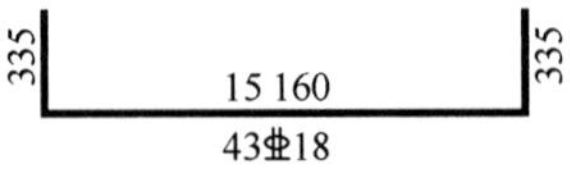

(2) 1 000 mm 厚筏板(③ ~ ⑤/Ⓐ ~ Ⓔ)

X 方向：

$长度=③\sim⑤轴标注长度-保护层厚度\times 2+200+高差\times 1.414+l_a+1\ 000\ \text{mm}厚筏板底筋弯折长度$

$=5\ 400+1\ 440-40\times 2+200+400\times 1.414+35\times 20+535=8\ 761\ \text{mm}$

根数同 600 mm 厚筏板 *X* 方向底筋，共 83 根。

简图如下所示：

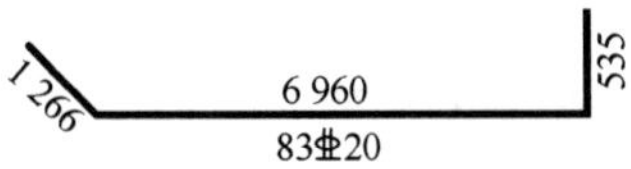

Y 方向：

$$长度=Y向外边线长-保护层厚度\times 2+1\ 000\ \text{mm}厚筏板底筋弯折\times 2$$

$$长度=1\ 200+5\ 400+7\ 200+1\ 440-40\times 2+535\times 2=16\ 230\ \text{mm}$$

③ ~ ④　　$根数=\dfrac{5\ 400-200\times 2-50\times 2}{150}+1\approx 33.67，取34根$

④ ~ ⑤　　$根数=\dfrac{1\ 440-200-50-40}{150}+1\approx 8.67，取9根$

共 $34+9=43$ 根。

简图如下所示：

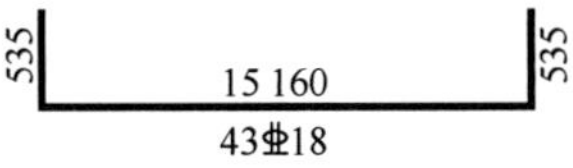

变截面处纵筋长度共 3 道，弯折长度 $= \frac{1\ 000 + 600}{2} - 40 + 75 = 835$ mm。

相邻两道长度相差： $\frac{150}{1.414} \approx 106$ mm

第一道：

长度 $= 1\ 200 + 5\ 400 + 7\ 200 + 1\ 440 - 2 \times 40 + 835 \times 2 = 15\ 160 + 835 \times 2 = 16\ 830$ mm

简图如下所示：

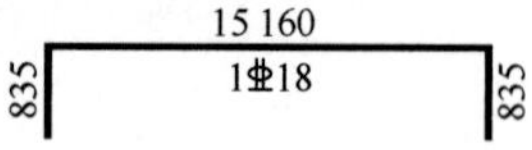

第二道：　　　　长度 $= 15\ 160 + (835 - 106) \times 2 = 16\ 618$ mm

简图如下所示：

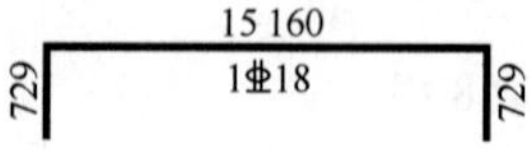

第三道：长度 $= 15\ 160 + (835 - 106 - 106) \times 2 = 16\ 406$ mm

简图如下所示：

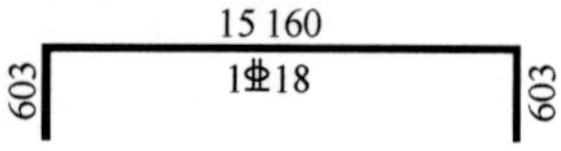

2）顶部通长筋

（1）X 方向

长度 $=X$ 方向外边线长 − 保护层厚度 ×2 +600 mm 厚筏板面筋弯折 +1 000 厚筏板面筋弯折

$$长度 = 1\ 200 + 6\ 000 + 5\ 400 + 1\ 440 - 40 \times 2 + 335 + 535 = 14\ 830\ \text{mm}$$

Ⓐ～Ⓑ　　根数 $= \frac{标注长度 - 梁宽/2 - 保护层厚度 - 起配距离50}{间距} + 1$

$$根数 = \frac{1\ 200 - 200 - 40 - 50}{160} + 1 \approx 6.69，取 7 根$$

Ⓑ～Ⓒ　　根数 $= \frac{标注长度 - 梁宽/2 - 梁宽/2 - 起配距离50 \times 2}{间距} + 1$

$$根数 = \frac{5\ 400 - 200 \times 2 - 50 \times 2}{160} + 1 \approx 31.63，取 32 根$$

Ⓒ～Ⓓ　　根数 $= \frac{标注长度 - 梁宽/2 - 梁宽/2 - 起配距离50 \times 2}{间距} + 1$

$$根数 = \frac{7\ 200 - 200 \times 2 - 50 \times 2}{160} + 1 \approx 42.88，取 43 根$$

Ⓓ～Ⓔ　　根数 $= \frac{标注长度 - 梁宽/2 - 保护层厚度 - 起配距离50}{间距} + 1$

$$根数 = \frac{1\ 440 - 200 - 40 - 50}{160} + 1 \approx 8.19，取 9 根$$

共 $7 + 32 + 43 + 9 = 91$ 根。

简图如下所示：

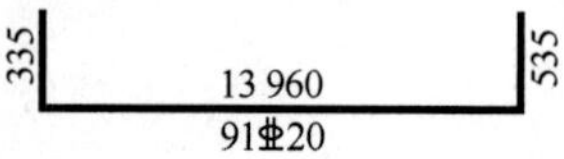

(2) Y 方向

600 mm 厚筏板面筋：

长度 = Y 方向外边线长 − 保护层厚度 ×2 + 600 mm 厚筏板面筋弯折 ×2

长度 = 1 200 + 5 400 + 7 200 + 1 440 − 40 × 2 + 335 × 2 = 15 830 mm

①～②　　根数 $= \dfrac{1\ 200 - 200 - 40 - 50}{200} + 1 = 5.55$，取 6 根

②～③　　根数 $= \dfrac{6\ 000 - 200 \times 2 - 50 \times 2}{200} + 1 = 28.5$，取 29 根

共 6 + 29 = 35 根。

简图如下所示：

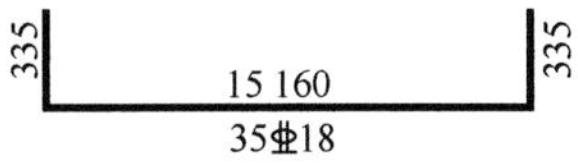

1 000 mm 厚筏板面筋：

长度 = Y 方向外边线长 − 保护层厚度 ×2 + 1 000 mm 厚筏板面筋弯折 ×2

长度 = 1 200 + 4 500 + 7 200 + 1 440 − 40 × 2 + 335 × 2 = 16 230 mm

③～④　　根数 $= \dfrac{5\ 400 - 200 \times 2 - 50 \times 2}{200} + 1 = 25.5$，取 26 根

④～⑤　　根数 $= \dfrac{1\ 440 - 200 - 50 - 40}{200} + 1 = 6.75$，取 7 根

共 26 + 7 = 33 根。

简图如下所示：

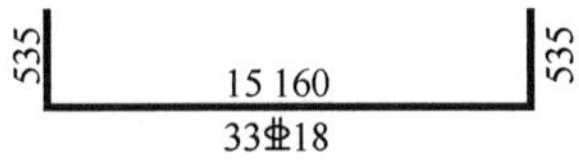

3) 顶层非贯通钢筋

长度、根数计算方法同 9.3 节，这里不再赘述。梁板式筏板基础（上平下不平）钢筋明细表见表 9-9。

表 9-9　梁板式筏板基础（上平下不平）钢筋明细表

工程名称：梁板式筏板基础（上平下不平）							
序号	级别直径	简图	单长/mm	总数/根	总长/m	总质/kg	备　注
构件信息：0 层（基础层）\\600 厚筏板底筋_①～③/Ⓐ～Ⓔ							
1	Φ20	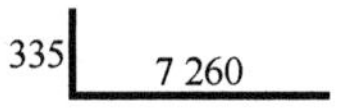	7 596	83	630.468	1 554.756	X 方向底筋
2	Φ18	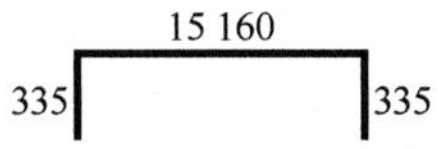	15 830	43	680.69	1 360.004	Y 方向底筋
构件信息：0 层（基础层）\\1 000 厚筏板筋\\c20@180_③～⑤/Ⓐ～Ⓔ							
3	Φ20	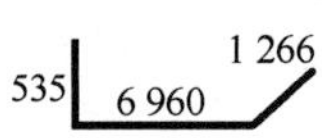	8 761	83	727.163	1 793.215	1 000 厚筏板 X 向底筋

续表

工程名称:梁板式筏板基础(上平下不平)							
序号	级别直径	简图	单长/mm	总数/根	总长/m	总质/kg	备　注
构件信息:0 层(基础层)\\1 000 厚筏板筋\\c20@180_③~⑤/Ⓐ~Ⓔ							
4	Φ18	535 15 160 535	16 230	43	697.89	1 394.404	Y 方向底筋
5	Φ18	835 15 160 835	16 830	1	16.83	33.626	1 000 厚筏板 Y 向坡上钢筋
6	Φ18	729 15 160 729	16 618	1	16.618	33.203	1 000 厚筏板 Y 向坡上钢筋
7	Φ18	623 15 160 623	16 406	1	16.406	32.779	1 000 厚筏板 Y 向坡上钢筋
构件信息:0 层(基础层)\\600 厚筏板面筋_①~③/Ⓐ~Ⓔ							
8	Φ20	335 13 960 535	14 830	91	1 349.53	3 327.961	X 方向面筋
9	Φ18	335 15 160 335	15 830	35	554.05	1 106.98	Y 方向面筋
构件信息:0 层(基础层)\\1 000 厚筏板面筋_③~⑤/Ⓐ~Ⓔ							
10	Φ18	535 15 160 535	16 230	33	535.59	1 070.124	Y 方向面筋
构件信息:0 层(基础层)\\筏板筋\\c18@180_①~⑤/Ⓑ							
11	Φ18	2 660	2 660	75	199.5	398.625	受力筋@180
构件信息:0 层(基础层)\\筏板筋\\c18@180_①~⑤/Ⓒ							
12	Φ18	3 000	3 000	75	225	449.55	受力筋@180
构件信息:0 层(基础层)\\筏板筋\\c18@180_①~⑤/Ⓓ							
13	Φ18	2 900	2 900	75	217.5	434.55	受力筋@180
构件信息:0 层(基础层)\\筏板筋\\c18@180_Ⓐ~Ⓔ/②							
14	Φ18	2 660	2 660	82	218.12	435.83	受力筋@180
构件信息:0 层(基础层)\\筏板筋\\c18@180_Ⓐ~Ⓔ/③							
15	Φ18	3 000	3 000	82	246	491.508	受力筋@180
构件信息:0 层(基础层)\\筏板筋\\c18@180_Ⓐ~Ⓔ/④							
16	Φ18	2 900	2 900	82	237.8	475.108	受力筋@180

注:表中数据来源于鲁班钢筋 2019V31 版的计算结果,与手工计算结果略有偏差。

9.4.3　上下均不平情况

1. 配筋图

(1)平面图

梁板式筏板基础(上下均不平)如图 9-9 所示。

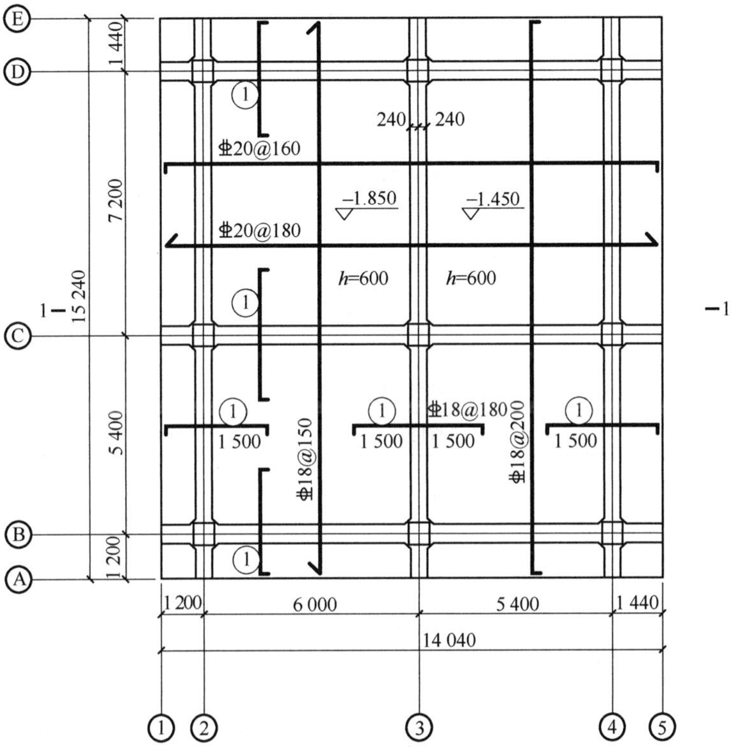

图 9-9　梁板式筏板基础(上下均不平)

(2)断面面图

梁板式筏板基础(上下均不平)1-1 断面图如图 9-10 所示。

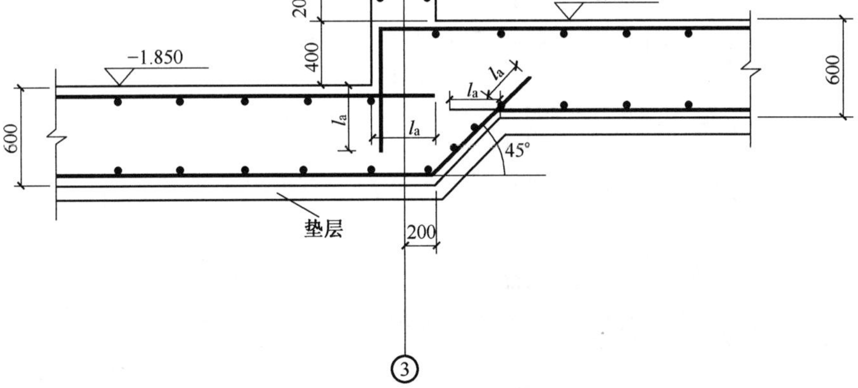

图 9-10　1-1 断面图

梁板式筏板基础变截面(上下均不平)部位钢筋构造按照22G101-3第2-36页(b)计算，即板顶、板底均高差。

2. 钢筋分析

表9-10为筏板中要计算的钢筋(上下均不平情况)。

表9-10 筏板中要计算的钢筋(上下均不平情况)

钢筋类型	钢筋名称	钢筋位置	钢筋数量
底筋	底部非通长筋	*X*方向:600厚筏板①~③轴线 600厚筏板③~⑤轴线	长度、根数
	底部通长筋	*Y*方向:600厚筏板①~③轴线 600厚筏板③~⑤轴线	长度、根数
面筋	顶部非通长筋	*X*方向:600厚筏板①~③轴线 600厚筏板③~⑤轴线	长度、根数
	底部通长筋	*Y*方向:600厚筏板①~③轴线 600厚筏板③~⑤轴线	长度、根数
	顶部非贯通筋	边轴线:①、⑤、Ⓐ、Ⓔ	长度、根数
		中间轴线:②、③、④、Ⓑ、Ⓒ、Ⓓ	长度、根数

3. 钢筋计算

按照交错封边计算，600 mm厚筏板的底筋弯折长度 $=\dfrac{600}{2}-40+75=335$ mm。

1)底筋

(1)600 mm厚筏板(①~③/Ⓐ~Ⓔ)

*X*方向：

长度=①~③轴标注长度−保护层厚度×2+600厚筏板底筋弯折+200+高差×1.414+l_a

$$长度=1\ 200+6\ 000-40\times2+335+200+400\times1.414+35\times20=8\ 921\ \text{mm}$$

Ⓐ~Ⓑ　$根数=\dfrac{标注长度-梁宽/2-保护层厚度-起配距离50}{间距}+1$

$$根数=\frac{1\ 200-200-40-50}{180}+1\approx6.06，取7根$$

Ⓑ~Ⓒ　$根数=\dfrac{标注长度-梁宽/2-梁宽/2-起配距离50\times2}{间距}+1$

$$根数=\frac{5\ 400-200\times2-50\times2}{180}+1\approx28.22，取29根$$

Ⓒ~Ⓓ　$根数=\dfrac{标注长度-梁宽/2-梁宽/2-起配距离50\times2}{间距}+1$

$$根数=\frac{7\ 200-200\times2-50\times2}{180}+1\approx38.22，取39根$$

Ⓓ~Ⓔ　$根数=\dfrac{标注长度-梁宽/2-保护层厚度-起配距离50}{间距}+1$

$$根数=\frac{1\ 440-200-40-50}{180}+1\approx7.39，取8根$$

共 7 + 29 + 39 + 8 = 83 根。

简图如下所示：

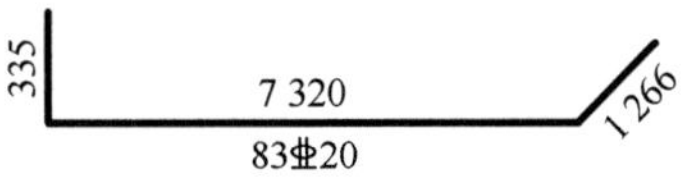

Y 方向：

$$长度 = Y 向外边线长度 - 保护层厚度 \times 2 + 600 厚筏板底筋弯折 \times 2$$

$$长度 = 1\,200 + 5\,400 + 7\,200 + 1\,440 - 40 \times 2 + 335 \times 2 = 15\,830\ \text{mm}$$

①～②　　$根数 = \dfrac{1\,200 - 200 - 40 - 50}{150} + 1 \approx 7.07$，取 8 根

②～③　　$根数 = \dfrac{6\,000 - 200 \times 2 - 50 \times 2}{150} + 1 \approx 37.67$，取 38 根

共 8 + 38 = 46 根。

简图如下所示：

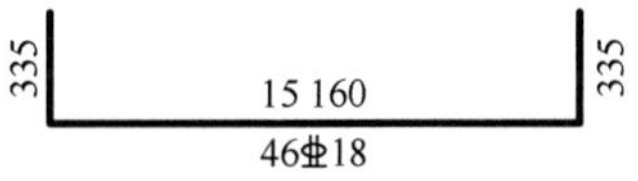

变截面处纵筋长度共 3 道，弯折长度 = 600 − 40 + 75 = 635 mm。

相邻两道长度相差：　$\dfrac{150}{1.414} \approx 106\ \text{mm}$

第一道：

$$长度 = 1\,200 + 5\,400 + 7\,200 + 1\,440 - 2 \times 40 + 635 \times 2 = 15\,160 + 635 \times 2 = 16\,430\ \text{mm}$$

简图如下所示：

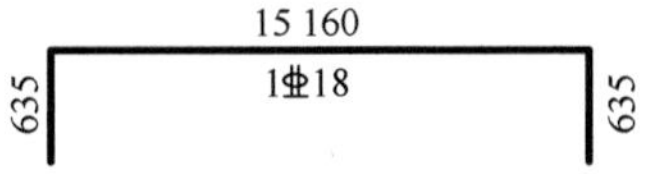

第二道：　　$长度 = 15\,160 + (635 - 106) \times 2 = 16\,218\ \text{mm}$

简图如下所示：

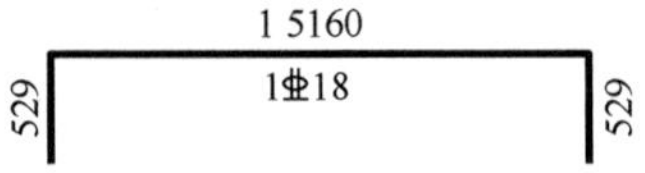

第三道：　　$长度 = 15\,160 + (635 - 106 - 106) \times 2 = 16\,006\ \text{mm}$

简图如下所示：

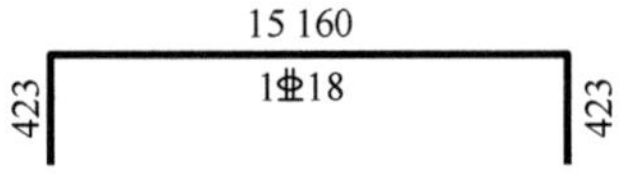

（2）600 mm 厚筏板（③～⑤/Ⓐ～Ⓔ）

X 方向：

$$长度 = ③～⑤轴标注长度 - 保护层厚度 - 200 - 高差 + 1\,000 厚筏板底筋弯折 + 200 + l_a$$

$$长度 = 5\,400 + 1\,440 - 40 - 200 - 400 + 335 + 35 \times 20 = 7\,235\ \text{mm}$$

根数同（①～③/Ⓐ～Ⓔ）为 83 根。

简图如下所示：

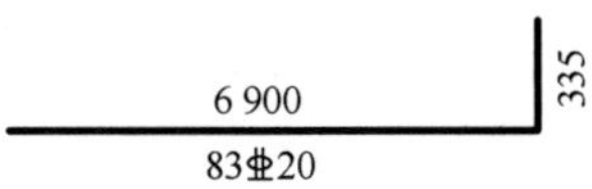

Y 方向：

长度 = *Y* 向外边线长度 − 保护层厚度 × 2 + 600 厚筏板底筋弯折 × 2

$$长度 = 1\,200 + 5\,400 + 7\,200 + 1\,440 - 40 \times 2 + 335 \times 2 = 15\,830\ \text{mm}$$

③ ~ ④　　$$根数 = \frac{5\,400 - 200 \times 2 - 400 - 50 \times 2}{150} + 1 = 31，取\ 31\ 根$$

④ ~ ⑤　　$$根数 = \frac{1\,440 - 200 - 40 - 50}{150} + 1 \approx 8.67，取\ 9\ 根$$

共 31 + 9 = 40 根。

简图如下所示：

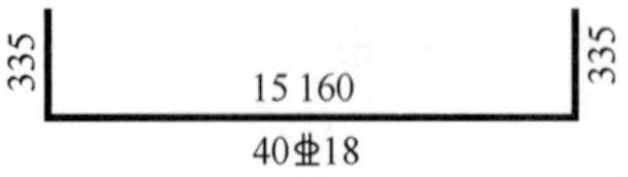

2）面筋

（1）600 mm 厚筏板（① ~ ③/Ⓐ ~ Ⓔ）

X 方向：

长度 = ① ~ ③轴线标注长度 − 保护层厚度 + l_a + 600 mm 厚筏板面筋弯折

$$长度 = 1\,200 + 6\,000 - 40 + 35 \times 20 + 335 = 8\,195\ \text{mm}$$

Ⓐ ~ Ⓑ　　$$根数 = \frac{标注长度 - 梁宽/2 - 保护层厚度 - 起配距离\ 50}{间距} + 1$$

$$根数 = \frac{1\,200 - 200 - 40 - 50}{160} + 1 \approx 6.69，取\ 7\ 根$$

Ⓑ ~ Ⓒ　　$$根数 = \frac{标注长度 - 梁宽/2 - 梁宽/2 - 起配距离\ 50 \times 2}{间距} + 1$$

$$根数 = \frac{5\,400 - 200 \times 2 - 50 \times 2}{160} + 1 \approx 31.63，取\ 32\ 根$$

Ⓒ ~ Ⓓ　　$$根数 = \frac{标注长度 - 梁宽/2 - 梁宽/2 - 起配距离\ 50 \times 2}{间距} + 1$$

$$根数 = \frac{7\,200 - 200 \times 2 - 50 \times 2}{160} + 1 \approx 42.88，取\ 43\ 根$$

Ⓓ ~ Ⓔ　　$$根数 = \frac{标注长度 - 梁宽/2 - 保护层厚度 - 起配距离\ 50}{间距} + 1$$

$$根数 = \frac{1\,440 - 200 - 40 - 50}{160} + 1 \approx 8.19，取\ 9\ 根$$

共 7 + 32 + 43 + 9 = 91 根。

简图如下所示：

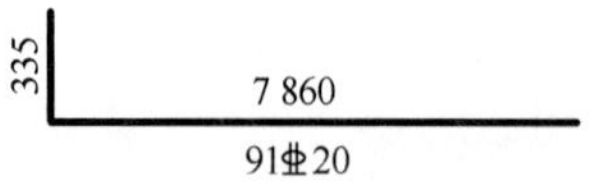

Y 方向：

长度 = *Y* 方向外边线长度 − 保护层厚度 × 2 + 600 mm 厚筏板面筋弯折 × 2

$$长度 = 1\,200 + 5\,400 + 7\,200 + 1\,440 - 40 \times 2 + 335 \times 2 = 15\,830\ \text{mm}$$

①～②　　$根数 = \dfrac{1\ 200 - 200 - 40 - 50}{200} + 1 = 5.55$，取 6 根

②～③　　$根数 = \dfrac{6\ 000 - 200 \times 2 - 50 \times 2}{200} + 1 = 28.5$，取 29 根

共 6 + 29 = 35 根。

简图如下所示：

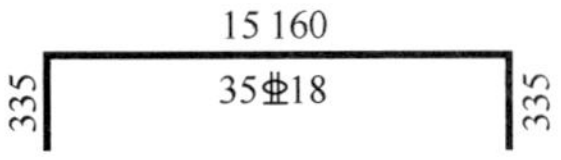

(2)600 mm 厚筏板(③～⑤/Ⓐ～Ⓔ)

X 方向：

长度 = ③～⑤轴线标注长度 - 保护层厚度 ×2 + 1 000 mm 厚筏板面筋弯折 + 400 + l_a

$$长度 = 5\ 400 + 1\ 440 - 40 \times 2 + 335 + 400 + 35 \times 20 = 8\ 195\ \text{mm}$$

根数同底筋(①～③/Ⓐ～Ⓔ)，共 91 根。

简图如下所示：

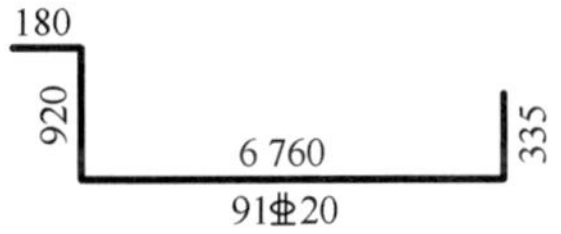

Y 方向：

长度 = *Y* 方向外边线长度 - 保护层厚度 ×2 + 600 mm 厚筏板面筋弯折 ×2

$$= 1\ 200 + 5\ 400 + 7\ 200 + 1\ 440 - 40 \times 2 + 335 \times 2 = 15\ 830\ \text{mm}$$

③～④　　$根数 = \dfrac{5\ 400 - 200 \times 2 - 50 \times 2}{200} + 1 = 25.5$，取 26 根

④～⑤　　$根数 = \dfrac{1\ 440 - 200 - 40 - 50}{200} + 1 = 6.75$，取 7 根

共 26 + 7 = 33 根。

简图如下所示：

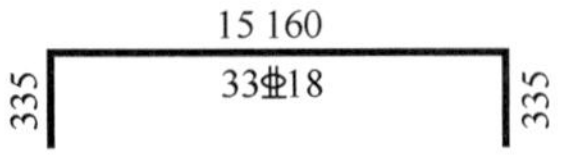

梁板式筏板基础(上平下不平)钢筋明细表见表 9-11。

表 9-11　梁板式筏板基础(上平下不平)钢筋明细表

工程名称：梁板式筏板基础(上平下不平)							
序号	级别直径	简　图	单长/mm	总数/根	总长/m	总质/kg	备注
构件信息：0 层(基础层)\\600 厚筏板底筋_①～③/Ⓐ～Ⓔ							
1	⌀20	335　7 320　1 266	8 921	83	740.443	1 825.917	*X* 方向底筋
2	⌀18	15 160 335　335	15 830	46	728.18	1 454.888	*Y* 方向底筋
3	⌀18	15 160 635　635	16 430	1	16.43	32.827	*Y* 方向坡上钢筋

续表

工程名称:梁板式筏板基础(上平下不平)							
序号	级别直径	简 图	单长/mm	总数/根	总长/m	总质/kg	备注
构件信息:0 层(基础层)\\600 厚筏板底筋_①~③/Ⓐ~Ⓔ							
4	⌀18	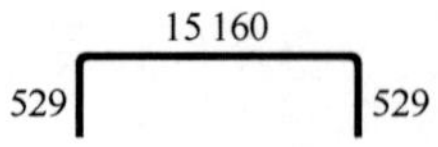	16 218	1	16. 218	32. 404	Y 方向坡上钢筋
5	⌀18	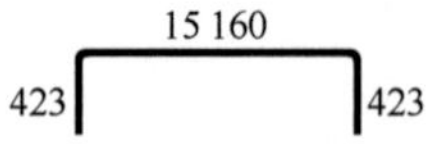	16 218	1	16. 218	32. 404	Y 方向坡上钢筋
构件信息:0 层(基础层)\\600 厚筏板筋_③~⑤/Ⓐ~Ⓔ							
6	⌀20	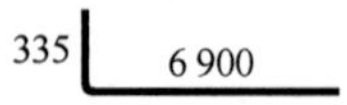	7 235	83	600. 505	1 480. 886	X 方向底筋
7	⌀18	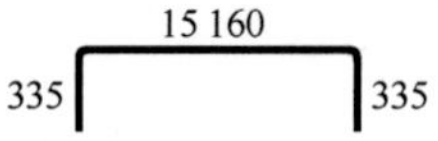	15 830	40	633. 2	1 265. 12	Y 方向底筋
构件信息:0 层(基础层)\\600 厚筏板面筋_①~③/Ⓐ~Ⓔ							
8	⌀20	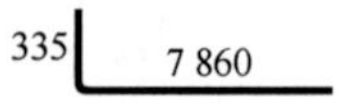	8 195	91	745. 745	1 839. 019	X 方向面筋
9	⌀18	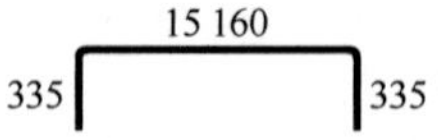	15 830	35	554. 05	1 106. 98	Y 方向面筋
构件信息:0 层(基础层)\\1 000 厚筏板面筋_③~⑤/Ⓐ~Ⓔ							
10	⌀20	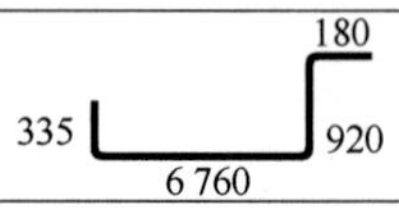	8 195	91	745. 745	1 839. 019	X 方向面筋
11	⌀18	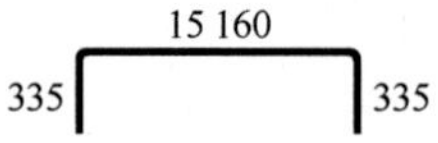	15 830	33	522. 39	1 043. 724	Y 方向面筋
构件信息:0 层(基础层)\\筏板筋\\c18@180_①~⑤/Ⓑ							
12	⌀18		2 660	75	199. 5	398. 625	受力筋@180
构件信息:0 层(基础层)\\筏板筋\\c18@180_①~⑤/Ⓒ							
13	⌀18	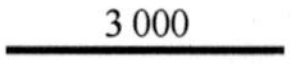	3 000	75	225	449. 55	受力筋@180
构件信息:0 层(基础层)\\筏板筋\\c18@180_①~⑤/Ⓓ							
14	⌀18	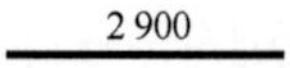	2 900	75	217. 5	434. 55	受力筋@180

续表

工程名称:梁板式筏板基础(上平下不平)							
序号	级别直径	简图	单长/mm	总数/根	总长/m	总质/kg	备注
构件信息:0 层(基础层)\\筏板筋\\c18@180_Ⓐ~Ⓔ/②							
15	⌀18	2 660	2 660	82	218.12	435.83	受力筋@180
构件信息:0 层(基础层)\\筏板筋\\c18@180_Ⓐ~Ⓔ/③							
16	⌀18	3 000	3 000	82	246	491.508	受力筋@180
构件信息:0 层(基础层)\\筏板筋\\c18@180_Ⓐ~Ⓔ/④							
17	⌀18	2 900	2 900	82	237.8	475.108	受力筋@180

注:表中数据来源于鲁班钢筋 2019V31 版的计算结果,与手工计算结果略有偏差。

习　　题

一、名词解释

1. 梁板式筏形基础　　2. 平板式筏形基础　　3. 柱下板带

4. 跨中板带　　5. 后浇带

二、简答题

1. 什么是筏板基础?有什么特点?

2. 筏形基础有哪几种类型?分别有什么特点?

3. 简述筏形基础的适用范围。

4. 平板式筏形基础中主要配置哪几种钢筋?

5. 某平板式筏形基础集中标注为 X:B12⌀22@150/200;T10⌀20⌀@150/200,解释其含义。

6. 基础主梁与基础次梁的集中注写由哪几部分组成?

三、填空题

1. 筏型基础分为平板式和__________两种,一般根据地基土质、上部结构体系、柱距__________和__________等确定。

2. 平板式筏形基础的封边按照 16G101-3 中构造,分为 U 形封边和和__________两种。

3. 梁板式筏形基础由基础主梁、基础次梁和__________组成。

4. 梁板式筏形基础构件编号中的 JL 表示__________,JCL 表示__________,LPB 表示__________。

5. 基础主梁与基础次梁的平面注写,分集中标注和__________两部分。

四、选择题

1. 梁板式筏形基础平板 LPB1 每跨的轴线跨度为 5 000 mm,该方向布置的顶部贯通筋

14@150,两端的基础梁界面尺寸为500 mm×900 mm,纵筋直径为25 mm,基础梁的混凝土等级为C25。基础平板顶部贯通筋长度为(　　)。

(A)5 250 mm　　(B)5 500 mm　　(C)4 500 mm　　(D)5 000 mm

2. 梁板式筏形基础平板LPB1每跨的轴线跨度为5 000 mm,该方向的底部贯通筋为14@150,两端的基础梁JZL1的截面尺寸为500 mm×900 mm,纵筋直径为25 mm,基础梁的混凝土强度为C25。求纵筋根数(　　)。

(A)28根　　(B)29根　　(C)30根　　(D)31根

3. 柱箍筋在基础内设置不少于(　　)根,间距不大于(　　)mm。

(A)2根,400　　(B)2根,500　　(C)3根,400　　(D)3根,50

4. 基础梁箍筋信息标注为:10ϕ12@100/ϕ12@200(6)表示(　　)。

(A)直径为12的HPB300钢筋,从梁端向跨内,间距100设置5道,其余间距为200,均为6支箍

(B)直径为12的HPB300钢筋,从梁端向跨内,间距100设置10道,其余间距为200,均为6支箍

(C)直径为12的HPB300钢筋,加密区间距100设置10道,其余间距为200,均为6支箍

(D)直径为12的HPB300钢筋,加密区间距100设置5道,其余间距为200,均为6支箍

5. 基础主梁底部非贯通纵筋过柱节点向跨内的延伸长度(　　)。

(A)$l_n/3$　　(B)$l_n/4$

(C)$\max(l_n/3,\ 1.2l_a+H_b+0.5H_c)$　　(D)$1.2l_a+l_b+0.5H_c$

6. 基础主梁有外伸情况下下部钢筋外伸构造(　　)。

(A)伸至梁边向上弯折15d

(B)伸至梁边向上弯折12d

(C)第一排伸至梁边向上弯折15d,第二排伸至梁边向上弯折12d

(D)第一排伸至梁边向上弯折12d,第二排伸至梁边截断

7. 纵向受拉钢筋非抗震锚固长度任何情况下不得小于(　　)mm。

(A)250　　(B)350　　(C)400　　(D)200

8. 高板位筏型基础指(　　)。

(A)筏板顶高出梁顶　　(B)梁顶高出筏板顶

(C)梁顶平筏板顶　　(D)筏板在梁的中间

9. 支座两侧筏板厚度有变化时,板上部筋深入支座应满足什么要求(　　)。

(A)深入支座不小于l_a　　(B)深入支座≥12d且伸到支座中心线

(C)不小于500 mm　　(D)≥15d

10. 当基础筏板厚度为(　　)m时,筏板中间需要设置钢筋网片,此时柱、墙插筋插入位置在(　　)。

(A)1.5,基础底钢筋网片上　　(B)2,基础底层钢筋网片上

(C)2,基础中间层钢筋网片上且≥0.5l_{aE}　　(D)2,基础顶面向下0.5l_{aE}

参 考 文 献

[1] 混凝土结构施工图平面整体表示方法制图规则和构造详图(现浇混凝土框架、剪力墙、梁、板)(16G101—1)[S]. 北京:中国计划出版社,2016.

[2] 混凝土结构施工图平面整体表示方法制图规则和构造详图(独立基础、条形基础、筏形基础及桩基承台)(16G101—3)[S]. 北京:中国计划出版社,2016.

[3] 混凝土结构钢筋排布规则与构造详图(现浇混凝土框架、剪力墙、梁、板)(18G901)[S]. 北京:中国计划出版社,2018.

[4] 茅洪斌. 钢筋翻样方法及实例[M]. 北京:中国建筑工业出版社,2008.

[5] 混凝土结构设计规范:GB 50010—2010(2015 年版)[S]. 北京:中国建筑工业出版社,2015.

[6] 混凝土结构工程施工规范:GB 50666—2011[S]. 北京:中国建筑工业出版社,2011.

[7] 混凝土结构工程施工质量验收规范:GB 50204—2015[S]. 北京:中国建筑工业出版社,2015.

[8] 钢筋机械连接技术规程:JGJ 107—2016[S]. 北京:中国建筑工业出版社,2016.

[9] 钢筋焊接及验收规程:JGJ 18—2012[S]. 北京:中国建筑工业出版社,2012.

[10] 混凝土结构后锚固技术规程:JGJ 145—2013[S]. 北京:中国建筑工业出版社,2013.

钢筋翻样与下料课程

配 套 图 纸

结构设计总说明

一、总则

1. 本工程设计主要依据、标准及规范：

(1)《工程结构可靠性设计统一标准》(GB 50153-2008)；

(2)《建筑工程抗震设防分类标准》(GB 50223-2008)；

(3)《建筑结构荷载规范》(GB 50009-2012)；

(4)《建筑抗震设计规范》(GB 50011-2010)；

(5)《砌体结构设计规范》(GB 50003-2011)；

(6)《混凝土结构设计规范》(GB 50010-2010)。

2. 结构设计概况：

层数		结构体系	结构安全等级	耐火等级	设计使用年限
多层建筑		框架结构	二级	二级	50年
抗震设防烈度	基本地震加速度	设计地震分组	抗震设防类别	抗震等级	地基基础设计等级
7度	0.10g	第二级	重点设防:乙类	二级	丙级

3. 混凝土构件的环境类别：

室内正常结构的环境作用等级为一类。

室内潮湿环境、非严寒和非寒冷地区的露天环境、非严寒和非寒冷地区与无侵蚀性水或土壤接触的环境（雨篷、女儿墙）的结构构件的环境作用等级为二a类。

4. 标高：本工程室内标高±0.000相当于1985国家高程3.850 m，室内外高差0.45 m。

5. 本设计除图中注明外，尺寸均以毫米为单位，标高以米为单位。

6. 未经设计许可，不得改变房屋的使用功能。

二、材料

1. 混凝土：

混凝土强度等级：

基础	基础垫层	C15
	柱下独基、墙下条基	C30
上部结构	框架结构梁、板、柱	C30
	圈梁、构造柱、过梁	C25

2. 钢筋：

钢筋种类	抗拉强度设计值f_y	抗压强度设计值f_y'	焊条
ф-HPB300	270 N/mm²	270 N/mm²	按《钢筋焊接及验收规程》(JGJ 18—2012)选用
⌀-HRB335	300 N/mm²	300 N/mm²	
⌀-HRB400	360 N/mm²	360 N/mm²	
⌀-HRB500	435 N/mm²	410 N/mm²	

3. 构件最外层钢筋的混凝土保护层最小厚度c(mm)：

环境类别	一	二a	二b	三a	三b
板、墙、壳	15	20	25	30	40
梁、柱、杆	20	25	35	40	50

注：① 混凝土强度等级C25时，表中保护层厚度数值增加5 mm；

② 受力钢筋的混凝土保护层厚度不小于钢筋的公称直径；

③ 基础中纵向受力钢筋的混凝土保护层厚度应从垫层顶面算起，柱下独基不应小于40 mm。

4. 楼板分布筋设置规则如下：

h=80 mm时，分布筋为⌀6@200；h=100 mm时，分布筋为⌀6@180；

h=120 mm时，分布筋为⌀6@150；h=130 mm时，分布筋为⌀6@140；

h=140 mm时，分布筋为⌀6@130。

5. 在楼面、屋面板连续通长配筋中钢筋接头位置板面筋一般可在跨中搭接，底筋在支座搭接。端部板面筋进入支座的长度应$\geq l_{aE}$，板底筋应伸至支承中心处，且$\geq 5d$。板筋的标注长度见图1。

如板配筋尺寸在平面图中仅标注数值，按图1所示施工。

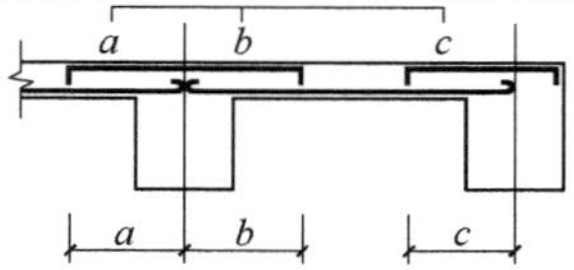

图1 板筋的标注和锚固

工程名称	某中学致知楼施工图				
设计		图名	结构设计总说明	专业	结构
制图				图号	1
审核				日期	

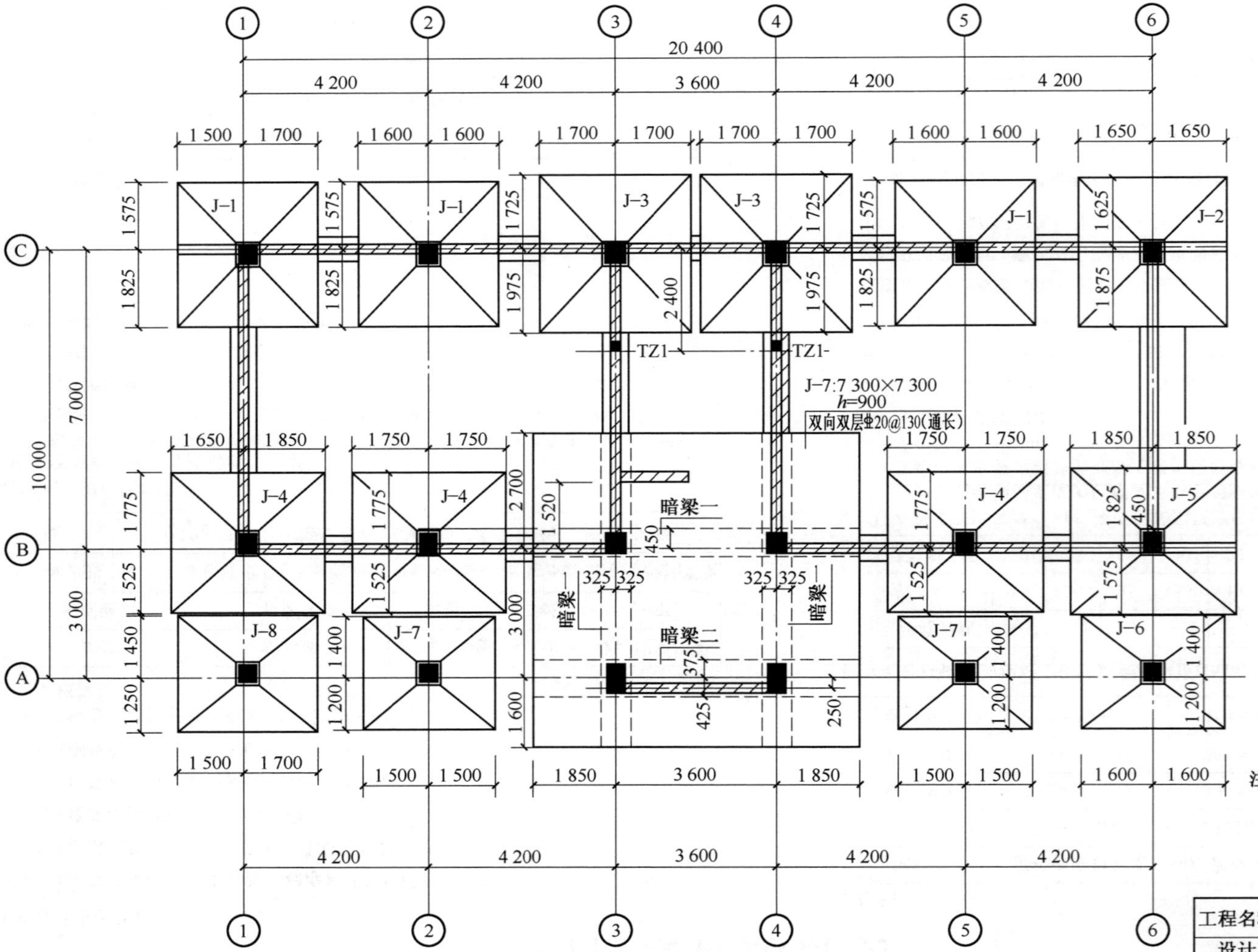

基础平面图

注:1.未标注定位的墙体居轴线中或齐柱外皮。
2.未标注条基为1–1。

工程名称	某中学致知楼施工图			
设计	图名	基础平面图	专业	结构
制图			图号	2
审核			日期	

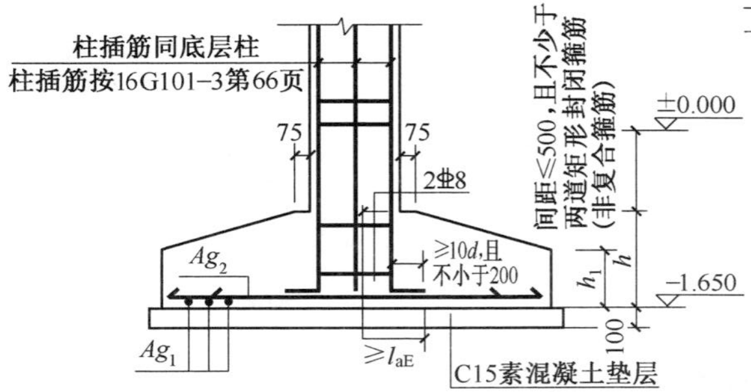

A−A

柱配筋详柱配筋图

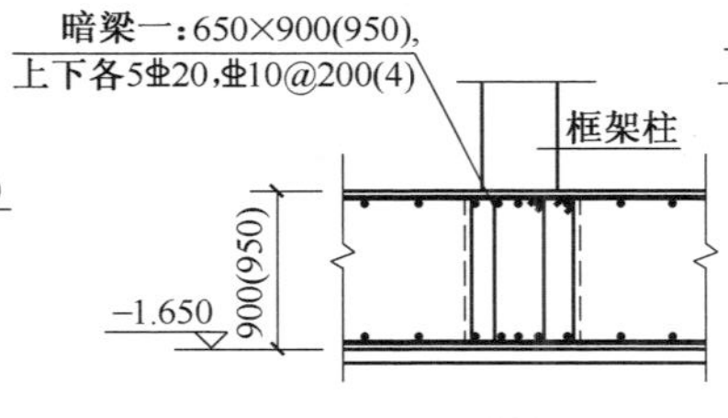

暗梁一

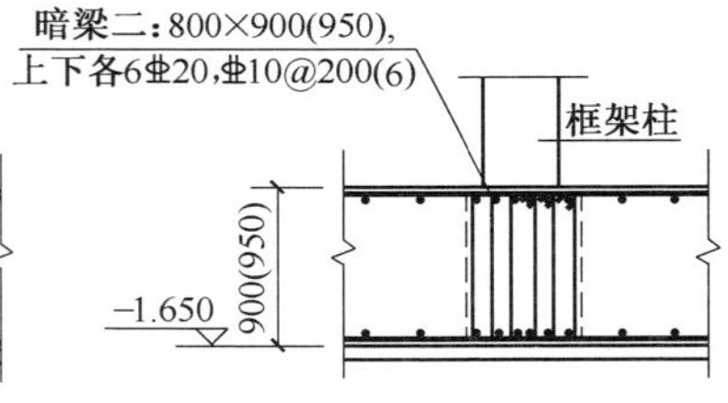

暗梁二

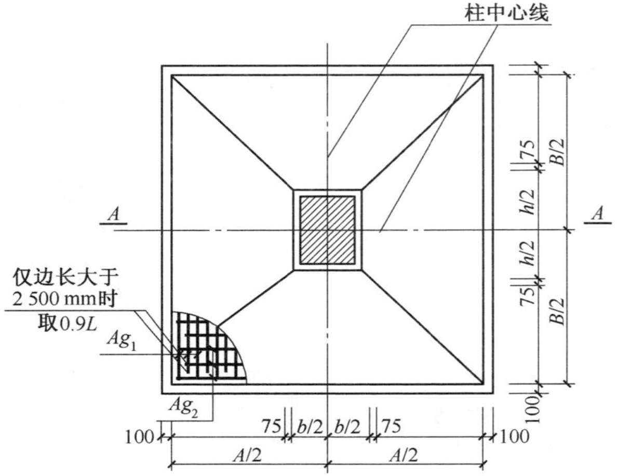

独立基础平面示意图

柱截面(b×h)详上部结构

独立基础一览表

编号	h_1	h	A	B	Ag_1	Ag_2
J−1	300	600	3 200	3 400	⌀14@160	⌀14@160
J−2	300	650	3 300	3 500	⌀14@150	⌀14@150
J−3	300	700	3 400	3 700	⌀14@140	⌀14@140
J−4	300	650	3 300	3 500	⌀14@150	⌀14@150
J−5	300	700	3 400	3 700	⌀14@140	⌀14@140
J−6	300	600	2 600	3 200	⌀14@160	⌀14@160
J−7	300	600	2 600	3 000	⌀14@160	⌀14@160
J−8	300	600	2 700	3 200	⌀14@160	⌀14@160

注：1.当基础边长大于2.5 m时，底板受力钢筋的长度可取边长或宽度的0.9倍，并交错布置（最外边一根钢筋须通长设置）。

2.a,b为柱截面尺寸，A_{s1}，A_{s2} 较大钢筋在下。

3.基础平面布置图中，柱平面布置详框柱平面布置图，柱插筋同底层柱。

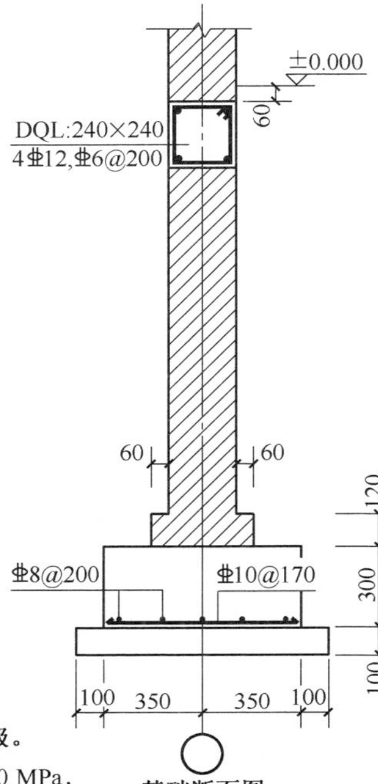

基础断面图

地基与基础说明

1. ±0.000相当于国家八五高程 3.850 m，地基基础设计等级为丙级。

2. 基础混凝土强度：C30，垫层：C15。⌀表示热轧钢HRB400，f_y=360 MPa，基础钢筋保护层厚度：40 mm。

3. 底层构造柱主筋锚入基础梁内40d，主筋规格见构造柱详图。

工程名称	某中学致知楼施工图				
设计		图名	基础详图	专业	结构
制图				图号	3
审核				日期	

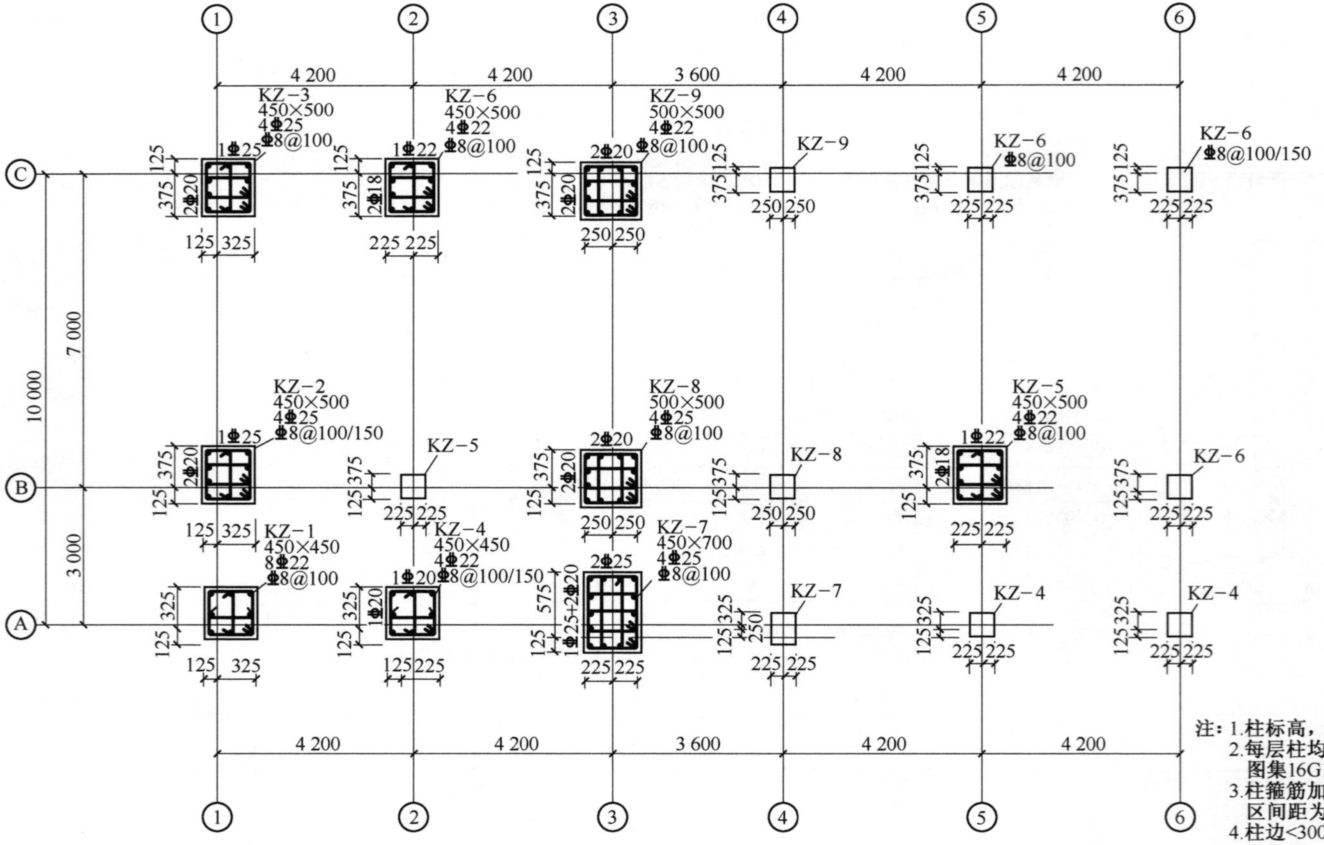

一层柱配筋图

注：1.柱标高，基础顶面~3.570。
2.每层柱均独立编号，柱大样图见图集16G101-1。
3.柱箍筋加密区间距为100，非加密区间距为150。
4.柱边<300 mm的小墙肢用素混凝土浇筑。

工程名称		某中学致知楼施工图			
设计		图名	一层柱配筋图	专业	结构
制图				图号	4
审核				日期	

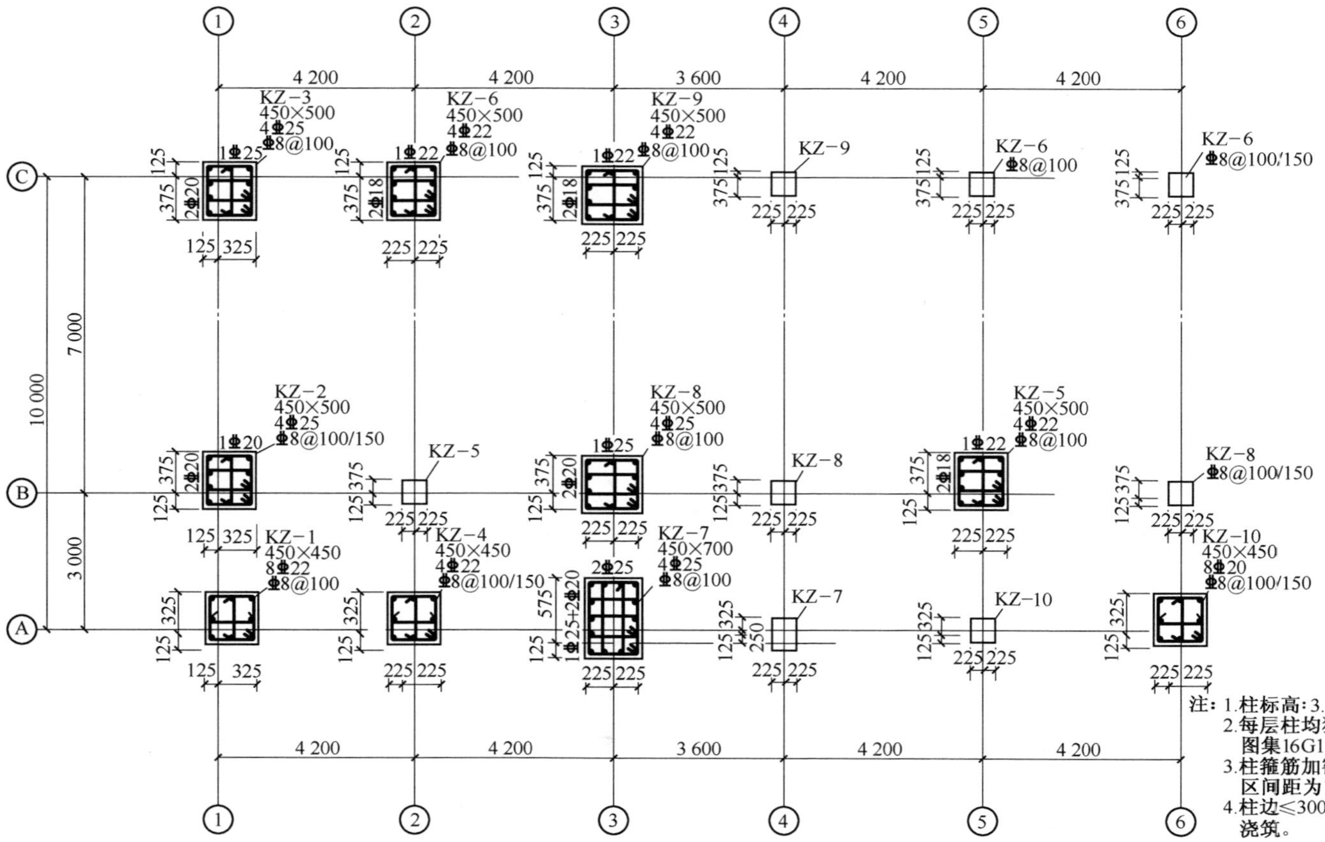

注：1.柱标高：3.570~7.170，7.170~10.770。
2.每层柱均独立编号，柱大样图见图集16G101-1。
3.柱箍筋加密区间距为100 mm，非加密区间距为150 mm。
4.柱边≤300 mm的小墙肢用素混凝土浇筑。

二层、三层柱配筋图

工程名称	某中学致知楼施工图				
设计		图名	二层、三层柱配筋图	专业	结构
制图				图号	5
审核				日期	

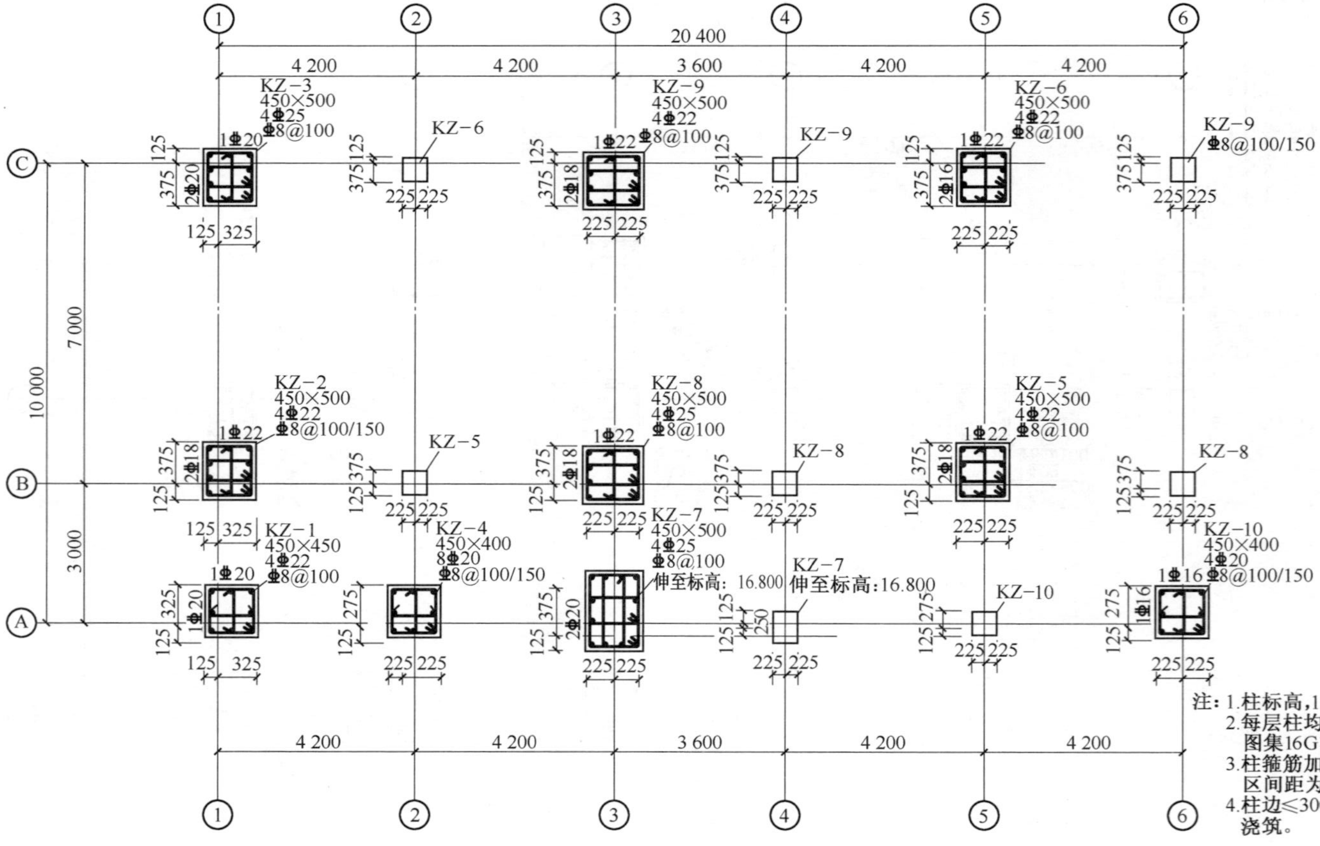

注：1.柱标高,10.770~屋面。
2.每层柱均独立编号，柱大样图见图集16G101-1。
3.柱箍筋加密区间距为100 mm，非加密区间距为150 mm。
4.柱边≤300 mm的小墙肢用素混凝土浇筑。

屋面柱配筋图

工程名称	某中学致知楼施工图			
设计		图名	屋面柱配筋图	专业	结构
制图				图号	6
审核				日期	

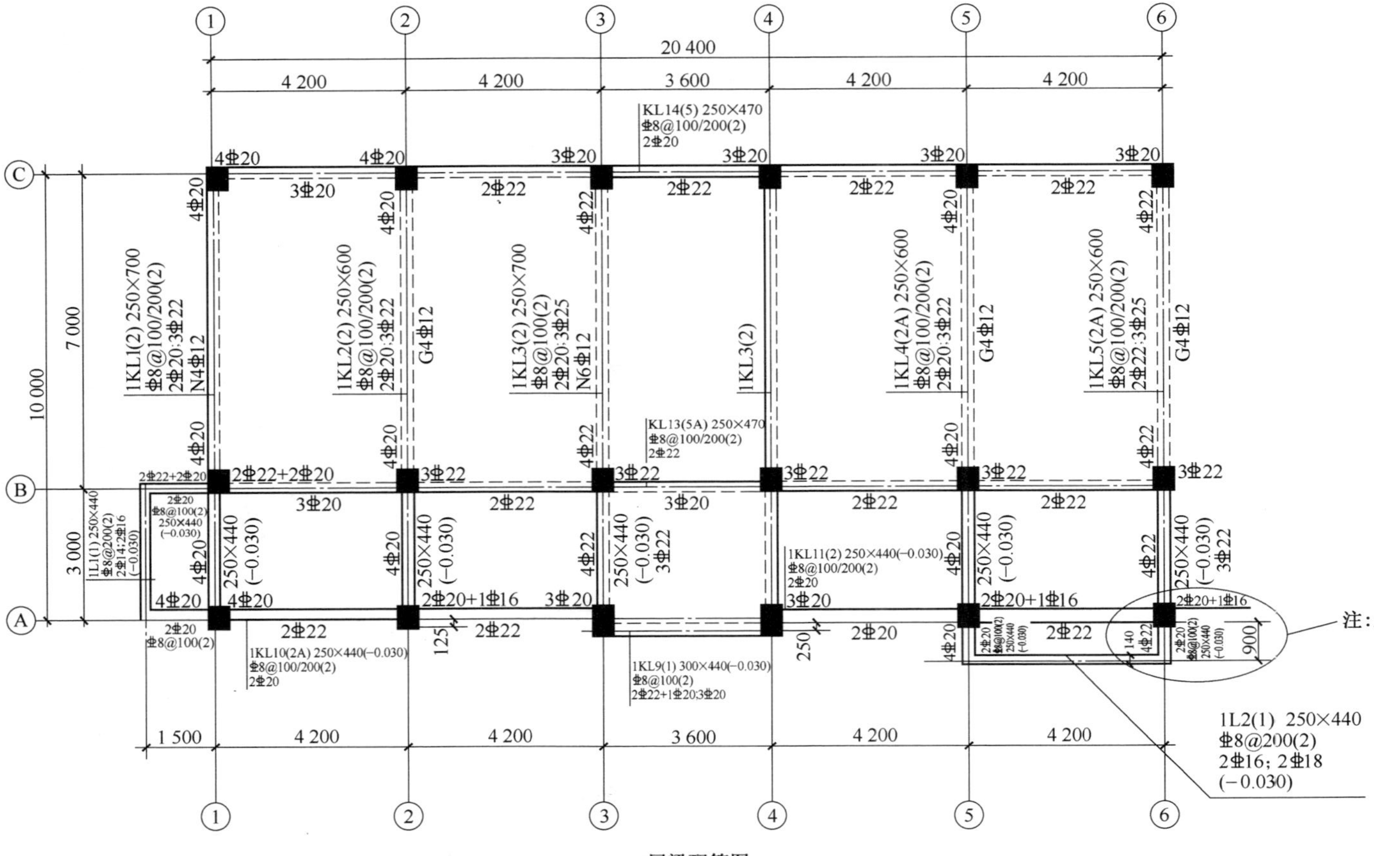

二层梁配筋图

注：1.未注梁面标高均为3.570。
2.次梁两侧主梁上箍筋加密，各三根，直径同主梁，相同截面梁相交，则两方向均设。
3.框架梁均与柱一侧平或居中。

工程名称	某中学致知楼施工图				
设计		图名	二层梁配筋图	专业	结构
制图				图号	7
审核				日期	

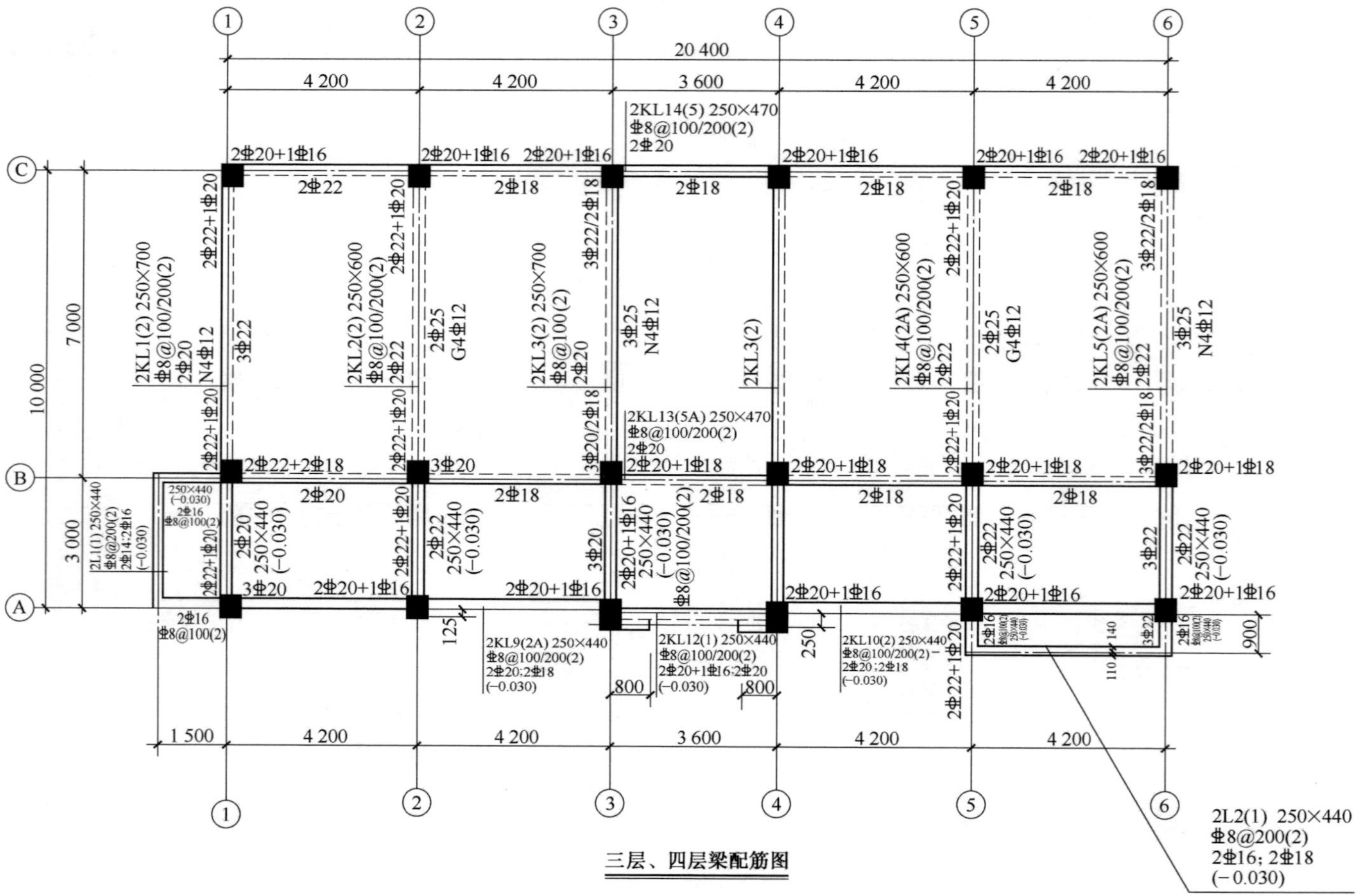

三层、四层梁配筋图

注：1.未注梁面标高均为7.170，10.770。
2.次梁两侧主梁上箍筋加密，各三根，直径同主梁，相同截面梁相交，则两方向均设。
3.框架梁均与柱一侧平或居中。

工程名称	某中学致知楼施工图			
设计	图名	三层、四层梁配筋图	专业	结构
制图			图号	8
审核			日期	

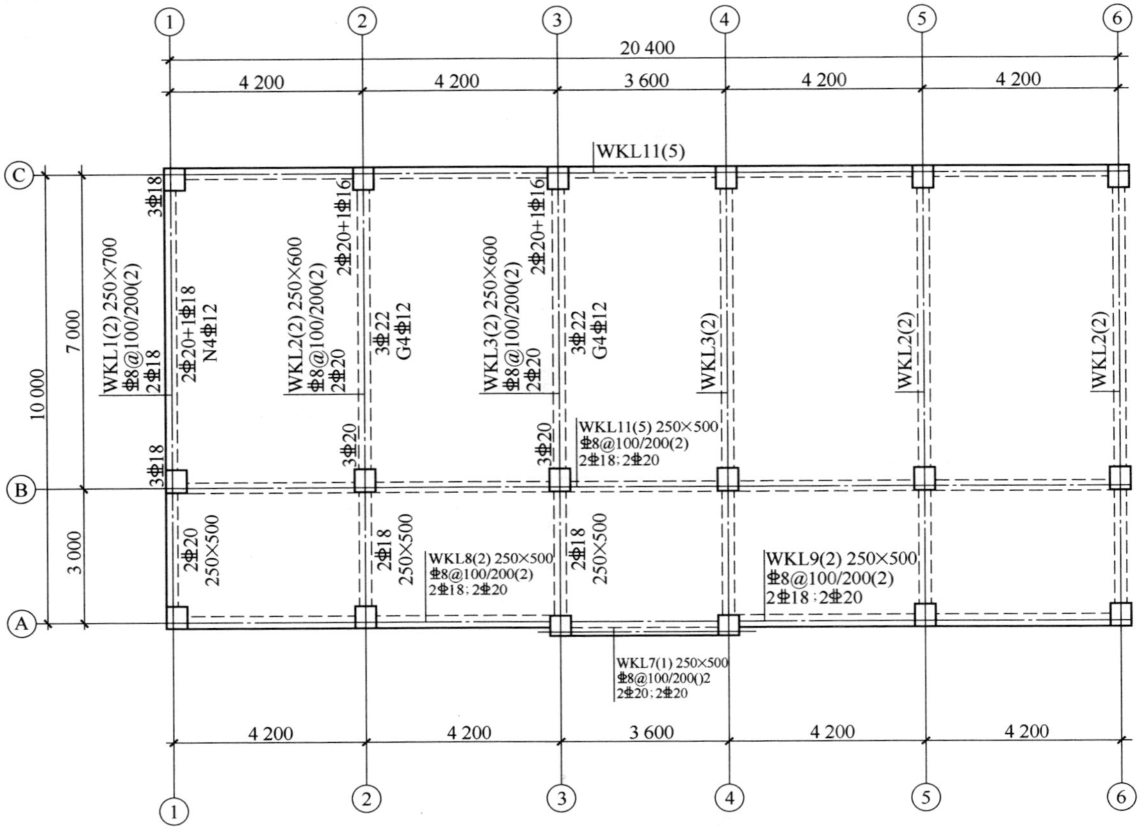

屋面梁配筋图

注：1.未注梁面标高均为14.400。
2.次梁两侧主梁上箍筋加密，各三根，直径同主梁，相同截面梁相交，则两方向均设。
3.框架梁均与柱一侧平或居中。

工程名称	某中学致知楼施工图				
设计		图名	屋面梁配筋图	专业	结构
制图				图号	9
审核				日期	

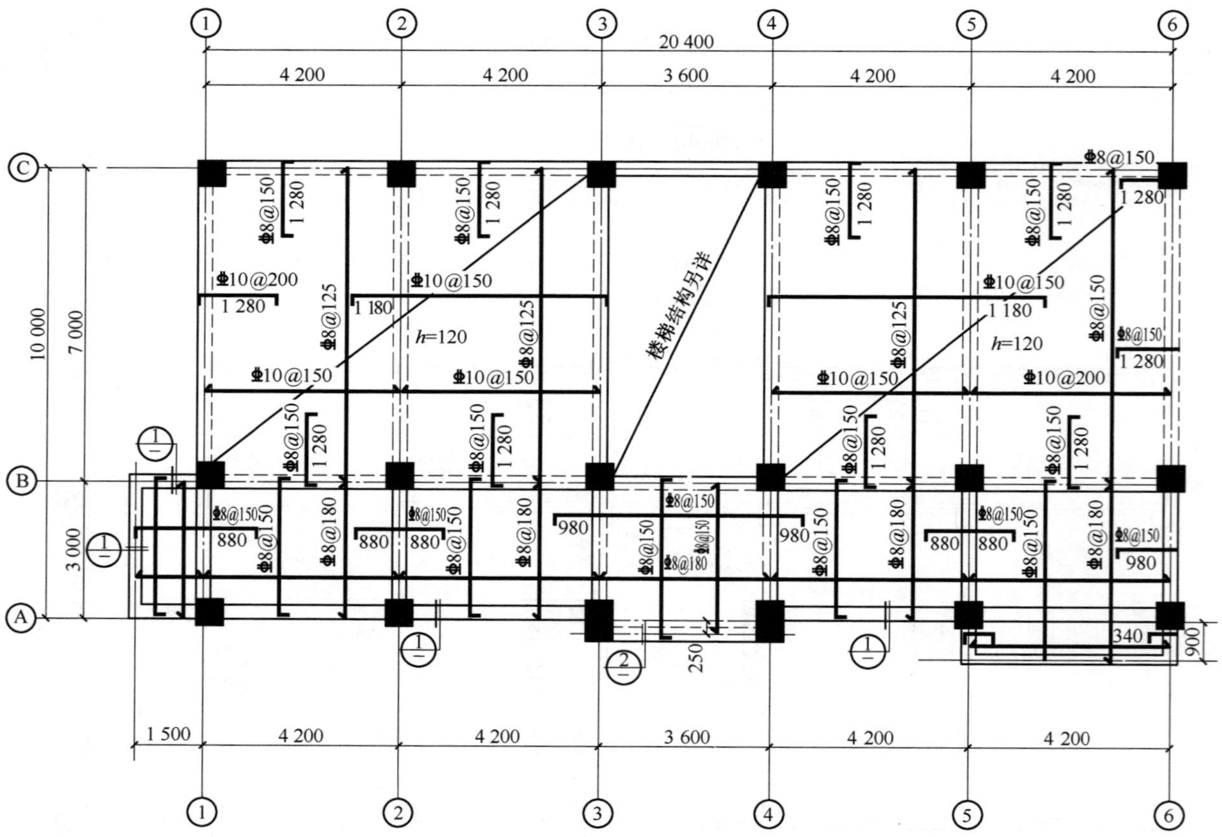

二层板配筋图

注：1.未注板面标高均为3.570。
2.卫生间板面标高均为3.520。
3.未注板厚为100 mm，未注板受力筋为Φ8@200。
板分布筋：板厚100，Φ6@180；板厚120，Φ6@150。

工程名称	某中学致知楼施工图				
设计		图名	二层板配筋图	专业	结构
制图				图号	10
审核				日期	

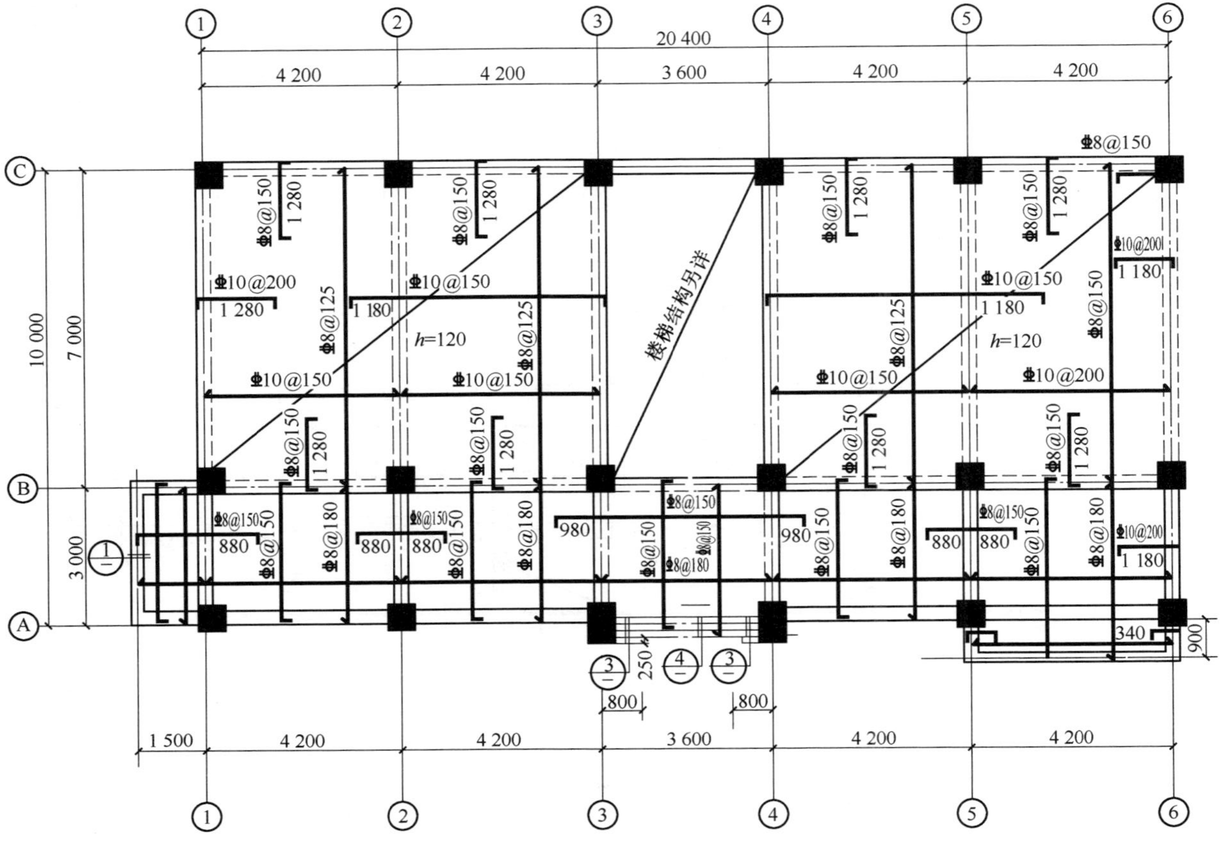

三层、四层板配筋图

注：1.未注板面标高均为7.170，10.770。
2.卫生间板面标高均为7.120，10.720。
3.未注板厚为100 mm，未注板受力筋为Φ8@200。
板分布筋：板厚100，Φ6@180；板厚120，Φ6@150。

工程名称	某中学致知楼施工图				
设计		图名	三层、四层板配筋图	专业	结构
制图				图号	11
审核				日期	

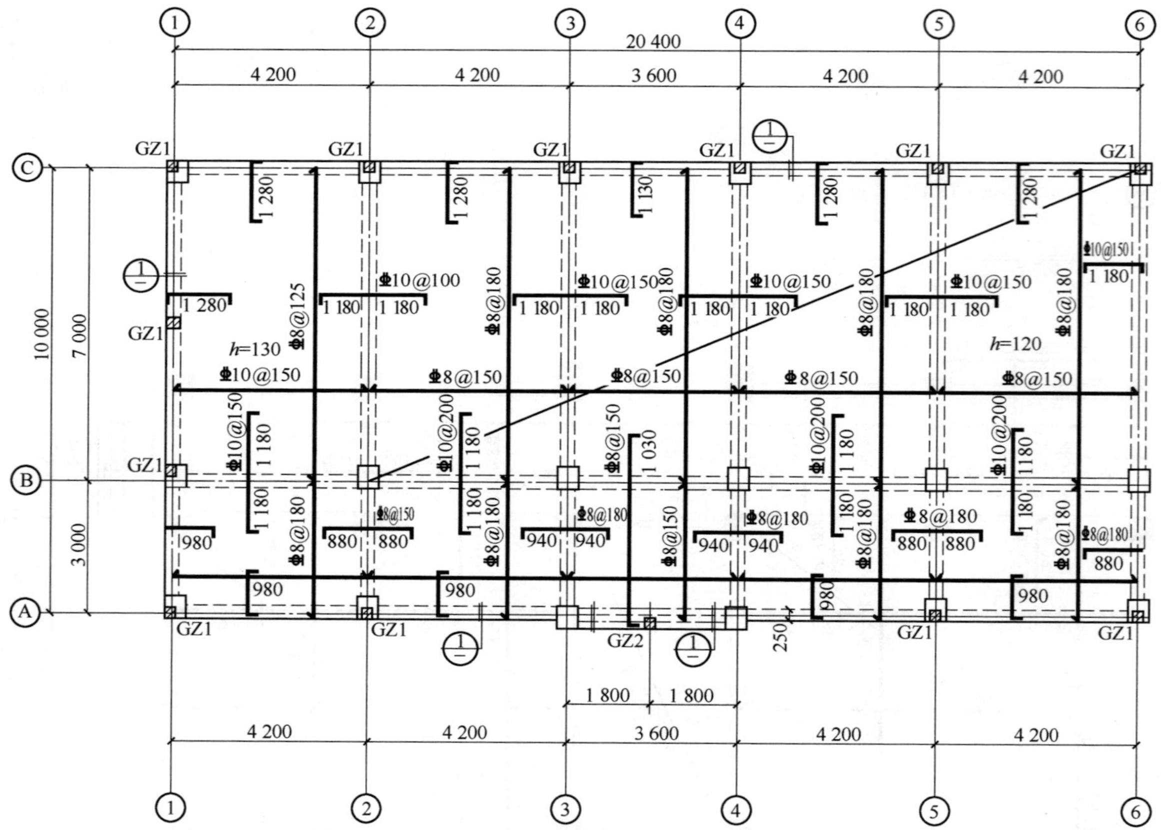

屋面板配筋图

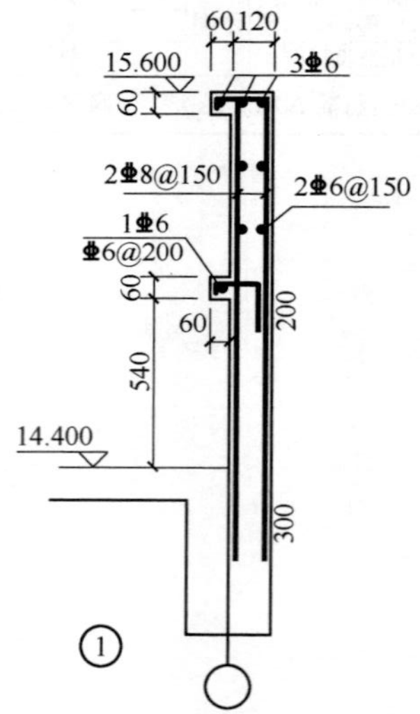

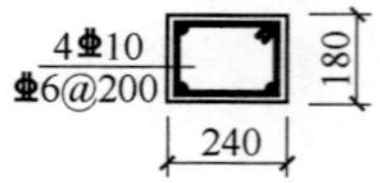

GZ1

标高14.400 m框架梁底~女儿墙钢筋下锚入梁内L_{aE},上至女儿墙

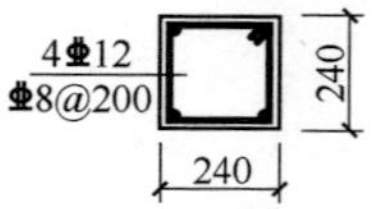

GZ2

标高14.400 m框架梁底~ WKL钢筋下锚入梁内 l_{aE},上与 WKL柔性连接

注：1.未注板面标高均为14.400。
2.未注板厚为100 mm，未注板受力筋为⌀8@200，板分布筋：板厚100,⌀6@180；板厚120,⌀6@150。
3.屋面板上部未设置钢筋的区域设置⌀8@200双向温度筋、分布筋，与上部受力筋搭接长度为300。
4.女儿墙立柱不大于4 m设置，立柱编号为GZ1。

工程名称	某中学致知楼施工图			
设计	图名	屋面板配筋图	专业	结构
制图			图号	12
审核			日期	

建工实训楼一楼钢筋工程实训室

设计施工说明

1. 本工程按抗震等级为二级；混凝土等级为C30。
2. 基础按筏板基础考虑，厚度为600 mm，无须进行钢筋布设。
3. 剪力墙钢筋混凝土保护层厚度为15 mm，梁钢筋保护层厚度为25 mm；基础层柱插筋保护层厚度为40 mm，中间层柱钢筋保护层为25 mm，顶层柱为30 mm；板的保护层厚度为15 mm。
4. 基础底面标高为−1.230，首层楼面标高为−0.630，二层楼面标高为2.970，结构标高如表1所示。

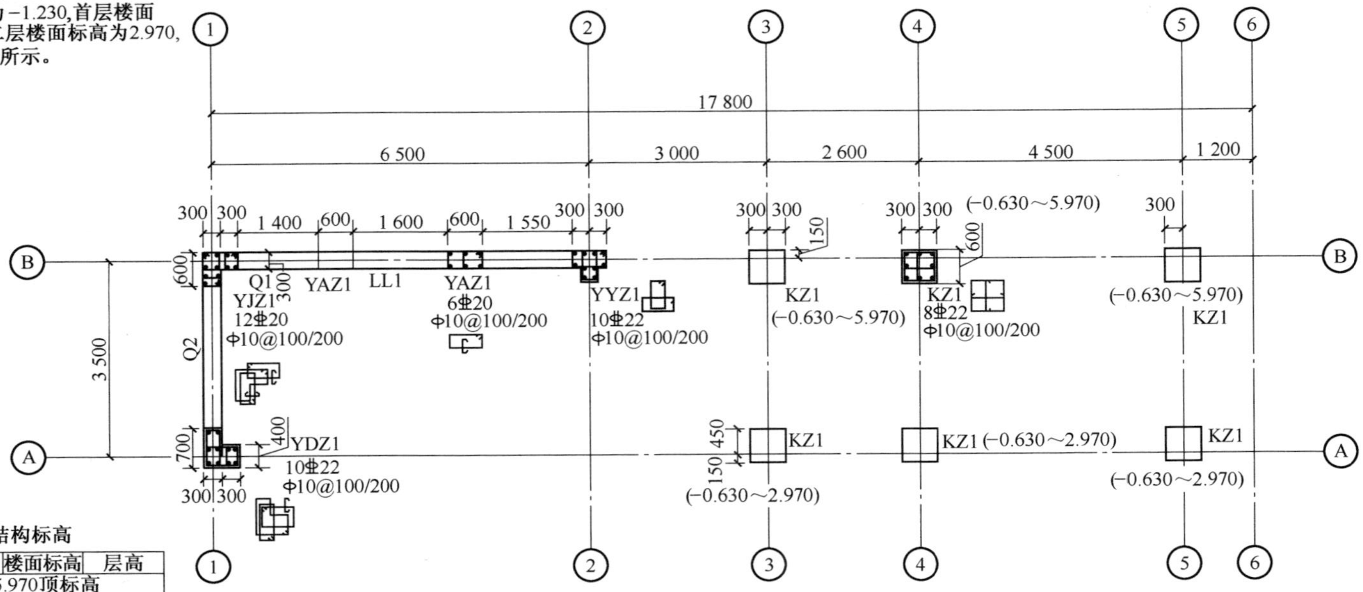

表1 结构标高

	楼层	楼面标高	层高
结构标高	5.970顶标高		
	2	2.970	3
	1	−0.630	3
	基础层	−1.230	0.6

墙、柱平法施工图

标高范围：±0.000～5.970

剪力墙身表

编号	标高	墙厚	水平分布筋	垂直分布筋	拉筋
Q1	−0.630～5.970	300	⌀12@150	⌀14@200	Φ8@400×300
Q2	−0.630～5.970	300	⌀12@150	⌀14@200	Φ8@400×300
备注	墙水平与竖向分布钢筋网的排数均为双排				

工程名称	某钢筋翻样实训室施工图				
设计		图名	墙、柱平法施工图	专业	结构
制图				图号	1
审核				日期	

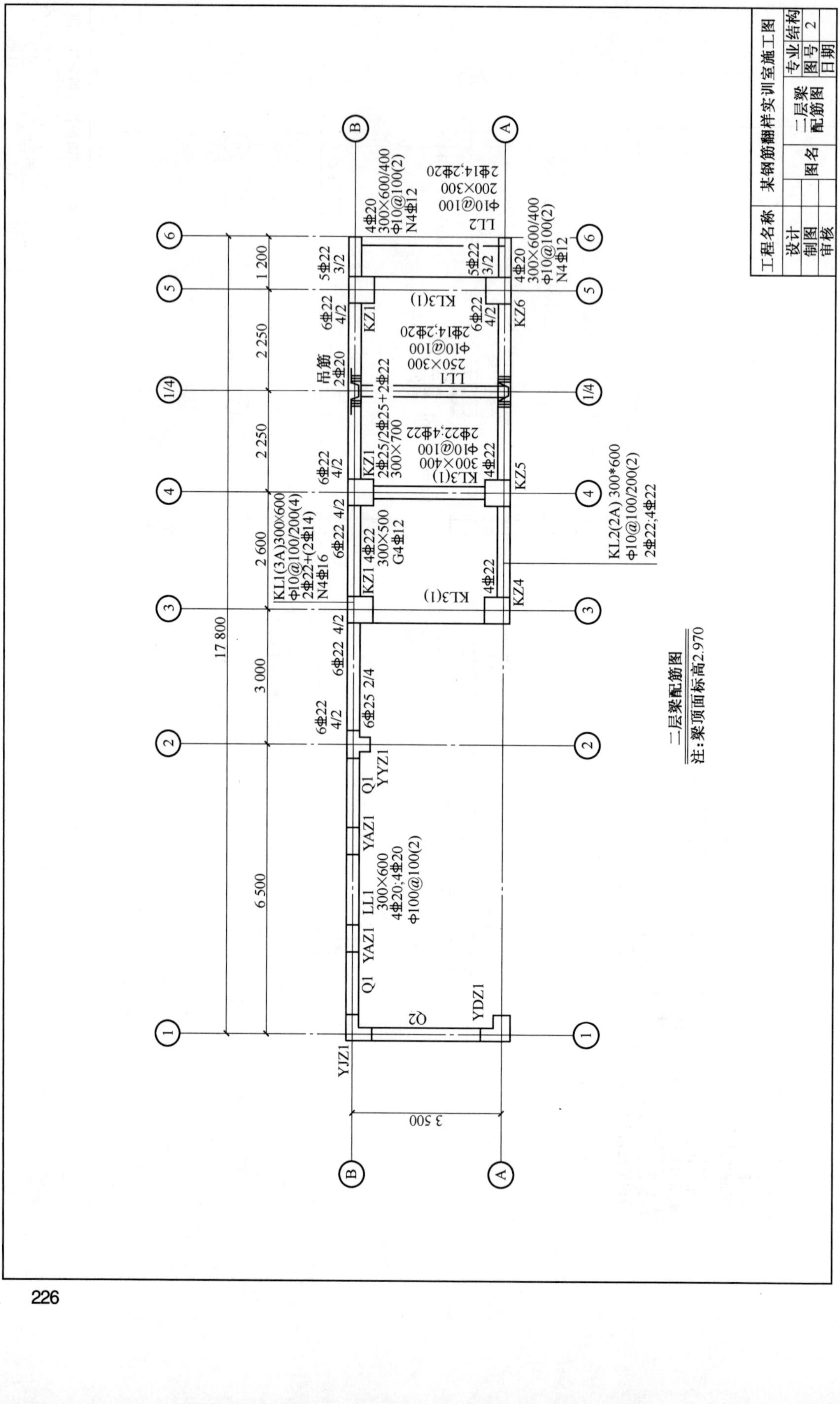
工程名称
某钢筋翻样实训室施工图
设计
制图
审核
图名
二层梁配筋图
专业
结构
图号
2
日期
二层梁配筋图
注:梁顶面标高2.970
17 800
6 500
3 000
2 600
2 250
2 250
1 200
3 500

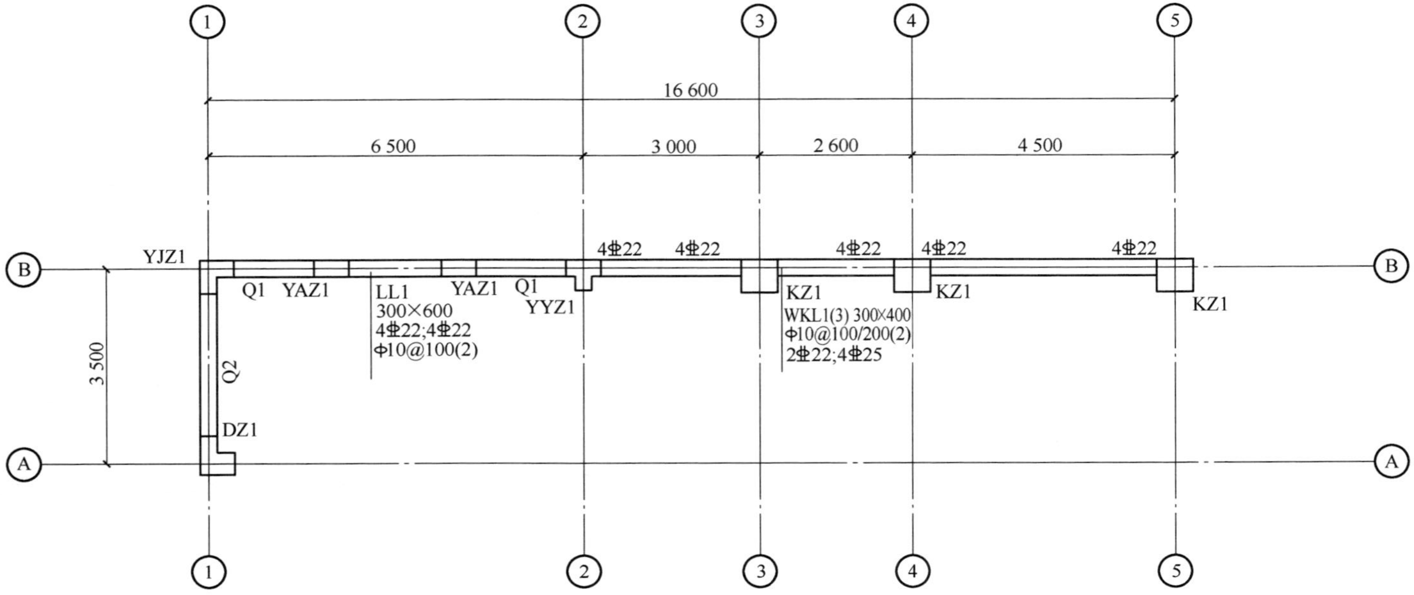

顶层结构墙、梁平面图（标高5.970）

屋面梁配筋图

工程名称	某钢筋翻样实训室施工图				
设计		图名	屋面梁配筋图	专业	结构
制图				图号	3
审核				日期	

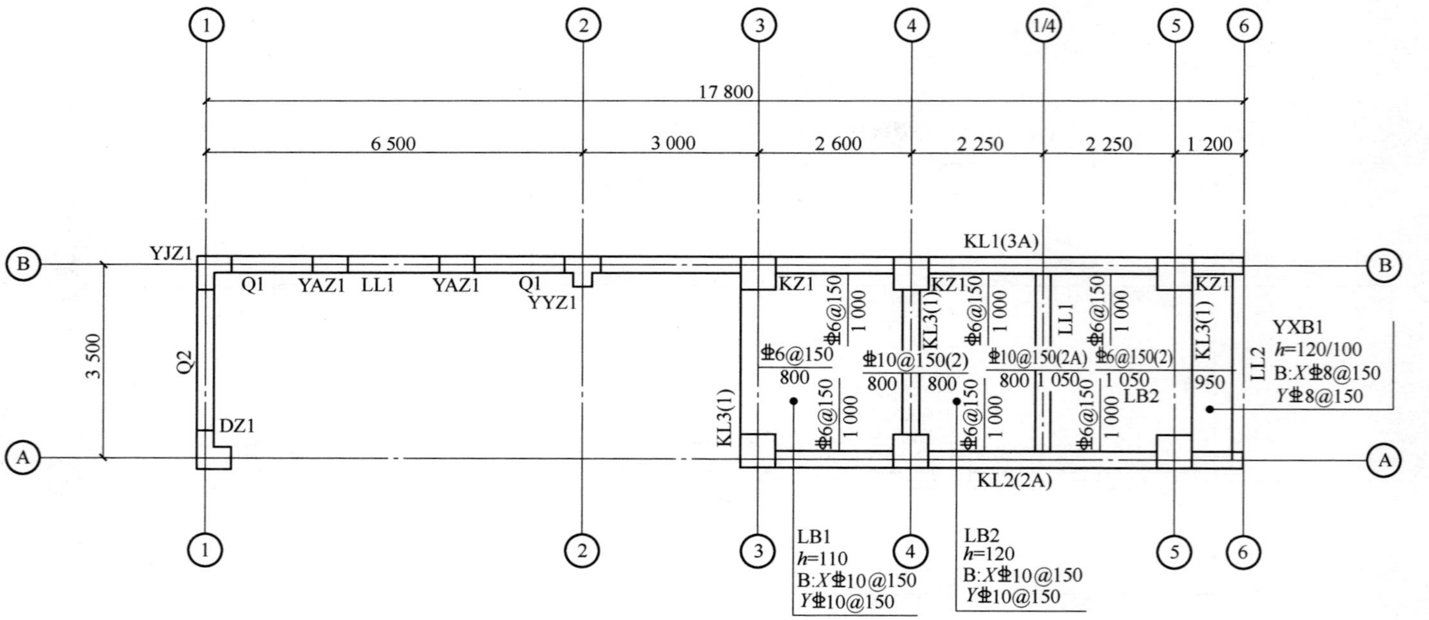

二层板配筋图

注：1.板面标高为2.970。
2.未注明的分布钢筋为⌀6@200。

工程名称	某钢筋翻样实训室施工图			
设计		图名	二层板配筋图	专业 结构
制图				图号 4
审核				日期